U0288513

CAMBRIDGE

SPECTRUM MANAGEMENT
频谱管理

实现频谱资源社会与经济效益最大化

[英] 马丁·凯夫（Martin Cave）
威廉·韦布（William Webb） 著

许颖 伉沛川 李英华 张海燕 丁家昕 译
李景春 审校

人民邮电出版社
北京

图书在版编目（CIP）数据

频谱管理：实现频谱资源社会与经济效益最大化 /
（英）马丁·凯夫（Martin Cave），（英）威廉·韦布
（William Webb）著；许颖等译. -- 北京：人民邮电出
版社，2018.2（2022.8重印）
ISBN 978-7-115-46878-9

Ⅰ. ①频… Ⅱ. ①马… ②威… ③许… Ⅲ. ①无线电
技术－频谱－无线电管理－指南 Ⅳ. ①TN014-62

中国版本图书馆CIP数据核字(2017)第234609号

◆ 著　　　[英] Martin Cave　　William Webb
　　译　　　许　颖　伉沛川　李英华　张海燕　丁家昕
　　审　　校　李景春
　　责任编辑　周　明
　　责任印制　周昇亮

◆ 人民邮电出版社出版发行　　北京市丰台区成寿寺路 11 号
　　邮编　100164　　电子邮件　315@ptpress.com.cn
　　网址　http://www.ptpress.com.cn
　　北京捷迅佳彩印刷有限公司印刷

◆ 开本：787×1092　1/16
　　印张：14.5　　　　　　　　　2018 年 2 月第 1 版
　　字数：323 千字　　　　　　　2022 年 8 月北京第 3 次印刷
　　　　著作权合同登记号　图字：01-2017-4818 号

定价：139.00 元
读者服务热线：**(010)81055339**　印装质量热线：**(010)81055316**
反盗版热线：**(010)81055315**
广告经营许可证：京东工商广登字 20170147 号

内容提要

在这本无线电频谱管理的权威指南中，读者可以向一流从业者学习如何有效地管理频谱，使其从现在到将来始终可用。

本书深度覆盖了频谱管理的所有领域，从无线电频谱管理基础、技术和经济基本原理到拍卖、交易、定价方法的细节，以及频谱共享、动态频谱接入和频谱授权新方法等新兴手段。通过对真实案例的分析，读者将学会如何在实践中综合运用这些手段；同时，作者介绍了频谱在整个国民经济中的作用，并给出了关于未来主要发展趋势的宝贵见解。

本书权威、规范、与时俱进，将技术、经济和政策方面的关键问题聚焦到频谱这一决定性资源上，是所有从事无线电频谱管理相关工作或研究的人员的必备指南。

马丁·凯夫（Martin Cave）是一名长期从事电信和频谱问题研究的规制经济学家。他是英国伦敦帝国理工学院的客座教授，也是英国竞争与市场管理局的调查委员会主席，曾担任华威商学院教授、伦敦经济学院的 BP 荣誉教授、英国监管机构 Ofcom 的频谱咨询委员会成员。

威廉·韦布（William Webb）教授是 Weightless SIG 的首席执行官，在设计"Weightless"这一新型无线机器类通信（Machine-to-Machine，M2M）的全球标准中发挥了重要作用，拥有 17 项与该技术相关的申请中或已授权专利。他曾是剑桥初创企业 Neul 的联合创始人和首席技术官，该企业旨在实现"Weightless"技术的商业化。他曾于 2015 年担任 IET 总裁，是 Ofcom 的频谱咨询委员会成员，也是 TPRC 董事会成员。2005 年，他成为英国皇家工程学院最年轻的研究员之一。他也是 IEEE 的会士。

译者序

伴随着"中国制造 2025""互联网+"等国家战略的深入推进，制造业与互联网融合的步伐不断加快，下一代移动通信、物联网、车联网等新技术、新应用大量涌现。无线电频谱作为上述新技术发展的重要基础资源，供需矛盾日益突出，这要求广大无线电管理工作者必须准确把握经济社会的发展趋势和无线电技术的深刻变化，更加有效地应对新形势和新挑战。

2016 年 11 月 11 日，新修订的《中华人民共和国无线电管理条例》正式颁布实施，这是无线电管理工作应对新形势、新挑战的一项重要举措。新条例完善了一系列管理制度，确立了行政审批、招标、拍卖等方式并存的频谱资源分配制度，强调了市场在资源配置中的作用；新增了频率收回制度，对达不到许可证中使用率规定要求的频率资源可以回收再分配，以促进频谱资源的有效利用。如何落实好新条例的精神，是目前无线电管理实际工作中面临的重大问题。

马丁·凯夫（Martin Cave）和威廉·韦布（William Webb）作为频谱管理领域的世界级专家，撰写了《频谱管理》一书，并由剑桥大学出版社出版。本书从技术、经济和政策等方面给出了新型无线电频谱管理方案，重点介绍了频谱拍卖、交易和定价等市场化管理手段，深入浅出地阐述了频谱共享、动态频谱接入及基于干扰控制的新型频谱使用方法，并通过实例对上述频谱管理手段和使用方法予以详细阐述。本书权威规范、吐故纳新，既有高屋建瓴的顶层设计思路，也有切中肯綮的实施细则，对我国当前无线电管理面临的新形势和新挑战，尤其是落实《中华人民共和国无线电管理条例》中强调的发挥市场在资源配置中的作用、加强频率使用效率的监管等方面具有实际的参考价值。

本书由国家无线电监测中心（国家无线电频谱管理中心）相关专家翻译，希望本书的引进出版对广大无线电管理工作者和相关研究人员有所裨益。

翻译是细致而冗繁的工作，难免有不妥之处，恳请读者不吝指出。

译者

2017 年 12 月

前言

  2007 年，我们出版了《现代频谱管理精要》一书。这些年来，现实环境已经发生了诸多变化，移动数据流量需求呈现爆发式增长，动态频谱接入等共享方法相继出现，新型拍卖技术开始广泛应用。书中重点介绍的超宽带等新技术当时看来颇有前景，但并未发展成熟；而近年来出现的电视白频谱等研究领域已成为热点。

  当我们决定修订该书时，发现需要修订的内容相当广泛，足以另著新书。因此，我们结合最新研究成果，介绍了频谱管理的前沿方法，对未来的发展趋势进行了展望并提出了针对性建议。

致谢

非常感谢 Chris Doyle 博士和 Rob Nicholls 博士对第 4 章和第 5 章撰写做出的贡献，感谢 Leo Fulvio Minervini 博士对第 7 章撰写做出的贡献。Minervini、Nicholls 和 Adrian Foster 阅读了原稿并提出了建设性意见。Thomas Welter 为我们提供了一些法国频谱政策的相关信息。Neil Pratt 对第 11 章的撰写做出了贡献，Graham Louth 也给我们提出了有益的意见和建议。

本书结构

本书包括四个部分。

第一部分是基础知识，旨在确保所有读者都可获得足够的知识来理解本书的其他部分，包括频谱管理基础、技术问题及经济学基础。

第二部分包括频谱管理中一些常规的经济手段，例如拍卖、交易和定价。这些方法都已发展了数十年。

第三部分主要介绍频谱管理方法，包括共享和动态频谱接入及基于干扰控制的新型频率授权方法，这些方法在未来将变得更加重要。

第四部分介绍了一些真实案例和实际问题。书中使用超高频（UHF）电视频段来说明一些前面章节中的原则，考虑了公共部门在进行国际频谱管理时能够采用的方法，还考察了频谱在整体经济中的作用。本书最后预测了未来的发展趋势以及需要后续跟踪的关键问题。

目录

缩略语

3GPP	Third Generation Partnership Project	第三代合作伙伴计划
ACL	adjacent channel leakage	相邻信道泄漏
ACMA	Australian Communications and Media Authority	澳大利亚通信和媒体管理局
ACS	adjacent channel selectivity	相邻信道选择性
AGC	automatic gain control	自动增益控制
AGL	above ground level	地平面以上
AIP	administered incentive pricing	行政激励定价
ANFR	Agence nationale des fréquences (France)	法国国家频率管理局
ATC	ancillary terrestrial component	辅助地面组件
AWS	advanced wireless services	高级无线服务
BAS	broadcast auxiliary service	广播辅助业务
BFWA	broadband fixed wireless access	宽带固定无线接入
CCTV	closed circuit TV	闭路电视
CEO	chief executive officer	首席执行官
CEPT	Confederation of European Post and Telecommunications	欧洲邮电管理委员会
CMA	cellular market area	蜂窝市场地区
CW	continuous wave	连续波
DAB	digital audio broadcasting	数字音频广播
DECT	digital European cordless telephone	欧洲数字无绳电话
DoD	Department of Defense (US)	国防部（美国）
DSA	dynamic spectrum access	动态频谱接入
DTT	digital terrestrial television	地面数字电视
DVB	digital video broadcasting	数字视频广播
EA	economic area	经济区

EBU	European Broadcasting Union	欧洲广播联盟
ECC	European Communications Committee	欧洲通信委员会
EIRP	equivalent isotropic radiated power	等效各向同性辐射功率
eMBMS	evolved multimedia broadcast multicast service	演进的多媒体广播组播业务
EMC	electromagnetic compatibility	电磁兼容性
ETSI	European Telecommunications Standards Institute	欧洲电信标准协会
EU	European Union	欧盟
FCC	Federal Communications Commission	联邦通信委员会
FDD	frequency division duplex	频分双工
GAA	general authorized access	一般授权访问
GDP	gross domestic product	国内生产总值
GHz	gigahertz	千兆赫兹
GPS	global positioning system	全球定位系统
GSM	global system for mobile communications	全球移动通信系统
HTHP	high-tower high-power (transmitter site)	高塔高功率（发射机）
ICT	information and communications technology	信息通信技术
IEEE	Institution of Electrical and Electronic Engineering	电气和电子工程师学会
IET	Institution of Engineering and Technology	工程技术学会（英国）
IoT	Internet of Things	物联网
IPTV	Internet protocol TV	互联网协议电视
ISD	inter-site distance	站间距离
ISM	industrial, scientific, and medical	工业、科学和医疗
ITU	International Telecommunication Union	国际电信联盟
kHz	kilohertz	千赫兹
LEFR	Licence-Exemption Framework Review	免授权框架综述
LSA	licensed shared access	授权共享接入
LTE	long-term evolution (of cellular technology)	（蜂窝技术的）长期演进
LTLP	low-tower low-power (transmitter sites)	低塔低功率（发射机）
M2M	machine-to-machine	机器对机器
MCL	minimum coupling loss	最小耦合损耗

MED	Ministry of Economic Development (New Zealand)	经济发展部（新西兰）
MFN	multifrequency network	多频网络
MHz	megahertz	兆赫兹
MIMO	multiple-input multiple-output (antennas)	多输入多输出（天线）
MNO	mobile network operator	移动网络运营商
MPEG	Motion Picture Experts Group	运动图像专家组
NAB	National Association of Broadcasters	（美国）广播电视协会
NATO	North Atlantic Treaty Organization	北大西洋公约组织
NRA	national regulatory authority	国家管理机构
NTIA	National Telecommunications and Information Administration	（美国）国家电信和信息管理局
OSAB	Ofcom Spectrum Advisory Board	Ofcom 频谱咨询委员会
PCAST	President's Council of Advisors on Science and Technology	总统科学和技术顾问委员会
PCS	personal communications services	个人通信服务
PFD	power flux density	功率通量密度
PFWA	public fixed wireless access	公用固定无线接入
PMR	private mobile radio	专用移动无线电
PMSE	program making and special equipment	节目制作和特殊设备
PPDR	public protection and disaster relief	公共保护和救灾
PSB	public-service broadcasting	公共服务广播
PVR	personal video recorder	个人录像机
RET	revenue equivalence theorem	收益等价定理
RFID	radio frequency identification	射频识别
RSC	Radio Spectrum Committee	无线电频谱委员会
RSPG	Radio Spectrum Policy Group (of the EC)	（欧盟）无线电频谱政策组
RSPP	Radio Spectrum Policy Programme	无线电频谱政策方案
SAA	simultaneous ascending auction	同步升价拍卖
SAS	spectrum access system	频谱接入系统
SDARS	satellite digital audio radio service	卫星数字音频广播业务
SFN	single-frequency network	单频网络

SIG	special interest group	特殊兴趣小组
SIM	subscriber identity module	用户识别模块
SLC	significant lessening of competition	严重减少竞争
SMR	specialized mobile radio	特殊移动无线电
SMRA	simultaneous multiple-round auction	同时多轮拍卖
SNR	signal-to-noise ratio	信号噪声比
SUR	spectrum usage right	频谱使用权限
TDD	time division duplex	时分双工
TNR	Transfer Notification Register	转让通知登记处
TVWS	TV white space	电视白频谱
UHDTV	ultra-high-definition TV	超高清电视
UHF	ultra high frequency	超高频
UN	United Nations	联合国
UWB	ultra-wideband	超宽带
VHF	very high frequency	甚高频
W	watt	瓦特
WCS	wireless communications service	无线通信服务
WRC	World Radiocommunication Conference	世界无线电通信大会

第一部分

基础知识

1 世界各国的频谱管理

1.1 无线电频谱的使用

1.1.1 引言

无线电频谱广泛应用于人们日常生活、商业行为和政府活动等各个方面。没有无线电频谱提供的各项服务——比如没有或者只有很少的电视、广播、互联网、航空运输、移动电话以及其他更多的服务——生活是无法想象的。在这一部分，我们将介绍一些无线电频谱的典型应用、目前的分配情况以及未来可能的需求。图 1-1 给出了英国无线电频谱目前的主要应用及分配情况。

关于图 1-1，首先需要注意的是，图中每个频段的使用率之和都超过了 100%。这是因为这些频段的大部分频谱都是共享使用的。在该图中，如果两类应用共享了某个频段 10% 的带宽，那么将认为两类应用各使用了该频段的 10%，因为很难对共享频段的利用率进行拆分。例如节目制作和特殊设备（program making and special equipment，PMSE）的应用，主要包括话筒和摄像机，从图中看，此类应用似乎比移动通信应用使用了更多的 1GHz 以下频段；但实际上，为 PMSE 分配的所有频段都是与广播系统共享使用的，且 PMSE 通常需要避免与广播系统同时工作，因此实际应用中，PMSE 能够使用的频谱非常有限。

在图 1-1 中，无线电应用所用频谱被分成了 4 个不同的频段。下一章会详细讨论不同频段的优缺点。简单地说，我们认为 6GHz 以下频段比更高频段更具实用价值。特别是 1GHz 以下频段，在需要远距离传输的场景下尤其有用。下面我们将对各类应用进行简要概述。

1.1.2 公共部门

公共部门涵盖所有政府性质的应用，包括本地的、区域性的和全国性的各类应用。目前，这部分的最大用户是国防和航空部门，其次是海上安全部门（比如海岸警卫队）和科学研究机构。因此，不同于以下其他类型的应用，公共部门频谱用于多种用途。

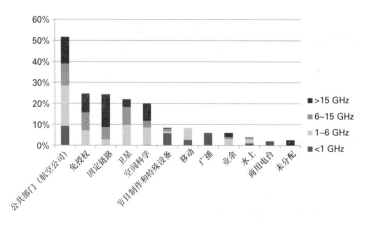

图1-1　　英国的无线电频谱应用[1]

在绝大多数国家，国防部门是无线电频谱的主要用户。从某些方面来看，这是因为国防部门部署了其他所有无线电应用：国防部门有着自己的移动通信系统、航空系统、短距离通信系统等。这些应用的具体频段和使用程度通常是保密的。在过去的几十年中，由于国防频谱需求的降低和频谱商业应用价值的提升，发达经济体中国防频谱的使用一直都在缓慢减少。然而，近年来诸如使用无人机进行视频回传等新技术又引发了对无线电频谱需求的增加。要确定需要为国防和安保预留多少频谱是非常困难的，我们将在第 12 章详细讲解。

航空系统中无线电频谱主要用于多种导航雷达，有监测整个空域的远距离雷达，有机场使用的进近雷达，甚至还有监测跑道碎片的雷达。飞机上也使用雷达系统探测陆地、其他飞机、湍流和不利天气。雷达系统的精度与它的频谱宽度紧密相关，由于航空业对雷达精度的要求较高，因此将大量频谱分配给雷达系统独占使用。雷达系统的使用需要全球标准化，这样飞机才可以在全世界使用相同的系统。其他航空系统的应用包括：使用 VHF 频段与驾驶员进行通信的链路，该频段位于音频广播业务的高端邻频；飞行中提供旅客服务的数据链路，倾向于使用卫星通信系统；为驾驶员提供距离地面高度信息的无线电高度表。大体上，航空系统的频谱使用是静态的，很难对其频谱分配做出任何改变。

应急服务需要将频谱用于它们自有的专用无线电系统，主要是为警察、消防和救护人员提供蜂窝通信解决方案。通过建立自有系统，应急服务能更好地控制网络的覆盖、可用性、可靠性和技术特性。目前，应急服务正在寻求额外的频谱用于提高网络的数据容量，但能否在全球范围内得到批准还不甚明确（也有一些例外情况，比如美国[1]）。有时这类应用被称为公共保护和救灾（public protection and disaster relief，PPDR）。也有人建议此类用户与集群网络共享频谱。

1　美国已经努力多年，希望采用公私合营的方式通过拍卖为 PPDR 系统获取频谱。在 700MHz 频段的拍卖中，有一个保留频段（"D 块"）可以优先由私人拍得并用于 PPDR 服务，但是这个频率块在拍卖中无人购买。在"FirstNet"的倡议下，提出了频率共享方案。

1.1.3　免授权应用

免授权应用，有时也叫"共享频谱"或者"免执照应用"，是大量应用的集合，其中最广为人知的就是 Wi-Fi[2] 和蓝牙。从一定意义上讲，免授权频段类似于公园，只要人们遵循接入规定就可使用。第 8 章将详细讨论这种应用。虽然看起来为免授权应用分配了相当多的频谱，但几乎没有 1GHz 以下频段，而且很多频段要么是共享频段，要么是因存在其他系统干扰而演变成的"垃圾"频段。随着 Wi-Fi 应用得越来越广泛，免授权应用将会加速发展，许多新应用，如机器与机器（Machine-to-Machine，M2M）[3] 通信，也正考虑使用免授权频段[4]。管理者们正在考虑是否以机会接入的形式允许免授权接入使用授权频段，即动态频谱接入或"白频谱"接入。由于不能使用拍卖等一般的市场机制，并且难以预测某一频段上的未来应用，因此要确定应该将多少频谱用作免授权频段是非常困难的。新技术和新应用使用免授权频段成本低，且无需获得执照，因此免授权频段常被视为创新的沃土 [2]。

1.1.4　固定链路

固定链路使用窄波束将数据从一个地点传送到另一个地点，通常用在高质量电缆或光纤不可行或者不够经济的地方。固定链路的一个主要应用是移动通信网络的"回传"，即将蜂窝基站接入运营商的核心网；其他的应用包括作为主要电缆的备份链路，以及为偏远地区提供通信服务。固定链路天线通常看起来像卫星天线，但对准的是水平方向。由于方向性天线能够形成一个集中无线能量的窄波束，因此在一定的发射功率下，使用方向性天线能将信号传播得更远。这就使得固定链路能够使用更高的频段，虽然与低频段相比，高频段传播效果没那么好，但是频率更充足、更便宜。发达经济体对固定链路的需求几乎是不变的。一些应用有从长距离覆盖转向短距离的趋势，用于城市微小区解决方案。短距离链路可以使用更高频段，频谱资源相对更加丰富，因此管理起来也相对简单。另外，由于使用了窄波束传输，固定链路很少相互干扰，其他应用也可与其共享同一频段。

1.1.5　卫星

卫星用于大范围的传输。它的一个主要应用是与偏远的用户通信，向远洋船只和越来越多的飞行器提供语音和数据服务。像 Inmarsat 这样的卫星操作者会定期发射新一代卫星，以不断提高系统的数据速率和容量。卫星的另一个主要应用

2　1985 年美国 FCC 释放了 2.4GHz 工科医频段（Industrial Scientific Medical，ISM）用作免授权接入频段。ISM 是指全世界为工业、科学和医疗用途保留的频段。这一举动引发了一系列创新，从而产生了 802.11 标准，也就是所谓的 Wi-Fi，一种低功率的无线局域网。蓝牙是一种使用 ISM 频段的个域网相关标准。

3　有时也被称为物联网（Internet of Things，IoT），M2M 是机器与机器之间的数据交互，例如智能表和倒车雷达。

4　例如，Sigfox 使用 868MHz，Weightless 使用"电视白频谱"。

是卫星电视广播，许多国家依然依赖卫星进行家用电视接收。像 GPS 和新伽利略星座这样的全球定位系统也是非常有价值的卫星频谱使用系统。卫星通信也同样适用于偏远站点的回传、偏远地区的新闻采集或者在灾害情况下提供应急通信等多种应用。卫星通信的频谱需求，尤其是对较低频段的需求，面临着无休止的压力。目前卫星通信正逐渐向 6GHz 以上频段迁移。由于单颗卫星的覆盖范围一般会大于多数国家的领土范围，需要在全球层面上管理卫星频率的分配。

1.1.6　空间科学

卫星的另一种应用是为科学目的进行的监测，通常称为"地球探测卫星"，包括气象卫星、海洋温度或辐射测量卫星，以及深空探测卫星等。这些系统通常需要使用某些特定的频段使监测设备达到最佳运行效果；由于相关仪器仪表灵敏度高，要求这些频段的干扰需要非常"干净"。这类应用的频谱需求增长缓慢，普遍需要使用较低频段，而其他系统需要较高的频段。

1.1.7　无线话筒和摄像机

近年来，随着对安保、娱乐（或者更广义地说，媒体）和体育需求的增长，无线话筒和无线摄像机的需求也随之显著增加。这些设备一般用于节目录制，但无线话筒也广泛用于其他领域。由于传输距离一般较短，这些应用占用的频带相对较窄，但是它们需要一个不受干扰的链路，例如各大舞台表演中无法容忍无线话筒受到干扰。无线话筒一般和其他业务共享频谱，如广播业务。在主要业务改变频率的时候，无线话筒因处于用频上的次要地位而易受干扰，只能迁移到其他频段。随着装载在运动器材或其他类似设施上的无线摄像机日益增多，节目录制的用频需求有所增长。但是，频谱的可用性却在降低。用户群的多样化导致无法通过拍卖等手段获取频谱，对可靠性的要求又导致不适合使用免授权频谱。这类需求就像一个"问题小孩"，目前管理者们尚未找到一个满意的长期解决方案。在像 FIFA 世界杯和奥运会这样的重大赛事中使用这类设备，会形成大量且集中的频谱需求。监管机构有时会暂时收回其他应用的频谱，以满足这类需求。

1.1.8　移动通信

移动通信，或者称作蜂窝通信，是最常见的无线电频谱用户之一。它包括横跨 300MHz 到 3GHz 多个频段的多代技术（2G、3G 和 4G/LTE）。它被认为是无线电频谱最有经济价值的应用。随着大量新兴数据密集型互联网应用的出现，发达经济体中的移动通信频谱需求也在持续增长。由于互联网和智能手机带来的数据增长造成频谱需求增加，管理者们只能重耕原本已经分配给其他应用的频段，例如广播频段。在过去的几年里，越来越多的频谱被分配给移动通信，大部分在 800MHz、2.6GHz（欧洲）和 700MHz ～ 2.3GHz（美国）频段，但重耕压力也将持续存在。移动服务提供商通常通过拍卖获得频谱使用执照，这为政府筹得巨额资金。目前，单笔拍卖成交价最高的是 2000 年在德国进行的 3G 频谱拍卖，高达 510 亿欧元。在 1994 至 2015 年间，美国政府组织了 96 场频谱拍卖，多数拍卖为移动运营商颁发了执照，其中 2015 年举行的 AWS-3 拍卖为美国政府带来 450 亿美元的净收入 [3]。

1.1.9　广播

广播业务部署在多个频段，一般在 VHF 频段（90 ～ 110MHz），另外 UHF 频段（170 ～ 240MHz 和 470 ～ 790MHz）还部署了电视广播。音频广播需要的带宽远低于电视广播。地面电视通常在很高的电视塔上以很大的功率发射，以大面积覆盖国土范围，但是同时也带来了潜在干扰。在过去的 10 年中，电视广播从模拟系统升级为数字系统，即所谓的模数转换，带来了更多的电视频道和更清晰的电视画面。在理想状态下，广播业务需要大量频谱用于设置更多频道并传输高清乃至超高清广播，这在目前频段上显然是不可能实现的，致使大量电视节目通过卫星和有线的方式进行传输。此外，移动通信和其他应用对 UHF 频段也有大量的频谱需求，UHF 频段地面数字电视（Digital Television，DTV）的未来更加不确定。在频谱领域，关于平衡广播和其他应用的讨论极为重要，将在第 11 章详细讨论。由于广播发射机覆盖面积广，很多电视广播应用要在国际层面进行频谱规划，例如整个欧洲的统一规划，这就使得在该领域进行任何变动都十分复杂，并涉及官僚程序。

1.1.10　业余应用

业余无线电用户（有时称为"火腿"（radio hams））被授权免费使用一些频谱来满足他们的爱好。从历史上看，这种应用曾经在监测遇难船只发射的信号方面很有价值，但随着通信技术的发展，这种应用就慢慢衰落了。他们曾经也引领了新技术的发展，但面对不断增长的投资对回报的要求，我们并不清楚这种引领能否在未来再次出现。除此之外，还需要不断在国际层面赋予他们接入的权利。时不时会有一些收回业余无线电部分频率的呼声，但由于业余无线电频率通常在频段较高和价值较低的频段，这种呼声并不常见。

1.1.11　水上应用

水上应用是在岸台的通信范围内，为船只提供通信链路，这个范围通常在 30 英里（约 48km）左右。其中包含港口操作。这一应用的频谱需求随着对数据传输需求的增长而稳中有升，但部分需求可用商用蜂窝通信系统和卫星通信系统来满足。水上无线电频率一般是全球统一的。

1.1.12　商用无线电

商用无线电，也称作专用移动无线电（Private Mobile Radio，PMR），通常由出租车公司等企业在机场、大学或者商业园区等限定范围内使用。商用无线电通常由一个设置在企业总部的发射机，以及装载在交通工具中或者个人随身携带的无线电台组成。它具有成本低和设备简单的特点，而且其"广播"特性，例如"××区域是否有空闲的出租车"之类的信息会相对有用。虽然很久以来都认为商用无线电会逐渐被蜂窝移动通信系统取代，但这类应用的需求一直保持不变，甚至在一些国家还缓慢增长。这些系统以语音为主，有些时候也有低速率的数据传输。

1.1.13　未分配频谱

最后，有一些频谱尚未分配，有可能是由于通过拍卖暂缓分配，也有可能是由于用途尚不清晰而推迟分配。因为未分配的频谱就是未使用的资源，管理者们的目标是使未分配频谱的数量保持在较低水平。从另一方面来讲，保留的频谱为未来应用提供了各种可能，有望起到重要作用。

1.2　为什么频谱需要管理

我们已经看到无线电频谱支撑了大量不同的应用，这些应用的需求各不相同，且在不断变化。此外，无线电技术的不断发展有时会减少对频谱的需求，但更多的时候会使需求加剧。随着这些变化的发生，有必要对频谱接入进行管理。另外，如果不对频谱接入加以管束，将会引发潜在的有害干扰，造成服务中断并造成大量经济损失。基于这些原因，无论是在ITU（国际电信联盟，联合国的内设机构之一）主导下的全球层面还是在国家层面，对无线电的严格管理已有数十年的历史。

频谱（300GHz以下的无线电频率）可视为一种自然资源，与土地、空气或水不同，而与石油和天然气类似，其价值长期以来并不为人类所知。虽然在某一给定区域，频率总量是一定的，但原则上有很多方法可以将其区分使用。也就是说，与石油和天然气不同，频谱的供给不是问题。然而，从实践的角度来看，由于现代无线通信系统需要在任意给定时刻对频谱进行一定程度的独占式接入，因此这样的频谱供给是有限的或可耗竭的。不同频段的无线电频谱传播特性不同，意味着不同频段适用于不同应用。

从人们认识到频谱的存在到现在的很长一段时间内，频谱都处于边缘位置，只有物理、航空、国防和安全方面的专家认识到其重要性。在1914—1918年第一次世界大战之后，无线电频谱开始用于大规模点对多点无线电广播，并在第二次世界大战之后用于电视广播。真正让无线电频谱声名鹊起的是移动通信的广泛应用，最初是用于语音传输，现在则用于迅速增长的数据传输。据预测，2015年全球将有70亿移动连接，有35亿居民进行移动语音通信。

移动通信行业发展后不久，财政部门通过本世纪之交举行的一系列频谱执照拍卖认识到频谱的经济价值，尤其是 2000 年德国和英国政府举行的 3 场拍卖所获取的收入，引发了对适用并可用于移动通信的频谱的稀缺价值的关注。政府政策的制定者也认识到了无线语音和宽带服务为 GDP 增长所做的贡献。在私营部门，除政府拍卖收入外，运营商之间的频谱交易（尤其是在美国）产生了数亿美元的收入。

随着频谱资源的日益稀缺，频谱分配方法也在发展。一个世纪以前，有一个短暂的时期允许开放接入，那时所有用户都可以无干扰地共存。但许多国家出于对国防和安全的考虑，迅速对频谱实施管控（尤其是在 1914—1918 年第一次世界大战期间），随后的多年间以行政命令或"命令与控制"的方式，勉强地为其他应用释放了一些频谱。这通常需要为潜在的个人或商业频谱用户发放专门的频谱执照，以明确可使用的频段范围和发射功率，往往还包括发射机的位置。这种执照通常是短期但可续期的。如果某种服务的提供上存在竞争，政府需要确定哪个申请者是最有价值的。公共部门的用户，例如国防部门，更容易得到频谱接入权，因为它们深得政府信任，在提供相关服务方面没有竞争者，因此也不存在其他组织或个人对同一频段提出接入申请。

尽管这种管理方式对频谱的创新使用具有与生俱来的阻力，但在频谱资源丰富的时期，它仍然是一种相当有效的频谱分配方式。然而，和其他资源一样，日益增长的需求会引发寻求额外资源和可替代的分配方式。这正是过去 10 年左右已发生的事情。人们正在广泛讨论一种叫作"未来频谱危机"的征兆——未来频谱短缺如何满足蓬勃发展的移动通信需求。对这一事件的展望，引发了大量关于频谱管理的重要共鸣。

（1）为应对日益增长的需求，寻求使用更高频段解决容量问题，一般考虑 3.5GHz 附近的频段，但最近甚至提高到 20GHz 以上频段，例如 60GHz 频段的免授权频谱。

（2）质疑传统的行政命令或"命令与控制"方式是否能够在频谱短缺和技术飞速发展的时代，完成使频谱得到最佳使用的使命。罗纳德·科斯（Ronald Coase）在 1959 年提出的市场手段是最早并充分发展的替代型频谱分配方法。但是又经历了 30 年，市场手段才开始以频谱拍卖的形式发挥作用。

（3）寻求多用户多应用共享频段的方法。这是过去 10 年最显著的一个方向标。技术的发展使得多用户可以接入同一频段而不产生相互干扰。共享也成为处理公共部门在频谱充足年代靠特权获取的"过剩"频谱的一种方法。如果很难说服公共部门放弃现有频谱，或许让它们将这些频率共享使用会相对容易。频谱使用的数据确实表明，即使在高峰时段，公共部门的网络容量有些时候也并没有得到充分利用。

对于频谱这样的资源，其有效分配的基本经济原则是：如果一个频段能够实现的功能大致相同，例如一个频段既可以用来做广播业务也可以用来做移动业务，那么在两种用途间的分配方式应能达到为每种用途每新分配 1MHz 频谱为社会带来相同益处（以金钱衡量）。因此，如果在相同频段，为移动通信新分配 1MHz 频谱年收益会新增 200 万美元，而为广播业务减少 1MHz 频谱年收益会降低 100 万美元；那么在这种情况下，可能意味着广播业务占用了过多的频谱。

我们需要对这个简单的原则进行一些讨论。首先，考虑到频谱从一个业务转到另一个业务需要一定时间，随着需求的快速变化，不停地改变频谱用途以实时满足上述原则是不现实的。一个更加现实的目标是在一段时间内基本满足上述经济原则。其次，频谱为某业务使用所带来的益处不能只考虑使用的个体为相关业务付钱的意愿。除直接消费者之外，在其他方面带来的更广泛的社会效益和未来的经济利益也应考虑在内。最后，上述原则的提出，是假设我们知道所有的可选业务。频谱管理的另一个关键目标正是为民众使用新业务创造条件。

在后面的章节中讨论的相关数据表明，频谱为 GDP 的增长间接做出了贡献。与"没有水、石油、天然气或其他自然资源会有多糟"这种问题相比，"没有频谱会有多糟"这一问题似乎没有意义，因为没有证据显示频谱会突然没有了。但是下文讨论到的研究成果表明，频谱贡献了 3% 的 GDP，这一事实确实将正确实施频谱管理的重要性提高了一个等级。如果目前较为低效的管理制度就能达到上述指标，那么如果我们的管理效率更上一个台阶会带来怎样的回报呢？实现高效的分配可能并不现实，我们应强调目前的系统是某种意义上"第三好"的选择，我们能够通过引入市场机制实现更高的灵活性，以达到第二好的效果。

1.3   国家频谱管理

频谱管理主要在国家层面进行。虽然有国际组织和协议，但颁发频谱执照的法定权利和对涉及违法使用频谱行为的起诉权，总是掌握在各个国家手中。每个政府指定一个国家管理机构（National Regulatory Anthority，NRA）负责管理频谱。有时这个机构是政府内部的一个部门（不过考虑到频谱使用的广度，有时并不清楚具体是哪个部门）。还有一些情况是成立像英国 Ofcom 那样的独立监管机构，并赋予其职权范围内的高度自治权 [4]。

各国家管理机构的职权范围也各有不同，有的仅负责频谱相关事务；而有的则是"融合"的监管机构，也负责例如广播和电信等其他事务的监管。使用融合机构的好处是不同机构间的监管要求可能存在冲突，例如广播公司可能发现一个机构正试图削减其频谱使用，而同时另一个机构正要求其提供更多的内容和覆盖。此时，让两方在同一屋檐下进行决策，可以将所有相关要素考虑在内，形成协调一致的决定。

NRA 的职能大致可分为以下几类：

- 确定和改变频谱的用途；
- 指配腾退出的频谱；
- 允许频谱所有权变更和冗余频谱的使用；
- 管理免授权频谱；
- 制定频谱使用政策，解决频谱干扰；
- 进行前瞻性研究，促使频谱分配顺应形势；
- 参与国际研讨。

下面将逐条简单介绍——这些内容也构成了本书的全部内容。

确定和改变频谱的用途。 频段通常分配给特定的应用，例如广播。新技术和新应用的出现带来了频谱使用率的提高和频谱用途的增多，频谱的最优应用方式也在随着时间改变。在某些法定范围内，公司可以在频率执照允许的条件下改变其使用的技术体制，例如从 2G 移动通信技术变成 4G。各公司也可以通过频谱市场改变频谱用途，例如一家广播公司可以将它的频谱卖给一家移动运营商。我们将在后面的章节中深入讨论这一问题，但是目前这种频谱用途的改变仍然需要大量的监管干预。例如，不久前将 800MHz 频段的用途由广播改为移动通信的案例中，首先需要在整个欧洲范围内达成可行的协议[5]，然后对广播频段进行大范围的协调和重新规划，最后各国对各自的发射机进行移频，并帮助广播电视观众重新调整接收设备（电视机、机顶盒等）。有些国家还涉及无线话筒的移频，监管机构采用管理机制补偿受影响用户的损失[6]。

指配腾退出的频谱。 一旦完成频谱腾退（或者部分频谱腾退），管理者需要决定其用途。首先需要做出的关键决定是，这段频谱将作为授权频谱还是免授权频谱使用。如果是免授权使用，则需要规定接入规则。如果是授权使用，则需要确定频谱分配手段，一般是通过拍卖。拍卖包括涉及多个学科的大量工作，本书将用较大篇幅来讨论相关问题及其复杂性。在一场拍卖中，监管者们一般会组建一支队伍，包括工程师（设定执照的技术条件）、律师（构建法律框架）和经济学家（设定拍卖方式），再加上直接雇员和顾问，有时可能有上百人参与。

允许频谱所有权变更和冗余频谱的使用。 某些情况下，或可通过市场改变频谱的所有权，通常称作频谱交易，也就是将一个执照由一方卖给另一方。其中包括租借、全部或部分出售等多种选择。频谱用途是否能改变也是个重要问题。我们将在接下来的章节中详细讨论这些问题。监管机构首先需要为这类行为制定适当的规则，当前还没有一个国家完成了这一工作。于是，它们经常对交易过程进行监管，确保这些交易不会引发干扰或竞争问题。

管理免授权频谱。 免授权频谱需要定期管理。包括由于引入新技术或发生拥塞等原因而更改接入规则。

5　由 CEPT 执行[5]。

制定频谱使用政策，解决频谱干扰。 监管机构的一项关键职责就是确保使用者不遭受"有害干扰"。这是个含糊不清的定义 [7]，但当所使用的授权频谱受到干扰时，使用者普遍会向监管机构上报，希望监管机构调查并终止非法使用。监管机构通常使用配备了测向系统的监测站或监测车，进行"野外作业"，以追查干扰源。这些干扰查找小组通常 7×24 小时待命，因为某些系统（例如空中交通管理系统）受到干扰可能会引发生命安全方面的问题。一旦发现干扰，查找小组可能有权强制入室并没收设备，也可与当地警方合作采取适当措施。一种长期存在的干扰源是 VHF 频段的"盗用"发射 [6]（即"黑广播"）。尽管追踪发射机相对容易，但同时涉案团伙也能轻易地掩藏到另外的地点，并在数小时内重新搭建发射设备。像英国这样的国家，需要组建一支由 30～50 位训练有素的工程师组成的野外干扰查找队伍。

进行前瞻性研究，促使频谱分配顺应形势。 理想状态下，频谱管理应超前于新技术和新应用 10 余年。这是因为要将一个频段清空并重新分配通常需要 10 年时间。在发展新技术时，如果没有清晰的监管准入意向，企业很难筹集风险投资。这样，监管机构会成为新技术创新中的阻力。至少对于超宽带技术来说在一定程度上是这样的。超宽带技术 [7] 是一种可保证近距离超高速率传输的新技术，可替代光缆传输。频谱管理远远领先于技术发展是非常困难的。但是如果监管机构进行研究，通过咨询的方式吸引利益相关者的参与，并频繁修正其策略，就能注意到新理念，为业界提供一些指导，并在相关方之间共享最佳实践经验。监管机构不妨根据上述行动的规模，每年花上 100 万到 1000 万美元来实施这些行动。这一花销会是非常好的投资，因为它通常会引发拍卖，可为财政部带来更丰厚的收入。

参与国际研讨。 如下文所述，现在有许多相关的国际组织，监管机构需要留出人力资源参加这些活动。通常情况下，会派出能够理解频谱管理多样性和复杂性的专家。

最后，我们有必要对监管文化做个评价。监管机构规避风险是理所应当的，并且在大多数情况下是正确的。投资长期资产的厂商对政策的确定性估值较高。通常情况下，破坏现状的成本远高于新方法带来的收益。所以监管机构倾向于慢条斯理地工作而不设定时间或成本期限，根据分析寻求近似确定的结果。这不同于商业界，有时会为按期交付而牺牲部分质量。

然而，正如上文所建议的，对于频谱的使用，监管机构也需要顺应企业的理念，甚至是走在风险投资领域的前列。如果它们不抑制厌恶风险的天性，就会过于保守且对国家不利。为避免出现这种情况，国家频谱管理机构需要有一些愿意创新、提出新想法的董事和工作人员作为先驱，勇于面对更保守的利益

---

6   参见参考文献 [8]，Ofcom 关于解决盗用发射的指南。

7   超宽带（UWB）技术需要以低功率接入大量频谱。而不会引发干扰的实际功率水平一直是争论的焦点。监管部门花了 10 多年的时间来研究这一问题，以通过 UWB 的使用规则。在这期间，所有先行引入这项技术的领头企业都因耗尽资金而不复存在。

相关者的反对。这些先驱者是甘愿牺牲"平静生活"并勇于冒险的一小部分人，监管机构需要做更多的努力去发现和培养这样的人才。

在官僚制度和创新之间、在小心翼翼管理国家重要资源和允许新应用之间寻求平衡，可能是监管机构面临的最重要的挑战。

1.4　国际频谱管理

我们常说，无线电波是不遵守国界的。而世界上的大多数国家都不在偏远的海岛上，而是相互接壤的，这就需要进行国际频谱协调，以避免国家间的毁灭性干扰。

在全球范围内管理频谱使用是 ITU 的核心职责，它拥有近 200 个成员。ITU 是联合国的特设组织，总部在瑞士日内瓦。ITU 并不是一个全球监管组织，每个国家和地区的监管机构都有自己的司法管辖范围；因为这些全球性的管理和合作规则由各成员制定，并受其约束。这些规则由 ITU 的无线电通信局（Radiocommunication Bureau，BR）管理，遵从这些规则是出于意愿而非国家级的监管约束。ITU 频谱管理的部分任务是确保所有的无线电业务合理、公平、有效和经济地使用无线电频谱，包括使用卫星轨道，并就无线电通信事宜开展研究，通过相关建议书。

ITU 世界无线电通信大会每 4 年召开一次，会议的一项主要任务就是审议并在必要时修订《无线电规则》（Radio Regulations，RR）。《无线电规则》是管理无线电频谱、对地静止和非静止卫星轨道使用的国际条约。一般来讲，一个频段会划分给一个或多个主要和次要业务。主要业务应受到保护，不受次要业务的干扰；反之则不然。这些划分在 ITU 不同的"区"可能不同：

- 1区包括欧洲、非洲、西亚（不包括伊朗）、前苏联各加盟共和国和蒙古；
- 2区涵盖美洲、格陵兰岛和一些太平洋东部的群岛；
- 3区包含东亚及东南亚（前苏联地区除外）、伊朗和大洋洲的大部分区域。

大多数重要决定都在世界无线电通信大会（World Radiocommunication Conference，WRC）上做出，而更详细的决定则由覆盖这 3 个区的区域无线电大会中做出。除非在 WRC 上通过，否则这些区域会议不能修订《无线电规则》，而《最后文件》（Final Acts）也只对协议的缔约国有约束力。然后，各个国家在遵从《无线电规则》的基础上增加对频谱使用的其他限制，通常体现在频率划分表中。

在近期的世界无线电通信大会或者区域无线电大会中做出的主要决定如下。

- 2004年在日内瓦召开的区域大会中，为地面数字电视重新规划了地面广播频率。这些决定取代了1961年在斯德哥尔摩会议中定下的模拟电视规划。
- 2012年在日内瓦召开的世界无线电通信大会上，就原本划分给广播业务的700MHz频段在部分区域用于移动业务一事，达成了一致。

第二个例子很有意思，ITU 做出这一决定的速度比常态更快，引发的关注也更少。一般情况下，一个事项从发起、形成议题，到在大会上做出决定，整个过程通常要经历 10 年时间。但是，使用频谱的公司正以更快的速度发展先进技术。这一事实表明应建议 ITU 全面加快决策过程。

在频谱管理领域，一个很重要的区域角色是欧盟（EU），它的成员们现在经常在 ITU 会议中支持一个共同政策。目前，欧盟无线电频谱政策的 3 个主要目标是统一频谱接入条件，以达成无线设备的互操作性和规模经济效益；努力争取更有效地利用频谱；提高频谱可用性、应用现状和未来规划的信息水平。因此，在 2012 年，欧洲各机构（议会、部长理事会和欧盟委员会）联合制定了无线电频谱政策方案（RSPP）。这个方案为频谱政策的后续进程制定了路线图。它聚焦于欧洲数字化进程下高速无线宽带系统（4G）的频谱需求，也考虑到了其他领域（例如视听、交通、科研、环境保护和能源领域）的需求，同时保障必要的国防、应急或地球探测的频谱需求。

2013 年，欧洲内部出现了关于试图摆脱每个国家独立的移动服务市场并在多成员国间组建单一移动服务市场的提案。欧盟委员会 2013 年的提案中指出，这一举措需要改变欧盟内的频谱分配程序，包括拍卖进程的同步。

以各种形式参与频谱管理的国际组织数不胜数。它包括军事同盟，例如北大西洋公约组织（NATO），协调成员间的军事频谱使用；还包括各种利益团体或利益相关团体，例如射电天文学团体，寻求保留或尽可能地扩展自己的频谱接入权。

在本书所讨论的各项事宜中，一个关键问题是国际规则在何种范围影响频谱管理所采用的方法，以及在何种程度上导致了更高效或低效的结果。这个问题的答案既取决于使用频谱的国家，也取决于频谱使用方法的本质。很明显，在频谱使用方面，澳大利亚这样一个没有邻国的大国比卢森堡这样一个小小的内陆国更少受国际协调的约束。同样，非对地静止卫星服务不可避免地会是一个国际网络，而由一个小型出租车公司使用的通信系统只是个本地系统。随着本书主题的展开，大家将会清楚地看到，国际规则在很多领域都不会过分约束；在国家或地区（如类似欧盟的联邦系统）层面开展的频谱管理，将会对市场手段的应用、共享频谱的接入形式等方面产生深远的影响。

1.5　　国家和地区差异

所有国家（地区）都能够在同一张频率表上划分和分配频谱。但对于频谱使用来说，不同国家（地区）的差异是巨大的。从联合国宽带委员会从不同国家（地区）搜集的移动宽带普及率数据可见一斑 [9]。

　　　　高居榜首的包括一些亚洲的国家和地区（新加坡、日本、韩国等）、北欧（芬兰、瑞典等）以及美国，其普及率在 70% 以上，有的甚至超过 100%。而垫底的非洲国家（地区）和一些亚洲国家（地区），有效普及率为 0。

　　　　关于发展中国家移动语音普及率的数据更加令人鼓舞。越来越多的研究显示，具备这种通信手段有利于一般群体，尤其是生产者群体的经济发展[8]。在不久的将来，移动数据服务也将起到类似的作用。

　　　　这些国家和地区性差异是否需要全然不同的频谱管理制度呢？很明显，相较于基础设施良好的国家，在没有固定通信网络的国家，移动或无线服务对地区发展和经济建设的作用将更为关键。同时，发展中国家的频谱短缺程度要比早早走上移动数据康庄大道的国家略轻，但是它们和发达国家一样为公共部门，尤其是国防，慷慨地分配了大量频谱。

　　　　发展中国家的财政状况也会显著地影响它们的频谱政策。发展中国家的政府提高税收或其他收入的能力有限，在这种情况下，移动通信运营企业将成为一个非常有吸引力的税收目标。在有些国家，各种政府税收和关税占一部移动电话成本的 40% 以上 [10]。更为直接的是，频谱拍卖会给政府带来一大笔收入，这就使得限制频谱供给以增加收入显得非常诱人。没有哪个政府能够完全对这一目标免疫，然而这一目标的达成是以移动通信服务更少竞争、更为昂贵和更为劣质，以及缩减未来的计税基数为代价的。

　　　　考虑到上述因素，没有明确理由表明发展中国家和发达国家频谱政策的关键属性会有所不同。尤其是，频谱应以授权或者共用的形式，在市场上供给各业务使用。我们必须认识到：在拍卖中，如果频谱市场和服务市场的竞争环境都很优越，那么较低的频谱价格会带来较低的服务价格，有利于经济发展。频谱管理机制必须达到既保证频谱在现有业务间的有效分配，又推动新业务的发展这两大长期目标。公共部门需要规范使用频率并提高使用效率。

　　　　最后，发展中国家的频谱管理者无需成为频谱管理界的创新者，但要准备好成为成功经过测试的新手段的"快速跟进者"，并"越过"不那么成功的管理手段。

1.6　全球、区域和国家频谱管理

　　　　如前所述，我们描述了一个由不同地理区域定义的、不同层次的管理机构组成的复杂、多层次的频谱管理系统。在监管领域，这是很常见的现象 [11]。但是我们可以试着定义一些规则，使其成为一个高效的组织。

　　　　其主要规则之一与干扰相关。正如第二章将要详细讨论的那样，位于邻近地区或使用相邻频段的频谱使用者，其发射的信号可能产生相互干扰，使得其中一些或全部使用者无法使用。为避免这一现象，需要相互协调。可以通过多

8　参见第 13 章。

种手段进行协调，这将在后续章节进一步讨论。但是这类干扰具有很强的溢出效应或外部效应，这一点在设定监管机构职责范围时需要考虑。

不同情形下，这一事项的涉及面也有所不同。一个出租车公司使用的专用移动无线电不太可能干扰到另一个国家的类似用户。相比之下，地面广播系统因发射功率高，所以很容易越过边境。在欧洲，这就需要一个复杂的国际协议。1961 年，欧洲各国在斯德哥尔摩签订了第一份协议，协调地面模拟广播；2006 年，欧洲各国在日内瓦又签订了新的协议，协调地面数字广播。对于卫星通信，区域协议是不够的，需要在全球范围内协调其应用。

从这一点来讲，实行频谱管理的层次随着相关技术的覆盖范围而改变。尽管这与频率有一定关系——更高的频率通常覆盖范围更小——但也并非完全如此；例如，卫星通常使用 10GHz 以上频段，这个频段的地面系统的覆盖范围通常却较小。有些频段可能用于覆盖区较小的业务，但又重耕用于覆盖区较大的业务，或者相反。因此，虽然不同业务有明显不同的管理层次范围，但在实际应用中比较复杂，除非使用非常简单的划分方法，例如，分为卫星和非卫星业务。

另一个要点是考虑规模经济或规模不经济。这涉及各层级上的管理。国家间共同参与一些频谱管理活动，例如技术研究或国际交流，可能会更高效，但这也可能导致产生超国家级的频谱管理机构。例如，许多代表全欧洲监管机构的研究在 CEPT 开展，节约了各国监管机构各自开展研究的成本。

更为重要的是，协调过的决定会为使用频谱的下游市场带来更高效的产出。如果频谱执照是集中发放甚至是同步发放的，可能有利于新业务在更广泛范围内的推广和发展。美国在无线创新方面的领先可以部分归功于它覆盖超 3 亿居民的"单一市场"。

频率协调一致会带来发射和接收设备生产的规模经济，从而降低成本，带来用户价格的降低。但是，对已经广泛普及的服务而言，效果并不那么明显。现在全世界大概有 50 亿左右的 SIM 卡，装载在不同的移动设备中，而绝大多数设备都以非常低的增量成本支持多频段操作；因此，可以在多个频段实现高效的规模生产。而且，运营商也会合理地避免在应用不够广泛的频段提供服务，除非对该频段给予补贴。考虑到运营商间的竞争，不太可能使用会使设备价格提高的频段。

多国频谱管理对于小国家，尤其是与多国接壤的小国家来说更为重要。有些位于欧洲中心区域的国家有多达 9 个邻国，这就非常需要在边境地区进行频率协调并为保护区留有大量潜在未使用的频谱。而澳大利亚与其他国家完美隔离，不存在边境问题，所以在制定本国发展策略时，无需考虑邻国。美国有两个主要的邻国（墨西哥和加拿大），但是与这两国的边境线都远离人口众多的地区，而且边境地区的面积也只占整个国土面积很小的一部分。因此，我们可以预见，相较于澳大利亚或美国，欧洲更需要多国管理。

创新的问题也很重要。可以说美国是一个具有与全欧洲人口和国土面积相当的单一频谱市场。美国在引入新的频谱管理技术方面保持领先，例如最先允许使用 UWB 和电视白频谱，并一直在新型拍卖技术领域领先。这表明，创新不受限于国家大小，而是受限于文化和规则框架。因此欧洲国家产生了这样的担忧：由欧盟委员会主导的频谱管理可能变得繁冗并过于官僚化，扼杀了英国 Ofcom 有所展现而其他欧洲国家鲜有显露的创新精神。相反，如下所述，欧洲国家还将继续通过 CEPT 或在必要时通过特设工作组进行松散协调过程[9]。

这表明：

（1）国土面积大、邻国少、国内市场较大的国家将不会从多国频谱管理获益，应继续进行国家频谱管理。这个类别包括美国，也可能包括中国和印度。

（2）国土面积大、邻国少、但国内市场也较小的国家将从国际频谱管理中获益，但可能局限于特定的业务，并通过现有的区域和全球频谱组织来实现。澳大利亚就是个很好的例子。

（3）国土面积小和 / 或邻国多、国内市场也小的国家将从区域频谱管理中显著获益。虽然可能只针对部分频段或业务进行协调，但确定协调方法的过程比较复杂，直接进行多国频谱管理可能更为可取。

原则上，我们看到第三类监管机构形成一个区域频谱管理机构的好处，但我们也看到了这种方法中在目前看来难以解决的实际障碍。有强大的力量支持保持现状，只有微弱的声音在主张区域管理的优势。

虽然各地都在讨论这个问题，但在欧洲的争论尤为强烈，部分原因是因为欧洲国家通常较小，且紧密地挤在一起；另一部分原因是因为在适度的联邦主义之上，欧盟 28 国之间更普遍的紧张关系。

欧洲曾因 1987 年成功通过《GSM 法令》（GSM Directive）而广受赞誉，该法令因确保了 GSM 的成功、增强了欧洲电信业的优势而颇具影响力。然而，自那以后失败多于成功，例如 ERMES 电报系统占用了频带却没带来任何服务。最近的《UWB 法令》（Ultra-wideband Directive）被认为限制性太强，拖延了全球范围内的设备发展。因此近些年几乎没有颁布约束性法令，例如在电视白频谱这一明显成熟的泛欧洲事务上，也没有颁布约束性法令。

欧盟委员会（EC）通过发布建议书保证频谱授权和分配的技术中立，并保证公开竞争和设备的自由流动。这些建议书由欧盟委员会建立的机构，如无线电频谱政策组（RSPG）和无线电频谱委员会（RSC）来完善和发布。然而，国家监管机构倾向于在对它们有利的时候才坚持使用这些建议书，而且并没有迹象表明欧盟比 CEPT 带来了更多泛欧洲的协调结果。欧盟委员会和 CEPT 的关系也有些令人担忧，欧盟委员会希望将 CEPT 变成它的技术臂膀，而 CEPT（它包括很多非欧盟成员国的成员）希望保持其自主性。

9　例如，设立了 GE06 小组，以协调数字化完成后欧洲 UHF 频段电视发射机的使用。

2013 年，欧盟委员会作为欧盟的执行机构，提出了所谓的"连接大陆"（connected continent）建议，试图建立一个单一的数字市场，并提议将委员会的权利扩展至统筹频谱分配 [12]。然而，到了 2015 年，包括频谱建议在内的许多建议都已失效，虽然它们也有可能复活。

在目前的情况下，可以认为，欧盟委员会的存在带来了更多的滞后性和不确定性。国家监管机构常常觉得在明确欧盟委员会是否会颁布相关法规之前，不能推进任何新理念，因为欧盟委员会颁布的法规可能导致它们需要修正或者收回已经制定的规则。欧盟的决策制定有时会受制于最慢的监管机构，将会拖慢创新的步伐。

在过去的 20 年中，欧洲已经失去了很多在无线电系统方面的技术领先地位。这一事实有多少归罪于规则尚难以确定，但可以肯定的是，现在最强大的公司都在美国——在这里管理规则本质上是非联邦制的。

一个泛欧洲的监管机构，如果被赋予适当的权利和独立性，并由倾向于创新而不是公共服务的职员组成，应该能够在全欧洲提供一个比目前更具创新性的产出。然而，正如上文指出的，目前在欧洲的组织结构和工作方式倾向于限制而非促进创新。

1.7   成绩与挑战

频谱管理已经进行了 100 多年——第一个相关法令于 1903 年在英国颁布。尽管如此，由于技术的发展、频谱需求的增长和全球人口结构的变化等因素，它仍然是一个发展中的工作。我们来看看到目前仍运行良好的方面，以及存在的问题和挑战，作为本入门章的总结。

目前仍运行良好的方面如下。

- **保持稳定性**。规则缓慢变化的本质，同协商式的解决方法和长时间周期的频谱执照一起确保了商业组织致力于建设昂贵的国家网络，其回收期常为 10 年或更长。
- **免受干扰**。频谱用户绝少受到严重干扰。如果发生干扰，往往是有意的——例如，部署黑广播。否则，规避干扰的频谱规划法律基本可以保证发生任何干扰的可能性都非常低[10]。
- **公开和协商的工作方式**。监管机构的工作方式通常被视为非常开放和透明的。这样可以帮助所有人理解决策的制定，并有助于避免意外的问题。
- **拍卖作为频谱分配的手段之一**。自20世纪80年代以来，拍卖越来越多地用于分配稀缺资源。尽管由于存在未能成功拍卖频谱执照或未能收回费用等问题，而遭受了一些关于筹集资金量的争议和偶尔的失败，拍卖这一手段在透明度和初始效率方面还是表现良好。

10　有人可能认为这是一种失败而非成功，他们认为如果找到了最大限度利用频谱和尽量减少干扰间的最佳平衡点，在这种更好的制度下会有有限的干扰。

存在的问题和挑战包括如下几点。

- **迅速改变用途**。一个稳定的协商机制的缺点是不能快速响应需求的变化。最明显的是移动数据大爆炸的时间周期以一两年计，而不是以一二十年计。这将阻碍优质服务的出现，导致网络部署方案低效，并给依赖无线电频谱的初创公司和企业开发解决方案带来困难[13]。

- **更好地使用市场机制**。解决反应速度慢的方法之一是让市场做决定，例如频谱交易等解决方案，可以迅速地改变频谱归属和用途。然而，市场机制在被引入10多年后，仍未被广泛采用。原因有很多，但是监管机构可以做得更多，以利于形成国际市场、提高流动性，并明确示意终止目前使用的"清频和拍卖"方式。

- **具有创新性**。创新是新理念和生产力发展的重要推动力，对于使用频谱的各项业务也是如此。在频谱管理领域，有很多可能的创新，例如更好地共用频谱、动态频谱分配，以及更先进的建模工具。然而，监管机构几乎不鼓励探索或是引入创新手段和一些惩罚措施，因为任何新方法都会带来一些风险。因此，除去一些例外情况，监管领域的创新速度十分缓慢，看上去并不能满足业务创新的需求。

- **在国家监管和国际监管间寻求正确的平衡点**。如上所述，频谱立法一般在国家层面进行。然而，无线电波能够跨越国界自由传播，规模经济和设备的国际漫游对世界频谱协调的需求越来越高。此外，如果有一个国际频谱市场，那么频谱交易等市场行为能够更好地运行，使得使用者能够在一个区域而不仅仅在一个国家范围内取得频谱授权。然而监管机构倾向于抵制将频谱管理权力集中在某个机构（如欧盟委员会）。虽然对可能导致废除国家主权的担心是有道理的，但监管机构本应更加积极主动地寻求一个合理的定位。

- **更好地平衡私营和公共部门的频谱需求**。公共部门向来更容易获得频谱接入，而且随着私营部门频谱需求的增长，它们也不愿放弃这种权利。监管机构尝试扭转这种情况，但由于一系列原因，如缺乏强制执行的能力，以及不希望公共部门完全受市场准入力量的驱动等，这种转变很难实现。这一问题还没有明确的解决方案。

- **平衡无线电频谱使用的竞争问题**。竞争和频谱效率之间关系紧密。从技术角度来看，对频谱最有效的利用是对给定业务（如蜂窝电话）建立单一网络。然而，竞争网络的引入，有利于刺激竞争，降低价格，并为消费者提供多种选择和更好的服务质量。在频谱效率和竞争之间寻求平衡具有挑战性，而且由于提供业务带来的经济因素有所变化，这一平衡点并不固定。

- **跨部门合作，以优化频谱使用**。网络是包括固定和移动组件的越来越复杂的实体。微小区部署下，频谱效率较高，但在要求性价比的情况下，需要一个广泛可用的低成本回传链路。管理固定和移动网络的监管机构，例如英国的Ofcom，可要求固定运营商提供更好的回传链路，作为电信经济价值最大化的更全面的解决方案的一部分。然而，目前的规则制定呈孤岛状，且往往是滞后的。

很明显，许多一直行之有效的方法会在其他领域产生问题。频谱管理往往是在众多竞争需求间的一个平衡点，也许可能并没有完美的解决方案。但是，监管机构需要在各竞争需求间找到最佳平衡，并随着时间推移重新审视需求的变化。

参考文献

[1]   Ofcom, "Spectrum Attribution Metrics" (2013.9).

[2]   R. Thanki, "The Economic Significance of Licence-Exempt Spectrum to the Future of the Internet" (2012.3).

[3]   FCC, "Auctions Summary", http://wireless.fcc.gov/auctions/default.htm?job=auctions_all.

[4]   www.legislation.gov.uk/ukpga/2003/21/contents for the Communications Act.

[5]   www.erodocdb.dk/docs/doc98/official/pdf/CEPTRep031.pdf.

[6]   Ofcom, "Digital Dividend: Clearing the 800 MHz Band", http://stakeholders.ofcom.org.uk/binaries/consultations/800mhz/statement/clearing.pdf.

[7]   ITU definition,http://life.itu.int/radioclub/rr/art01.htm.

[8]   http://consumers.ofcom.org.uk/tv-radio/radio/tackling-pirate-radio.

[9]   Broadband Commission, "The State of Broadband 2014: Broadband for All", ITU/UNESCO, pp. 98–99.

[10]   M. Cave, "How Strong Is the Case for the Fiscal Exceptionalism of the Telecommunications Sector?" (2012) 2 *International Journal of Management and Network Economics 322.*

[11]   R. Baldwin, M. Cave, and M. Lodge, *Understanding Regulation*, Oxford University Press, 2011, Part 5.

[12]   http://ec.europa.eu/digital-agenda/en/connected-continent-single-telecom-market-growthjobs.

[13]   J. Hausman, "Valuing the Effect of Regulation on New Services in Telecommunications" (1997), *Brookings Papers on Economic Activities*, Microeconomics, pp. 1–37.

2 技术挑战

2.1 引言

对无线电频谱进行管理的最根本原因是避免用户间的相互干扰——至少确保干扰可控——并优化无线电频谱的容纳能力。本章讲述干扰产生及消除机制的背景知识。这是理解本书其他部分关于频谱管理的讨论的基础。

本章简要介绍了无线电信号的特征，它如何从发射机传输到接收机，可能以何种方式在接收机中产生干扰，以及如何使用相关技术避免干扰。

2.2 无线电信号的发射

2.2.1 无线电信号的定义

无线电信号是从天线发射出的电磁波。电磁波的频率范围覆盖从可见光到X光的宽广频段。普遍认为无线电波的频率范围是 10kHz ~ 300GHz。当电信号传输到任何能够辐射信号的导体上时，就形成了无线电波。天线就是为此设计的，但线缆如果没有被适当屏蔽，也可成为无意辐射源；甚至半导体芯片也会辐射无用信号。

2.2.2 信号特征：功率、带宽和模板

最简单的无线电信号有 3 个关键元素——功率、带宽和频率。功率是天线辐射的能量值，通常以瓦特（W）为单位。带宽是指信号不同频率成分的宽度，以赫兹（Hz）为单位；中心频点是指发射机在不发射任何信息（所谓的调制）时的频率，亦以赫兹（Hz）为单位。例如，一个 GSM 手机可能以 900MHz 为中心频率发射一个功率为 1W、带宽为 200kHz 的信号。

正如所料，这些参数有各自的微妙之处。设备使用的天线可以向各方向辐射相等的能量（全向天线）或将能量集中在某个特定方向（方向性天线）。前者就像房间里的灯泡，后者就像一个手电筒。方向性天线的好处是增加波束方向上的

能量而减少其他方向的能量。为避免发射机利用方向性天线按照频率执照上的特定功率值进行发射，发射功率通常由等效全向辐射功率（EIRP）来定义。这是指通过全向或各向同性天线发射后能被接收到的能量。所以，如果一个方向性天线的增益因子是 10（通常如下文所列，表示为 10dBi），频率执照上规定的 EIRP 为 1W，那么无线电发射机只能向天线输出 100mW 功率（即比 1W 低 10dB 的功率）。

带宽是另一个复杂元素。如图 2-1 所示，将无线电信号简单地想象成一个矩形块。这个矩形块是理想状态下传输的无线电信号，在带宽范围内功率保持恒定，并在带宽外立即减小为零。在这种情况下的带宽测量会很简单。实际产生的信号不可能是这种形状的——这需要无限复杂的滤波器。无线电发射更类似于图 2-2 所示的结构。

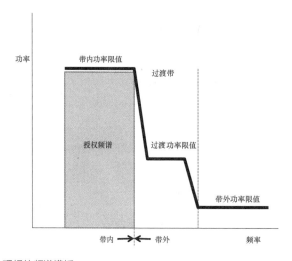

图2-1   理想的频谱模板

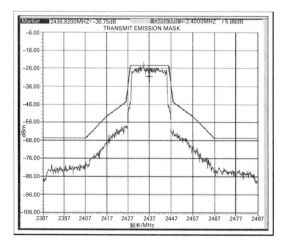

图2-2   实际的发射机辐射（下线）置于允许的模板（上线）之下

这里上线表示监管机构允许的辐射值。请注意，它不是矩形的，允许在中央区域外有一些辐射，实际的发射也是如此。

下线是一个在允许范围内的实际设备的发射。

对数表示或者说 dB，是对功率的线性表达，相对功率用 dB 表示：

$$power(dB)=10\lg(P_1/P_0)$$

因此，–3dB 是指半功率，–6dB 是四分之一功率，–10dB 是十分之一功率。

通常在最大功率的 3dB 处测量信号带宽。如图 2-2 所示，其最大功率为 –26 dBm（此时 P_0 为 1mW），当功率下降至 –29 dBm 时，基本就是中心部分的宽度，图 2-2 中的信号带宽将近 20MHz。

上线是所谓的频谱模板——由线条表示的相应频率所允许的辐射水平。在图 2-1 中也有表示，图中分成了带内功率、过渡功率和基线功率。通常带内部分对应于用户获得授权的频段。过渡和基线功率可能在其他用户的频段内；因此，在经济可行的范围内，这些区域的辐射要尽量小。

功率和带宽联合决定了信号所能传输的信息量。这一根本准则是香农定律 [1]：信道容量 C，即给定平均信号功率 S 经由加性高斯白噪声 N 的信道可传输的理论最大信息速率，可以表示为：

$$C=B\times\log_2(1+S/N)$$

其中，C 为信道容量，单位为 bit/s；

B 为信道带宽，单位为 Hz；

S 为带宽内接收到的平均信号功率，单位为 W；

N 为带宽内的平均噪声或干扰功率，单位为 W；

S/N 为通信信号对高斯白噪声干扰的信号噪声比（SNR），是线性功率比值。

因此，可携带的信息量基本上随带宽及信号功率的对数而线性增加。对很多系统来讲，无论是为了遵守规则还是考虑到生成大功率信号的经济成本，其功率都是有限的，因此带宽就成了关键变量。这也是高数据速率下，移动电话系统的带宽变得越来越宽的原因。然而，可用带宽的总量是固定的——1GHz以下的无线电频谱就只有 1GHz 的带宽，而且还要用于多种不同的系统。

需要重点指出的是，香农定律定义的是"每信道"的信道容量。现在有很多技术依赖于制造多信道（例如利用信号在墙壁上的反射），也就是说一段频谱可以供多个香农信道使用。

2.2.3 杂散辐射：谐波和互调

如上所述，无线电设备在一个较宽的带宽上发射信号，它也可能在远离其中心频率的频点上产生一个窄带的较大辐射。这就是所谓的"杂散辐射"，避免其产生对无线电设计者来说也是个头疼的问题。杂散辐射大致可以分为两种：谐波和互调。

谐波是发生在有用频率倍频处的信号。其最强的信号位于较低整数倍频处——二阶谐波就位于载频的两倍频率处。例如，一个 GSM 发射机工作在

900MHz，若不精心设计，它还将发出一个 1800MHz 的信号。这是因为，在载频处产生一个完美的正弦波是非常困难的。波形的任何畸变，都将生成一个更高频率的正弦波（因为所有信号都能表示成一系列正弦波的组合）。第二和第三谐波特别麻烦。好在它们离有用频率有一定的距离，可以被位于发射机输出端的滤波器大幅削弱。

互调的问题更为严重。当两个不同的信号混合在一起时，就发生了互调。例如有两个频率分别为 f_1 和 f_2 的信号，当它们混合在一起时就会产生频率为（$2f_1-f_2$）和（$2f_2-f_1$）的信号。如果 f_1 和 f_2 相近，那么它们互调产生的信号也会与有用信号相近。这就导致互调信号很难被滤波器滤除，因此特别麻烦。

互调经常发生在两个独立发射机的信号相互混合的时候。例如，两个独立的蜂窝运营商可能使用同一个发射塔来架设天线。如果它们发射的信号混合在一起就会发生互调。可能在不经意间借由接地不良的发射塔螺栓产生，或者在接收设备端产生（见 2.4.1 节）。

一般情况下，经过良好的无线电设计后，相对有用信号两边的无用发射来说，杂散发射不算什么大问题。

2.3　信号传播

2.3.1　自由空间传播

无线电信号一旦产生，就会像池塘的涟漪一样从天线处向四周传播 [2]。由于信号可以向 3 个维度传播，如果没有什么东西遮挡它（所谓的"自由空间"），它就会以球面的形式扩散。球体的表面积与其半径的平方成正比，而全部能量在球面上均匀分布。因此能够接收到的能量将以发射机距离的平方衰落。太阳发出的光线也是这样，每平方米"接收机"接收到的能量以距离的平方减少。虽然它会降到一个无法察觉到的微小值，但是永远不会降到零。

自由空间是无线电系统中永远无法实现的理想情况。首先，天线不能向各方向完美辐射。事实上，典型的偶极子天线的方向图更像甜甜圈，在水平方向上各向同性，而在垂直方向上辐射很少。其次，从地面到建筑物，各种物体都会成为障碍。最后，信号会被大气所吸收。这往往意味着接收到的能量比自由空间下要少——因此，使用自由空间预测得到的是信号功率的上限。但有一些个例与之不符，例如，当信号在金属波导中传输时，能量将被限制在一个特定的方向，当然这都是罕见的。

2.3.2　不同频率的不同特性

实际上，接收到的信号能量也依赖于其中心频率。原因有两个——天线尺寸和吸收。

天线的最佳尺寸与无线电信号的波长有关——实际上最佳天线尺寸等于半波长。相比于其他尺寸的天线，半波长天线能更多地将无线电信号能量转化为电场能量。而波长与频率的关系如下：

$$V = f \times \lambda$$

其中，V 是光速，f 是频率，λ 是波长。因此，高频信号的波长更短，最佳天线尺寸也更短。但是无线电波的能量与"波阵面"照射天线的比例成正比。如果天线是半波振子，则其能接收到的波阵面只有一半，信号能量也只有一半。因此最佳天线能接收到的能量随频率的增加而减少。可以采用多个小天线混合接收的方法来解决这个问题，但这样又比较贵，需要多个无线电接收机。

此外，频率更高时，其大气和材料吸收率也会更高，绕射障碍物的能力更低。因此，在现实世界中，高频信号传输的距离更短。

因此，较低频率因其传输距离较远而更受欢迎。然而较低频率带宽较窄（1GHz 以下只有 1000MHz，而 1GHz 与 10GHz 之间有 9000MHz）。大多数无线电发射需要尽可能多的带宽。最佳的频段是信号传播质量仍然较好，并且有大量可用频谱的。一般认为这个"最佳频段"大致在 300MHz ~ 3GHz。基于上述半波长天线尺寸理论，低于 300MHz 的频率对应的天线尺寸过大，不能集成到便携式设备中。最佳频段的示意图如图 2-3 所示。

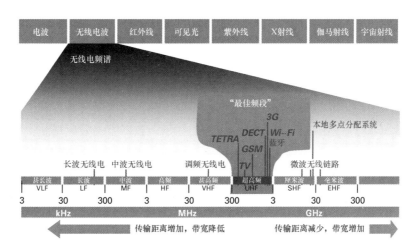

图2-3　　无线电频谱与"最佳频段"　　来源：[3]

2.3.3　现实中的传播：Hata模型

现实中的信号传播要复杂得多——复杂到精确预测百米外的信号都基本不可能。信号越过地面和各种物体，被反射、吸收、绕射，最终经由多条路径到达终点。

为便于无线电设计，通常认为传播由 3 部分组成：

- 典型区域（通常是一个50m×50m的区域）内的平均信号功率；

- 因建筑物阻挡造成的信号波动，通常称为"慢衰落"[1]；
- 因多径信号互相抵消或加强造成的信号波动，通常称为"快衰落"[2]。

通常通过多次测量的分布函数对快衰落和慢衰落准确建模[3]。因此通常设定一个无线电系统能够工作的最小信号功率，这个信号功率包括一定的慢衰落和快衰落余量。

除下文将描述的一些例外情况，平均信号功率一般能满足频谱管理需求。一般用多次测量形成的经验模型估计平均信号功率。其中一个最广泛应用的模型就是"Hata 模型"，它得名于同名的日本工程师 [4]。

城区环境下的 Hata 模型如下：

$$L_U=69.55+26.1\lg f-138.2\lg h_B-C_H+[44.9-6.55\lg h_B]\times\lg d$$

对于小型或中等城市：

$$C_H=0.8+(1.1\lg f-0.7)\times h_M-1.56\lg f$$

其中，L_U 为城区环境路径衰落，单位为 dB；

h_B 为基站天线高度，单位为 m；

h_M 为移动台天线高度，单位为 m；

f 为传输频率，单位为 MHz；

C_H 为天线高度修正因子；

d 为基站和移动台之间的距离，单位为 km。

对于大城市和郊区环境有其他的天线修正因子。

逐一来看公式的各个部分，首先是一个固定部分（69.55），这是距离发射天线 1km 处的预期路径损耗（这个模型对距离发射机 1km 以上的区域有效）。接下来是一个与频率相关的部分，如前所述，反映了传播损耗随频率的增加而增加。然后是一个与基站高度相关的因子，意即基站发射塔越高，信号传输越远。然后是不同建筑物密度下的修正因子。最后是与距离相关的因子，如果采用自由空间路损，则应该是 d^2，转换成对数应该是 $20\lg d$；而在使用 Hata 模型的场景下，该因子与基站天线高度相关——天线高度为 10m 时系数为 38.5，天线高度为 100m（一个非常高的蜂窝基站）时系数为 32，此时因子是一个介于 d^3 和 d^4 之间的值，表明现实世界中信号传输远不如在自由空间中自由。

Hata 模型提供的是一个近似值，如果频谱管理者想知道一个已授权发射机发射的信号能够传输多远，Hata 模型会是一个好基础。然而，移动运营商在部署网络时，需要考虑整个传播建模方案，需要考虑每个手机的位置、地形地貌、信号传输所经的各类"杂物"（例如建筑物、森林、农田、水域等），以及发射机和接收机的已知参数。

---

1 "慢"是指，一个手机用户可能在四处走动，可能花几秒钟时间经过一个建筑物的阴影区，这对于无线电系统的运行来讲是一个较长的时间，所以对于系统自身的调适来讲，相对较慢。

2 "快"是指，衰落间的距离约为一个波长，对于移动通信来讲通常是 10~30cm，用户移动这个距离的时间还不到 1s。

3 慢衰落模型通常是均值为 0、方差为 6dB 的正态对数分布；快衰落通常由瑞利分布来模拟。

2.3.4　建筑物

建筑物增加了无线电信号及其建模的复杂度。无线电信号穿入（或穿出）一幢建筑物的程度，称作"建筑物渗透损耗"，取决于建筑物的建筑材料、窗户尺寸、有无金属涂料、电磁波的入射角度等因素。由于很难获取每幢楼宇的相关信息，只能进行假设。建筑物渗透损耗一般以均值为 12dB 左右、方差（σ）为 5dB 左右的正态对数分布进行模拟。这意味着，建筑物内部的信号强度比外部信号平均低 12dB，而且有 1% 的可能性要低 27dB（均值加上 3σ）。

对于 Wi-Fi 等系统，建筑物内部的传播也很有意义，但也同样难以预测。它取决于室内墙壁和地板的建筑材料，家具的位置（尤其是文件柜一类的大型金属物体），甚至是信号能够多大程度上从外部窗户穿出，经邻近建筑物反射后又从另一扇窗户穿入。广义上讲，这个模型考虑的是信号可能穿过的室内墙壁和地板的数量，然后指定每扇墙和地板的损耗。损耗参数可能针对某一类型的建筑（如办公室、住宅等），或者基于实际测量。

对于利用室外基站覆盖室内环境的蜂窝系统来讲，建筑物渗透损耗是个大问题；但对频谱管理来讲则可能有一些益处，它可以为室内系统或其他室外系统的运行提供一些隔离，以允许一定程度的频谱共享。

2.3.5　最小耦合损耗

在频谱管理中，最小耦合损耗（MCL）这一参数有时会很重要。它是发射机和接收机之间可能的最小传播损耗，在考虑一个系统干扰另一个系统的可能性时很重要。例如，考虑工作在相邻频段的移动电话对电视接收机的干扰，MCL 就是移动电话信号可能减弱的最小值，这时会导致最大的干扰。这种情况下，频谱管理可以限定移动电话的功率水平，使其不产生有害干扰。

这种方法存在一些问题，后面我们将要详细讲述。问题主要在于根据 MCL确定发射信号功率来保护接收机会过于悲观，因其过于保守，绝少在实际中使用。这将降低其他业务应用频谱的可能性，从而降低频谱作为稀缺资源对一个国家的贡献。

计算 MCL 首先需要确定场景中的几何关系。例如，移动电话可以和配备了机顶天线的电视接收机同处一室，它们之间的距离可能近至 1m 左右，且其间无任何阻隔，那么 MCL 就可能是距离天线 1m 处的自由空间损耗（32dB 左右）。或者，移动电话在屋外的街上，而电视接收机使用屋顶天线，这时关键参数如下：
- 从电话到屋顶天线的距离；
- 屋顶天线在电话方向的增益；
- 由电话和屋顶天线极化不匹配带来的损耗；
- 从屋顶天线到室内电视接收机的线缆损耗。

这些参数需要一一确定，并得到最终的 MCL（在这种情况下是 52dB 左右）。

计算 MCL 通常比预测传播特性更简单，因为这时两个设备一般离得很近，可考虑使用自由空间传播。然而确定场景中几何关系就困难得多，并需要经过严格判断。在上述例子中，干扰场景中的两种几何关系下干扰强度轻而易举地相差了 20dB。这种差异还可能更大，手机距离电视接收天线的距离在最差情况下为 100m，在最好情况下为 3km。

也可以采用概率的方法来确定 MCL，即根据移动电话和电视接收天线间距离的分布来确定 MCL 的分布。取仅会有 1% 可能出现最坏结果（干扰更强烈）时的 MCL 值更为合适，而不是取出现最坏结果时的 MCL 值。

2.3.6　天气和异常现象：大气波导和季节波动

即使预测非常精确，传播特性也可能随时间发生波动。有些波动是短时的，由一些类似汽车停靠在发射机和接收机之间这样的原因造成。有些是季节性的——例如相对没有树叶的树木来说，有树叶的树木对无线电波的吸收率更强，因而夏天的传播损耗更高。最后，在某些频率上或某些类型的发射，会产生"空气波导"现象，这时信号会被限制在某一层大气中向前传输，在上下两层空气间来回反射直至传出一段较远的距离 [5]。大气波导主要发生在电视发射频段，且电视发射塔较高的情况下。这会导致电视信号在某些情况下传播几百千米，造成意外干扰。空气波导倾向于出现在大片稳定的高压区域，因此，广播业者在设计接收机时，通常会为此留有更多余量。

2.4　干扰类型

2.4.1　综述

当无用无线电信号混入有用无线电信号，并降低了有用无线电信号的质量时，干扰就发生了。干扰有多种程度，从轻微到完全干扰，从对有用信号有微小影响到根本不能接收有用信号。在频谱管理的术语中，后者通常被称为"有害干扰"，虽然并没有定量定义何种程度的干扰是有害的。

关键之处在于干扰仅发生在接收端。发射端不会受干扰影响，即使存在多个无线电波，只要没有接收机，那么就没有什么会遭受干扰。

产生干扰的类型有很多种。如图 2-4 所示，图中有 3 个不同的频谱使用者，上面两个使用相同频率，但位于不同地理区域，两者间的干扰叫作"同信道"干扰。图中下面的用户与左上的用户处于同一区域，使用两个相邻的频率 F_1 和 F_2。由于发射机并不完美，它在邻信道仍有一些发射，上面的用户将在频率 F_2 上产生一些干扰，通常称为"邻信道泄露"。而工作在 F_2 上的接收机也没有完美滤波器，不能完全滤除 F_1 上的信号，一些信号就会在接收机内造成干扰，这就是"邻信道选择性"。最后，没有显示在图中的是，在设计不佳的接收机中干扰可能会引发一些问题——例如干扰可能导致接收机内的放大器过载，使其出现故障。

这些类型的干扰可能同时发生。尤其是位于同一区域的用户，接收机可能同时受到邻信道泄露干扰和邻信道选择性干扰。这两种干扰叠加在一起，就加剧了整体干扰。

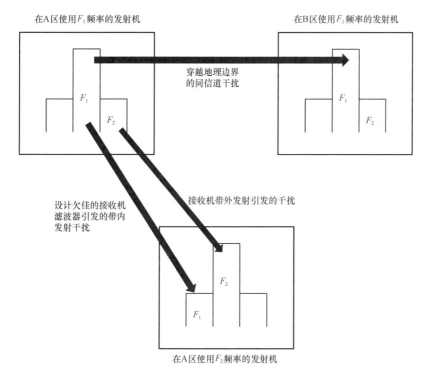

图2-4　　干扰的产生机制

需要注意的是，频谱管理的目标并不是完全消除干扰。无线电信号无限传播，完全消除干扰是不可能的。事实上，蜂窝网络就是一个自干扰网络，它将干扰功率限定在特定阈值内。在这个干扰阈值下，网络容量达到最优，允许较大功率发射，虽然有可察觉的干扰，但不会在实质上降低接收质量。频谱管理的目标也是类似的——允许刚好低于可察觉的阈值水平的干扰。

下面将详细讨论每种不同类型的干扰。

2.4.2　同信道干扰

无线电信号的强度会随着传播距离的增加而减弱。在离发射机足够远的地方，其他发射机就能使用相同频率了。需要合理设置两个同频发射机间的距离，使得处于中间位置的接收机不会接收到两发射机中任何一个的信号。这个区域通常称作"保护区"。理想状态下，这个区域应该非常小，但实际上由于电波的传播难以预测，监管机构设定的保护区必须确保一个发射机的信号在到达另一个发射机的覆盖区时，已经得到了充分衰减。显然，这就需要在避免干扰和最大化可利用频谱之间进行衡量了。

某些情况下，在一个国家内部进行同频部署。例如监管机构通常逐一对商业电台授权。如果两个处于国家不同区域的出租汽车公司相隔足够远，可能被授权使用相同的频率。同频部署的情况也可能在边境地区出现，两国的监管机构需协同工作颁发执照，保证边境地区的保护区；或者执照持有者以一定方式进行协调，以避免干扰。

2.4.3　邻信道泄露

发射机的信号泄露到邻信道，称为邻信道泄露（ACL），如图 2-2 所示。这种信号通常比有用信号小得多——通常频率执照会规定 ACL 低于有用信号 40～50dB。因此，如果允许发射的功率为 1W（30dBm），那么邻信道泄露需低于 0.1mW（−10dBm）。信号在传播过程中进一步衰落，衰落的最小值（即 MCL）可能是 40～50dB，因此最终的信号功率将比所允许的发射功率低 80～100dB，但是即使是这个被削弱了的信号也可能引发干扰。

与其他类型的干扰一样，监管机构应允许一定的 ACL，否则将导致发射机成本过高。一般由标准化组织设定 ACL 水平——例如由 3GPP 设定 3G 和 4G 发射机的带外辐射限值。然而，这些标准化组织会按照使用相同技术的网络（例如，两个邻频部署的 4G 网络）间的干扰情况来设定理想的 ACL。对于使用其他技术的邻频网络来说，这个 ACL 可能并不理想。监管机构一般通过设置"保护带"来解决这种问题——设置一段不使用的频谱作为不同用户间的缓冲带。保护带是不受欢迎的，因为它们降低了可用无线电频谱的使用效率。

邻信道泄露的影响很大程度上取决于邻频用户的类型。例如，如果两个都是 FDD 蜂窝网络，那么邻频发射要么都是基站发射，要么都是终端发射。考虑均为基站发射的情况，因为基站一般架设得比较高，一个网络（称为网络 A）的终端不太可能离另一个网络 B 的基站特别近。这就意味着 MCL 可能比较大，网络 B 的 ACL 带来的影响就会降低。下面用两个 TDD 网络间的情况进行对比，网络 A 的终端发射时，网络 B 的终端可能正在解码其基站的发射。两个终端可能靠得非常近（例如在拥挤的地铁车厢内），此时 MCL 就比较小。在这种情况下干扰的影响就显著得多。干扰（不是其绝对功率）的影响取决于频率使用者的技术和应用，这一事实使得技术中立的频谱管理复杂化—我们将在 10.2 节继续讨论该问题。

2.4.4　邻信道选择性

无线电接收机的天线将接收附近区域内全频带的信号。然而接收机只对有用信号感兴趣。在解码有用信号前，其他所有信号必须被滤除。为此，接收机使用各种不同技术的多个滤波器。完美的滤波器能够使有用信号无衰减地通过，同时将所有其他信号衰减到没有影响的程度。这种滤波器通常称为"砖墙式滤波器"（brick wall filter），因其在频域上的特性曲线是矩形的——看起来就像带有立式砖墙的建筑物。

这种滤波器是不能实现的。相反，滤波器都有一定程度的不完美，轻微衰减有用信号，并允许一些无用信号通过，尤其是在紧邻频段。可采用多个组件形成更好的滤波器，极端情况下还可使用超导滤波器，但这些方法都很昂贵，给消费产品增加了不必要的成本。因此，制造商通常制造它们认为足够在实际中良好工作的接收机。

接收机有个优点，叫做邻道选择性（ACS）。这是在产生干扰前所能忍受的邻信道信号功率。典型值可能是，比如说 30dB，意即邻信道信号可以比有用信号强 30dB（1000 倍），但在接收端滤波后邻道信号的强度将降低到有害水平下。然而，如果 MCL 较小，这仍然会带来问题。考虑一个可以解码 –80dBm 微弱有用信号的电视接收机，若其 ACS 为 30dB，则其可以忍受的邻信道信号功率低至 –50dBm。然而，如果邻信道为 100mW（20dBm）的手机发射机，两者在同一建筑内，MCL 为 40dB，那么到达电视接收机的手机信号会是 –20dBm——比可容忍的强度高得多。

频谱管理者希望接收机有很高的 ACS 特性。制造商则希望频谱管理者不会颁发可能导致较高干扰水平的邻信道许可。目前，制造商往往占上风，因为现在监管机构没有简单可行的方法来强制执行接收机标准。然而，有很多关于这一话题的讨论，将来可能会有所变化。我们将在 10.3 节进一步讨论。

接收机所受的干扰是两者的组合，在某些情况下可能某一种会占主导地位。例如，若发射机的 ACL 为低于有用信号 50dB，发射功率为 1W，MCL 为 40dB，则干扰信号将为 –60dBm。若接收机的 ACS 亦为 50dB，将接收到一个同样 –60dBm 的信号，最终干扰信号将为 –57dBm。但是，假设接收机的 ACS 只有 40dB，那么 ACS 特性对干扰的影响占主导，而发射机的 ACL 将无关紧要。在理想环境中，监管机构将力求两者近似相等。

2.4.5　阻塞及接收机相关事宜

在设计欠佳的接收机中会发生其他问题。其中特别引人关注的是"阻塞"。当距离有用信号频率不远处有一个干扰信号时，接收机滤波器通常能将其滤除；但如果信号非常强，使得滤波器之前的器件（通常是低噪声放大器）过载，造成性能下降，则可能发生阻塞。对电视接收机来说，这个问题比较普遍，它们的放大器靠近天线（例如放置在屋顶阁楼中）。这种外置放大器需要接收所有的电视信号以供收看选择，因此通常没有滤波功能。在电视频段中较大的干扰信号会被这个放大器放大，使其过载。除了精心设计接收机，别无他法。

有些接收机可能对某些信道的干扰特别敏感。例如，很多接收机会将有用信号变频至一个固定的"中频"。可以利用混频器实现，而且可以在中频做非常精确的滤波。实际上，混频器会将两个分别位于混频频率低端和高端，且频率偏移量相同的信号同时转换到中频上。其中一个是有用信号，若另一个恰好是干扰信号，它将被直接变频至中频，这就特别麻烦。很多电视接收机就是这样，因此易受"*n*+9"信道的干扰——意即,与有用信号相隔 9 个信道(在欧洲就是 72MHz)的电视信道。

2.4.6　特例: AGC及类似事宜

最后,特定的设计决策也可能导致意外干扰。最近有个案例,就是电视接收机与非电视发射机(例如蜂窝系统和机器通信系统等"白频谱"设备)之间的干扰。

在大多数接收机中,会有一个电路调节接收信号的放大系数,例如当信号较强时,就降低放大系数。这可以确保向解码电路输入近似恒定的信号电平。这个电路称为自动增益控制(AGC)。AGC 的一个设计参数是反应速度。速度太慢,则信号功率可能超出限值;速度太快,则会响应并不重要的短期波动。目前,电视频段仍然几乎全部用于传输电视信号。电视信号强度接近恒定,且环境变化缓慢,因此一个反应速度缓慢的 AGC 能够满足需求。但像 LTE 这样的系统,会发射快速变化的突发信号。这种"突发"信号会造成反应速度缓慢的 AGC 在信号发射完毕后才开始反应,而当其回到起始状态时,下一个突发信号又发出了。增益的频繁变化会造成电视接收机的混乱。因此,接收机能够容忍邻信道的恒定干扰,但不能容忍突发干扰。电视机的设计也在适应这一点,但替换大量老旧部件需要 10 年或以上时间。

在多种不同技术和应用共享频谱的场景下,可能发生一些其他的意外干扰。

2.5　干扰容限

2.5.1　综述

所有的无线电系统中都存在着干扰——即使没有人为发射,也会有热噪声和太阳射线造成干扰。此外还有电气设备的无用发射和其他无线电干扰发射。因此,所有系统都需要容忍一定水平的干扰——它们能容忍的水平越高,应用就越灵活,就能达到更高的频谱利用率。

系统设计师有很多方法可以降低设备对干扰的敏感度。其中许多方法在前面描述不同干扰源时已有提及,将在这一节进一步讨论。

2.5.2　改进接收机

干扰通常由接收机的 ACS 决定,改进接收机十分有用。在美国,类似 LightSquared 提出的宽带系统与 GPS 邻频部署产生的重大干扰问题正是如此(见 10.3.2 节)。Ofcom 的研究 [6] 表明,额外增加 1 美元成本能将绝大多数接收机的 ACS 提高 6dB。这将大幅提高其他系统的频谱可用性。然而,许多接收机制造商为寻求更高的经济效益，不惜进一步降低接收机性能。

2.5.3　跳频及其他动态方法

另一个选择是躲避干扰。干扰通常只发生在几个相邻信道上，且随着设备的移动快速改变。例如，手机会间歇性地检索数据，然后静默等待，在经过房屋时，它对电视的干扰就会时时变化。如果有多个信道可供设备选择，它就能不断地从一个信道切换到另一个信道。如果某个信道上有干扰，其影响将是短暂的，通常可以利用误差矫正系统解决。在使用免授权的 2.4GHz 频段时，蓝牙设备就采取这种方法来克服干扰问题。

系统还可以调整自己的性能——例如，在有干扰的时候降低数据速率，以容忍更多干扰。更先进的系统采用多天线系统（通常称为"MIMO"），在某方向上形成"空白"，从而降低干扰影响，以规避该方向的干扰。

2.5.4　规划的难题：at800的经验

既然要考虑这么多变量，那么就不难理解规划一个能规避干扰并获取最佳容量的授权系统几乎是不可能的。最近在英国发生的案例就表明了这有多么难。

LTE，或称为 4G 蜂窝网络，已经部署在紧邻电视发射的频段。建模分析表明，由于电视接收机滤除这种邻频干扰的性能很差，电视接收将受到 LTE 的干扰 [7]。经过很多咨询和研究，英国的监管机构 Ofcom 得出结论：约有 230 万的家庭，也就是总人口数的 10%，将会受到影响。结果催生了一个耗资 1.8 亿，名为"at800"的运动，用于提醒观众、向他们提供滤波器，如果仍不能解决问题，将上门评估并提供备选方案。

一些试验网被部署用来验证这一措施是否得力。在这些试验网中，几乎没有观众抱怨受到干扰 [8]。因此，Ofcom 将受影响的家庭数量从 230 万下调至 5 万左右——只有初步估计的 2%。即使是这样，这个数目也太大了。显然，建模分析太悲观了，如果应用建模结果，将导致实际使用的频谱比本可安全使用的频谱少得多。

为什么会这样呢？关于模型的错误分析尚在研究中，但似乎就是保守假设加上保守假设导致了这种常见问题。每种假设都是合理的，但它们同时发生的概率是非常低的。还可能有更微妙的因素在起作用。例如，干扰问题最严重的区域应该是那些电视信号非常弱的区域。然而在这些区域，由于地面电视信号不佳，观众可能已经转向其他平台，例如有线电视或卫星电视，在这种情况下，他们可能不会发现任何干扰。

这有力地说明，模型不可能捕捉到现实世界的所有微妙之处，更好的办法可能是广泛部署试验网，并随着经验的积累不断调整发射功率。

2.6   规则的必要性

2.6.1   干扰不可避免

整章我们都提到规则所扮演的角色。如果没有干扰，且能满足所有用户的需求，那么基本不需要规则。每个人都能脱离繁文缛节，做他们愿意做的任何事。实际上，我们遇到的情况远不是这样，如果没有规则，竞争用户间就会有大量干扰，从而降低频谱的价值。在这样的情况下，监管机构的任务是以从无线电频谱中获得最大经济价值为目的来管理干扰。

有人可能不同意这个观点并辩解说，在 2.4GHz 等免授权频段，监管机构并不控制频谱接入，但各种设备仍运转良好，没有干扰，并产生了重大的经济价值和创新。我们将在第 8 章详述"共用"频段，但大体来说，在"共用"频段，监管机构设置了频谱接入规则，但并未对每个用户分别授权。接入规则一般都包括较低的功率限值，那么干扰范围就不会太大（这就是为什么 Wi-Fi 设备的覆盖范围要比蜂窝手机的覆盖范围小得多）。高频段、低发射功率以及室内使用的共同限制，给其他用户提供了一些屏障，降低了干扰风险。再加上跳频设计，系统基本上可以工作——虽然越来越多的 Wi-Fi 网络拥塞也很成问题。

然而，随着系统覆盖范围的扩大，其干扰风险也会增加，这种自由放任的方法就会失效。而且对于大规模且昂贵的网络，需要长期确保无干扰接入以收回前期投入。这也就是为什么像电视广播和移动蜂窝这样的网络需要授权，并在可预见的未来将一直如此。

因此，监管机构的角色是向运营商发放包含各项指标要求的执照，例如允许的发射功率和发射模板，能够最小化干扰又不会使设备过于复杂或用户间的保护带过宽。

2.6.2   优化规则的难点

总结此章，发射机生成特定参数的无线电信号，包括功率、带宽，以及邻道泄露。这些信号在一个复杂环境中传播至接收机——既会传到希望接收这个信号的接收机，也会传到希望接收其他信号的接收机。如果是后者，接收机会受到因各种原因造成的干扰，包括信道内 ACL 或滤波器不能正确滤除邻道发射。干扰是否有害取决于很多参数，其中一些并不在监管机构的控制之下。

所有这些都清楚地表明，获得完美的"最佳"规则，确保所有干扰都在可察觉阈值以下，同时允许所有频谱都能被完全使用，这是不可能的。如果监管机构力图完美，那么在某些情况下它们会高估干扰，造成频谱的保守使用；而在另一些情况下，它们可能低估干扰，造成已部署系统受到有害干扰。绝大多数监管机构认为相较而言后者更成问题，因为这将导致更多投诉和对它们行为的调查。因此，它们倾向于采用远低于最佳规则的保守授权。最新的经验表明，多个保守假设的叠加，将与最佳选择相去甚远。

本书其余部分将致力于讨论这个问题的解决办法。

参考文献

[1]　C. Elwood Shannon, "A Mathematical Theory of Communication" (July–October 1948) 27 *Bell Systems Technical Journal* 379.

[2]　C. Haslett, *Essentials of Radio Wave Propagation*, Cambridge University Press, 2007.

[3]　Ofcom, "Spectrum Framework Review" (2005.6),http://stakeholders.ofcom.org.uk/binaries/consultations/sfr/statement/sfr_statement.

[4]　http://en.wikipedia.org/wiki/Hata_model_for_urban_areas or any text on propagation.

[5]　www.radartutorial.eu/07.waves/wa17.en.html for more detailed explanation.

[6]　Ofcom, "Study of Current and Future Receiver Performance"; http://stakeholders.ofcom.org.uk/market-data-research/other/technology-research/research/spectrumliberalisation/receiver.

[7]　http://stakeholders.ofcom.org.uk/binaries/consultations/dtt/annexes/lte-800-mhz.pdf.

[8]　www.fiercewireless.com/europe/story/uk-industry-group-reports-minimal-lte-interferencedigital-tv/2013-04-05.

3 经济上的挑战

频谱经济学基础

对所有现代经济体来说，无线电频谱资源都具有重要意义。近年来，各项无线电应用的重要性明显增加，特别是越来越多的移动通信用户遍及全球。因此，按效益最大化方式有效分配频谱这一日益重要的资源是非常关键的。该效益既可来自移动通信或广播这样的个人应用，也可来自像国防这样为公众利益使用频谱的集体应用。

本章的目的是陈述频谱有效利用的必要条件，重点介绍如何使用基于市场或定价工具的频谱管理方法实现频谱的有效利用。

3.1 频谱作为经济资源的特性

给定一个频段，在一个特定区域，其可能的用户数量是有物理限值的。从这个意义上说，频谱资源是有限的，类似于土地——它的位置和面积是确定的，但其产量取决于技术。无线电频谱具有异构性，虽然某种程度上，对某些应用，一个频段在某种程度上可取代另一个频段，但不同频段适用于不同用途，如表 3-1 所示。

表 3-1　　　频段及其应用

频段	频率	应用（几个例子）	开始使用的大致时间
中频	300kHz ～ 3MHz	调幅广播	20 世纪 20 年代
高频	3MHz ～ 30MHz	短波广播	20 世纪 30 年代
VHF（甚高频）	30MHz ～ 300MHz	调频广播、电视广播	20 世纪 40 年代
UHF（超高频）	300MHz ～ 3GHz	电视广播、移动无中心电话、Wi-Fi、Wi-Max、电报、卫星广播	20 世纪 50 年代
SHF（特高频）	3GHz ～ 30GHz	固定微波链路、Wi-Fi、无中心电话、卫星电视、无线光纤	20 世纪 50 年代 20 世纪 70 年代
EHF（极高频）	30GHz ～ 300GHz	短距离无线数据链路、遥感	20 世纪 90 年代

与石油和天然气不同，无线电频谱不能储存：如果一个频段在某个时期内未被使用，那么它能够被使用的机会就一直存在。同样，它也并非不可耗竭：它不会耗尽或用光，但它只能用于现有位置或根本不可用；它也不能进口或出口。

可以通过两种途径获得更多频谱: 一是使用以前未使用的频谱, 和土地的使用类似, 称其为"扩展边界"; 另外, 和土地施肥类似, 可通过使用压缩等技术提高频谱利用率, 称其为"集约边界"。

表 3-2 给出了频谱资源与土地、石油和水资源在几个方面的对比。如第一章所述, 频谱的另一个重要特征是可能存在干扰问题, 频谱的一种应用(例如移动电话)可能以一种非常复杂的方式干扰另一种应用(例如广播)。

表 3-2　　　　不同自然资源的特性

	频谱	土地	石油	水
是否多样?	是	是	不甚多样	不甚多样
是否稀有?	是	是	是	是
可更加有效地应用?	是	是	是	否
是否可再生?	是	部分可以	否	是
是否可储存供今后使用?	否	否	是	是
是否可出口?	否	否	是	是
是否可交易?	是	是	是	是

来源: [1]

其中一些特点大大简化了频谱管理的过程。例如, 频谱不可储存, 就没有与石油类似的问题, 意味着我们不用多虑是将它投入使用还是把它存起来日后再用。另一方面, 邻频用户可能受到干扰, 因而保护某一用户免受其他用户干扰就变得非常重要[1]。如果不能满足这一条件, 频谱可能因干扰而完全不可用。

3.2　什么是频谱的有效分配

频谱分配的真正问题非常复杂: 在已知应用的需求以各异且不可预测的速度发展, 而新应用又不知会在何时稳定投入使用的情况下, 如何将大量频谱分配给多个不同的已知和未知的应用?

我们将以一个高度简化的例子来开始关于高效频谱分配的讨论: 在无其他频段可用, 对两种应用的需求已知且不变的前提下, 如何将一段给定频谱分配给这两种应用。

如图 3-1 所示, 横轴为该频段所有可供分配的频谱, 其上每个点表示在两种应用(应用 1 和应用 2)间的分配。左线表示应用 1 得到 0%, 应用 2 得到 100%; 右线表示应用 1 得到 100%, 应用 2 得到 0%。这两种应用可能是移动通信和电视广播。

1　土地管理也有类似问题, 某块土地如果用于化工厂, 可能会影响邻近土地的其他用途, 例如用作居民区。

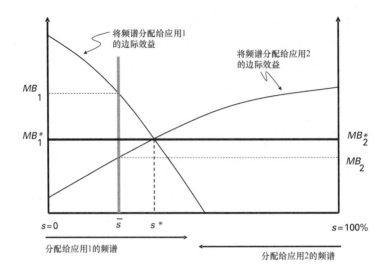

图3-1   频谱的高效分配

　　始于左侧纵轴的曲线表示将频谱分配给应用 1 带来的边际效益。其表达的意义是，当很少一部分频谱被分配给应用 1，只能允许一部分移动通话时，消费者为移动通话买单的意愿较高，可以推断这些通话将为消费者带来可观的货币收益（因为这些移动通话可能是紧急电话或者重要的业务电话）。随着分配到更多频谱，移动通话的附加效益或边际效益也随之下降，最终降低为零[2]。

　　同样，始于右侧纵轴的曲线表示将频谱分配给应用 2 带来的边际效益。如果应用 2 是付费电视广播，该曲线的下降趋势反映出观众从最初的电视频道中获益较多，但随着电视频道的增加，新增电视频道的附加效应或边际效应下降了（请注意，分配给应用 2 的频谱是从右向左增加的）。

　　那么，怎样在两种应用间分配频谱呢？在经济学上，当边际效益相等时，资源分配最为高效。考虑到这一点，频谱的高效分配发生在横轴的 s^* 点，两种应用的边际效益曲线在该点交叉，即两种应用的边际效益相等。在该点，将原本用于应用 1 的频谱重新分配给应用 2，不会影响总的边际效益。而在点 $\bar{s}$，这时应用 1 的边际效益高于应用 2，因此偏向于应用 1 的重新分配方案将增加该频段总的边际效益。

　　上述推理过程使我们能够辨别高效频谱分配应满足的条件。下一步，我们首先考虑更为现实的复杂情况，然后考虑哪些可替代的频谱分配机制能够更近于最佳。

3.3　更为现实的解决方案

　　前面，我们考虑了最简单的例子：一段无可替代的频谱、两种应用以及已知不变的边际效益曲线。实际上，我们面临的问题要复杂得多。

2　请注意，此处我们忽略了移动通信的"网络效益"。

- 有很多可用频段。频段的使用情况反映了全球、各区域和各国现有的频谱管理政策。这种多样性使得高效频谱分配问题更为复杂。
- 单个频段内有多个潜在应用。300MHz～3GHz这一高价值频段，可用于多种移动通信应用或电视广播、雷达以及其他一些应用。
- 频段可相互替代。例如，移动通信可以使用300MHz～3GHz频段，也可以使用更高频段。但高频段并不能完美地替代，它们的传播特性、建筑物穿透性等都不同。寻求替代频段时，还需考虑这些频段目前的应用。
- 效益曲线并非众所周知。本质上讲，这些曲线取决于两个因素——终端用户为频谱带来的不同服务质量买单的意愿、频谱在作为该应用输入时的可取代程度[3]。这些信息可能由生产和运营这些应用的公司所掌握，并不是公共信息。
- 效益曲线总在变化。无论业务需求还是产品成本的变化，都会带来效益曲线的变化。引入全新应用时曲线扰动更大——在信息通信技术领域，这种情况迅速发生，且在短时期内就能得到普遍推广。新应用也可能取代现有应用。这给频谱分配带来了严峻挑战，因为传统的频谱分配是一个深思熟虑甚至是缓慢的过程，在将频率用于另一种应用前必须清频。因此，高效的频谱分配需要一些预见性的经验——或者应允许充分的灵活性以应对未曾预见的事件。

在过去频谱应用较少、频谱需求都能被轻易满足的情况下，中央集权化的频谱管理方式是可行的。而当今世界，要高效分配频谱，需要收集和处理巨量信息。因此，自然而然地，决策权下放或委托式管理的方式日益得到关注。我们将在充分讨论"频谱接入"的各种可行方案后考虑这些方式。

3.4　频谱接入的多种模式

近年来，人们已经认识到，在将频谱指配给用户前，必须确定其"频谱接入"的含义。"频谱接入"的传统概念是，一个操作者在特定时间特定地点对特定频谱具有绝对接入权。然而，频谱接入的模式远比这个要多得多，随着共享频谱接入方法的出现，接入模式的范围也在快速增加。

最为普遍采用的几类频谱接入权限如图3-2所示。最上面一类方法是公众共用，在满足一定规则的条件下，向所有用户开放接入；接下来是集体共用，向某公司或组织指定的所有用户开放接入；然后是动态频谱接入，这是一种考虑了频谱拥塞的新模式。最下面一类方法有绝对许可，这种方式授予一个用户在指定区域内指定频段上的无竞争接入权利，且在一段时期内永久有效。这类方法中还有设定明确的区分规则或接入权限等级条件下在两个或多个特

3　第一点考虑是因为，频谱并不为其自身所有，对它的需求源于它能产生的服务。第二个考虑是指，在某种应用的输入中，可替代物的价格是频谱价格的上限。

定团体间的共享接入。中间一类是优先用户和具有次级接入权限的未知用户的合集。

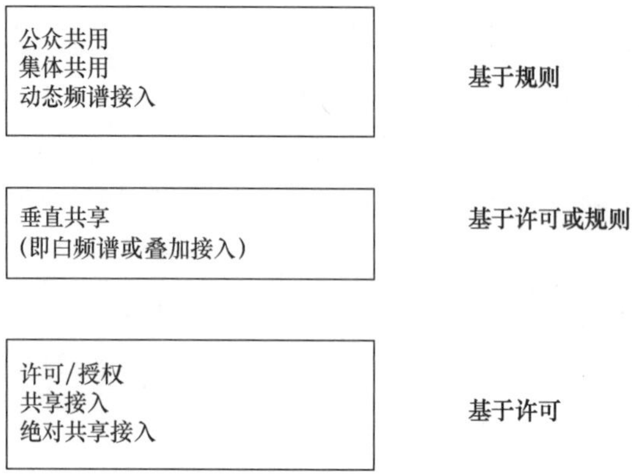

公众共用 集体共用 动态频谱接入	基于规则
垂直共享 (即白频谱或叠加接入)	基于许可或规则
许可/授权 共享接入 绝对共享接入	基于许可

图3-2　　　频谱接入的方法列表

在公共或集体共用和许可接入这两极间的共享方式是无穷尽的，总结如下。

- 在集体共用中，将绝对许可授予某个私人运营商，然后允许某些特定的用户接入（例如，购买了某一类特定设备的用户），所有具备资格的用户都有频谱接入权，但没有实时的抗阻塞手段。有无干扰取决于对使用规则的规定，例如规定发射功率等。
- 在动态频谱接入中，所有具备资格的用户都能有机会接入频谱，但首先必须查询哪段频谱无干扰、可用，它具有实时的干扰避免机制。
- 在垂直共享中，许可用户拥有优先接入权，但其他用户在遵从一定规则且不对许可用户产生干扰或彼此间不产生干扰的条件下可以接入。
- 在共享接入中，两个或多个许可用户同时存在，分时或分区地共享接入某段频谱，或者授予一个用户比另一个用户更高的优先权。

3.5　频谱分配和指配的替代手段

纵观历史，人们找到很多手段来分配经济资源。一个极端的方式是由中央集权做出决定，向生产者颁布命令以明确要求输入物和产出物。这一方式可通过向各单位直接分配耗材并规定应提供的服务来实现。另一个极端可能是所有资源都通过市场分配，不受中央指导。

在全世界目前的经济水平上，绝大多数国家都不采取这两个极端。即使在市场经济中，政府也通过税收和制定开支规划进行资源分配，通过提供公众服务和保留监管职能等方式指导或影响资源的使用。同样，在现代经济的实际运行中，由政府实际控制所有的分配决定也被证明是不可行的。绝大多数资源在某种程度上都应被分配给生产厂家或消费者。

对很多自然资源而言，其分配机制也同样是混合的。石油和天然气的开采和生产通常通过税收进行监管，有时也通过国有企业控制，然后通常由市场机制分配。土地经常通过"分区法"来限制其用途，但一般通过各种方式进行交易（包括不动产和租赁）。无论是从河流还是从地下提取的水资源，更是通过"命令与控制"的方式来进行分配。在很多国家，通过行政命令向相关公司赋予为公众供水或发电的权限。在另一些国家，尤其是水资源短缺的国家，则有专门的水资源运营市场。

至于频谱，其分配严重依赖于行政命令——比土地分配的依赖程度要重得多。这样做的根本考虑是最小化干扰，甚至通过 ITU 协调全球的频谱使用，这可能代价极高；同时通过为无线电设备的制造商提供更多的担保来应对管理风险。因此，在早期个人无线电通信大规模增长之前，ITU 建议将许多频段分配给特定应用——把 300MHz ～ 3GHz 一股脑儿分配给了广播和国防相关的应用。绝大多数国家依从 ITU 建议，并且向用户颁发执照，包括用于提供什么服务、对设备有什么要求、发射功率是什么水平等多项细节。

通过前面关于频谱分配问题的讨论，通过行政命令的方式来达到频谱的高效分配需要频谱监管者了解，或看上去了解，目前和未来频谱在不同领域应用时带来的效益。显然这个要求有点儿离谱。那么了解为什么行政命令会占优势则更为中肯。

相较于其他资源，频谱管理高度集权的原因可能包括以下几点。

- 频谱作为输入元素的技术本质，及其使用所需的技术。
- 频谱和国家安全之间的联系。在第一次世界大战时期，这一联系导致了对频谱管理的中央集权，并延续至今。
- 在众多频谱用户间避免干扰的复杂性。通过行政命令明确使用的频段、发射机位置和功率，是控制干扰的一个办法。
- 在无线通信需求大量扩展之前，频谱供给短缺并不存在，通过行政命令来分配频谱降低了频谱分配出错和拖延的开销。这可能是个关键因素。

然而，近期的发展历程向这种旧办法提出了挑战。挑战现状的一个主要特点是随着移动语音应用的率先暴涨，加上现在已有的和预期中的移动数据业务的大量增长，造成频谱供给压力日益增加。这些发展现状使得高效利用频谱、快速适应新的需求模式变得空前重要。更深层的要素是技术的快速发展，正在或将会为更大程度的频谱共享提供新的途径。

行政命令的替代手段是什么？[4] 传统的答案通常是频谱市场。实质上，这一方式不利于将频谱分配给公司，或者直接分配给终端用户。它的实现需要创造或者允许存在频谱买卖的市场。

在这种方式下，公司制定策略时需基于频谱相关应用产品的成本来考虑频谱的使用，而这些应用产品是基于对终端用户需求的假设而生产的。然后所有

4　我们已经在 1.1.3 节提到免授权频谱或共用频谱这第三种选择，在第 8 章将详细讨论。

的公司都进入市场，以市场价格来买卖特定或多个频段的频谱。如果一个有意愿的买家能够找到一个有意愿的卖家，就能完成一次市场交易。这个过程倾向于将决策权归于公司，由各公司根据自己所知做出决定。如第 12 章讨论的那样，公共部门的频谱可分离出来，通过传统的行政命令进行分配，或者可以和专用频谱一样，在一个统一的频谱市场中进行交易。更广泛地说，频谱管理者并不是要找到一个"放之四海而皆准"的办法，采用统一机制来控制包括国防、国际卫星、国内移动通信系统、本地出租车公司使用的集群通信系统等各类应用的频谱使用；而是为不同的频段找到不同的管理方法。

如方框 3-1 所述，创建频谱市场的想法已经存在了 50 多年。1959 年，Ronald Coase 发表了一篇文章，首次详细提出了这个概念。

由于 Coase 所做的工作，频谱成为一般资产所有权的发展所带来收益的一个重要示例。对此 Demsetz 辩称，与向所有团体开放获取资产不同，私人所有权将更有效率，因为私人所有权会激励所有人来保护和改善资产利用 [2]。而且他还指出，交易会提高使用效率——允许与能更高效利用资产的新主人进行交易。这种用于类比评估的产权模型可扩展到绝对所有权、共享所有权、公共所有权，以及定期拍卖的接入权。

我们将不对私人所有权的利弊进行一般争论，而是聚焦于频谱接入的具体方式。如上节所述，这些方式提供了大量的技术选择，其中"白频谱"和其他一些共享接入都是近年来才发展起来的。

方框 3-1   1959 年 Coase 提出的频谱市场概念以及反响

Ronald Coase，出生于英国，1991 年获诺贝尔经济学奖。1956 年，他在芝加哥大学工作时发表了一篇文章，题为《联邦通信委员会》（The Federal Communications Commission）。其文体风格获得了对法律事务感兴趣的经济学家的关注。在此之前，美国通信监管机构惯常采用由专家遴选的方式来分配电视频率许可，这篇文章的发表最终引发该方式被市场体系所取代。

当时，大家对这篇文章强烈反感。有些读者觉得这就是个笑话，有些甚至由此预见文明世界的终结。这篇文章遭到了激烈的抨击。由于一些现在看起来相当模糊的原因，这篇文章引发了几乎是一致的强烈反击。

在接下来的 25 年间，将频谱接入作为一种资产进行交易这个念头没有再被提起。直到无线许可或频谱拍卖开始出现，首先在新西兰，之后在美国、欧洲，直到世界各地。之后相继出现了其他的市场手段。如下文所述，虽然使用市场或定价机制来分配频谱的方法并未在各方面均衡发展，但这种思想遍布各政策纲领。

来源：R. Coase, "The Federal Communications Commission" (1959) 2 *Journal of Law and Economics* 1，详见 www.eecs.berkeley.edu/~dtse/coase.pdf. R. Coase, "Comment on T W Hazlett, 'Assigning Property Rights to Radio Spectrum Users. Why Did FCC Spectrum Auctions Take 67 Years?'" (1998) 41 *Journal of Law and Economics* 577.

第 8 章和第 9 章会详细讨论这些接入模式。在此之前，我们将简述市场或定价机制交易的 4 个模式。

- 拍卖：该机制用于频谱执照的初始分配。频谱监管机构可以不通过比较选择或选美的方式来确定移动或其他频谱执照的持有者，而是通过设置该业务开展的方式和提供的服务，对该执照进行拍卖。这种方式能为政府财政提供额外收入，并确保频谱执照落入使用效率最高的运营商手中。

- 自由化：即执照的持有者对所采用的技术和提供的服务有选择的余地。在这种情况下，执照的持有者可以选择采用何种技术（例如2G、3G、4G），甚至可以选择提供何种服务。对服务的自由选择将是干扰管理的重要问题，我们将在第10章中详细讨论。

- 频谱交易，或为频谱执照设立二级（再交易）市场：这种情况下，在一个频谱执照被拍卖后，在该执照的有效期内该频段（或其中一部分）可再次进行买卖或租赁。

- 行政定价：制定行政价格（通常不是零），直接分配频谱。

3.5.1   拍卖

拍卖已经成为了世界范围内分配移动通信频率的主要手段。在过去的 25 年间，它已经成功取代了原有的选美或比较行政程序[5]。选美方式是成立一个小组，根据事先发布的各项准则来评估竞争申请人的方法，然后不需付钱就能获得一个或多个频谱执照。

第 4 章和第 5 章将全面讨论和评估拍卖方式。下面我们将简要对比拍卖和选美在新频谱分配方面的几个主要特征。

第一，选美比赛的获胜者没有支付酬金的风险。关于这一点，我们来看看一个公司如何确定参与移动执照拍卖的最高竞价。该公司将计算执照期限内预期收入超出预期成本（除频谱执照成本外）的额度。并在以合适的利率折算年支出之后，得到净现值。超额的总和就是该公司的最高竞价。期望值当然比这个价格低得越多越好，但拍卖竞争越激烈，执照价格就会越接近最高竞价。

相反，在选美比赛中，获胜的公司将保留所有超额。换句话说，拍卖将与执照相关的超额利润或所谓的租金转移到政府手中，而选美比赛将其保留在公司手中。

然而，拍卖在这方面有它的风险。如果有很多频谱可以用于某项应用，例如移动通信，而某段频谱可能应用在这方面最高效，那么这段频谱就理应被用于该应用。而且，政府通过管控频谱供给可能增加频谱拍卖带来的收入，那么政府可能故意造成频谱短缺来提高频谱价格，从而增加财政收入。

---

5   有时仍会采用选美方式，而且由于众所周知的原因，移动运营商都支持这种方式。

　　这种行为是短视的，更高的频谱价格建立在运营企业对终端用户的高价期望之上。因此，定量供应频谱将限制移动话音和数据应用，从而损害国家经济前景。换句话说，正常供给频谱时利用拍卖向竞价者收取租金是可取的，但通过人为限制频谱供给来提高价格是不可取的。

　　第二，虽然选美比赛倾向于评估每个申请者获得执照后可能的产出，但这大都基于未来的承诺而不是目前或往常的表现。其结果就是，申请者倾向于在比赛时过度承诺，但过后又不能兑现承诺，因而造成风险。例如，挪威采用选美比赛的方式发放了 4 个 3G 执照，其中一个获胜者（Enitel）破产了，另一个（Tele2）由于不能达成当初承诺的网络部署而归还了执照。

　　相反，在拍卖中，在发放执照前就能向获胜者收取部分财务收入。在这种情况下，可以预期在拍卖的竞争中，频谱执照最终会落入出价最高者手中，它也会是最高效的运营商。这将是个令人非常满意的结果，既创造了一个高效的应用，又为政府增加了财政收入。

　　不幸的是，事情不会总是这样。这是因为一个称作"赢家诅咒"的现象。一个公司可能最终获得执照，因其为最高效的申请者之一（好的理由），或者因为它有最乐观的期望（坏的理由，期望可能并不现实）。然而，可以通过合理设计拍卖来应对"赢家诅咒"，第 4 章和第 5 章将对此进行解释。

　　第三，和选美比赛相比，拍卖的决策过程中自行决定权没有那么大，因此不易出现贪污现象。

　　第四，频谱执照拍卖中可能因反竞争行为造成有害的结果。一个占主导地位的运营企业或大企业的联盟会利用其经济优势获取超量频谱，剥夺了小竞争者的频谱接入权利。（设置频谱上限，限制单个企业可从单次拍卖中获取的频谱量，或其可拥有的频谱总量，可以解决这个问题。）也可能有大批竞争者同意不与某个出价者竞争，共谋降低频谱价格。

　　抛开上述风险，以及由于拍卖设计太差导致流标的风险，现在拍卖已经成为分配新频谱的默认方式了。方框 3-2 总结了拍卖的利与弊。

方框 3-2　拍卖的利与弊

　利

- 精心设计的拍卖能使频谱执照落入最高效的运营商手中，因为它们出价更高。
- 对于竞争激烈的频谱段，拍卖会阻止企业获得超额利润，这部分利润将转移到政府手中。
- 设计完善的拍卖很难被相关运营商或不良机构所操纵。

　弊

- 为追求拍卖收入，政府可能人为限制频谱供给，从而影响国家经济前景。
- 最大的企业或企业联盟可能买下所有频谱，垄断竞争。
- 出价者可能共谋以拉低拍卖价格。

3.5.2 频谱使用自由化

自由化允许频谱执照持有者更谨慎地考虑其所得频谱的用途, 主要体现在以下两个方面:

- "技术中立", 允许执照持有者选择提供某种应用所使用的技术 (例如 2G、3G、4G);
- "业务中立", 允许执照持有者选择提供何种业务 (例如数字地面电视或 4G移动通信)。

技术中立允许移动运营商在消费者偏好改变时, 在其已有频段上改变所使用的技术, 而无需征求监管者同意。因为其业务并未改变, 其干扰特性也不太可能改变太大。

终端用户如何受益于技术中立的限制不得而知, 但这一限制从根本上直接妨碍了技术发展, 例如从 2G 向 4G 的频率重耕。

业务中立的立场更为复杂。如果颁发执照时允许执照持有者改变业务类型, 可能必须引入全新的干扰管理系统。传统的干扰管理基于以下假设: 一段频率将用于何种业务, 将采用何种技术 (具有何种信号传播特性), 发射机设置在何地, 发射功率如何等。利用计算机模型, 精心选择各类控制变量, 从而确保在连续的地理位置或频率上不会产生有害干扰。

但是, 如果执照持有者能够改变所运营的业务, 而这些业务具有不同的传播特性和发射功率, 这个干扰管理系统就不适用了。在这种情况下, 需要一个替代方案。其中一个方案是规定频谱使用权限 (SURs)。如 10.2 节所述, 这种方案设置了频谱用户可以对相邻地域或频段带来的干扰限值。这些新的干扰管理机制已经在一些国家得到应用, 但它们比传统方法更为复杂。这一点阻碍了业务中立的普及, 只能采用替代手段, 如通过行政手段进行重耕, 来重新配置频谱。

3.5.3 频谱交易

在绝大多数国家, 土地可以以很多方式随时进行交易。土地所有权可以被拆分, 也可以合并; 土地可以永久售出或限时租赁; 使用权 (如耕种或狩猎) 可随之或分开出售。同为自然资源, 应允许频谱交易具有与土地交易相同的灵活性。

买卖及其他频谱交易必须登记以便监测干扰。这一工作可以复杂也可以简单。例如, 危地马拉在 20 世纪 90 年代进行了一场先锋式的频谱交易, 买家将名字签在卖家频谱执照的背后, 就完成了交易, 然后买家拿着执照去频谱监管部门将其记录在案即可[6]。在其他司法管辖区域, 可能必须事先获得批准。

---

6 见第 6 章。

> **方框 3-3   自由化的利与弊**
>
> **1. 技术中立**
>
> 利
>
> - 可快速适应消费者需求。
> - 可能降低成本。
>
> 弊
>
> - 可能造成干扰。
> - 剥夺了监管机构影响运营商的手段（这种手段可能被滥用）。
>
> **2. 业务中立**
>
> 利
>
> - 允许频谱使用有更多选择。
> - 允许频谱使用的快速转变。
> - 加剧业务竞争。
>
> 弊
>
> - 可能需要干扰管理的重大改变。
> - 剥夺了监管机构影响运营商的手段（这种手段可能被滥用）。

> **方框 3-4   频谱交易的利与弊**
>
> 利
>
> - 允许频谱执照持有者和应用快速变化，而无需监管者参与。
> - 可以加强竞争。
>
> 弊
>
> - 难以设定交易程序。
> - 可能造成频谱垄断。
> - 在证明生产准备成本的合理性之前，可能不会发生频谱交易。

　　进行频谱所有权登记还能发现某个企业在频谱市场占有主导地位。像上文提到的，对一般应用如移动通信，不同频谱间有一定的可替代性，但无法完全替代。因此，在设定移动通信的频谱上限时，需分别对 1GHz 以下（最有价值的频谱）和 1GHz 以上的频谱设置限值。这个上限可以是绝对限值，即在任何情况下都不能突破；也可以是软限值，意即在某次拍卖或交易中突破了这个限值，将启动审查。

　　企业是否会利用频谱交易的机会，取决于频谱的稀缺性和运营商之间的独立性。一个企业可能不愿意将频谱出售给竞争对手，但可能愿意将不需要的频谱卖给自己市场份额以外的其他企业。关于频谱交易的经验将在第 6 章进一步讨论。

3.5.4　行政定价

使用行政命令进行频谱管理时，频谱通常通过行政程序分配给用户，并基于若干技术变量（如发射功率、使用的频谱总量、覆盖的地理范围等）收缴费用，这一费用主要用于收回行政支出。因此，对执照的收费随其潜在的经济价值不同而各有差异，而且在绝大多数情况下，要低于其经济价值。

如我们上面看到的那样，激进的替代方式是设立频谱接入的一级市场（通过拍卖）和 / 或允许频谱交易的二级市场，频谱价格（在一段时期，如一年内，频谱接入所需支付的金额）和价值（在其有效期内执照的"资本价值"）由供需关系决定，就像土地在多数司法管辖区内的情况一样。

行政分配和设立频谱市场间的折中措施是由频谱监管机构计算并设置频谱价格，该价格力求反映目前和近期的频谱稀缺性。这将促进频谱的有效使用——如果价格为零或者不能反映其稀缺性，就会失去这种促进作用。

这种措施通常倾向于收取频谱年费（一种"频谱价格"）。多年累积下来的频谱价格就形成了频谱的资本价值。这样我们就能将由市场运行产生的价格与由监管机构设定的行政价格区分开了。

市场价格反映了（但不等于）不同购买者为其购买的产品或服务买单的意愿。频谱作为某项服务产品的输入，购买者对频谱本身没有需求，购买一个频谱执照（假设其有效期为 20 年）的意愿包括以下 3 个方面。

（1）持有该执照能够在提供服务方面降低多少成本。

（2）执照所有权转化而来的市场支配权能够创造多少额外利润。

（3）在执照到期时，若能得到续期，运营商能获得的期权价值。

以上 3 项加起来就形成了"最高支付意愿"，但任何一个买家（如在频谱拍卖中的竞价者）都希望能尽可能地少付钱。换句话说，实际市场运作以及潜在的成本和需求因素，将影响价格及表现出的价值。

3.5.4.1　机会成本定价法

当频谱监管机构制定行政价格时，可以选择关注不同方面进行计算。例如，可以专注于"降低成本"这一因素。上节所述的第一方面，实际上就是要问这个问题："如果希望获得这段频谱的移动运营者不能获得这段频谱，只能得到一个次优的替代频段，那么提供相同服务的成本会提高多少？"

这一计算方法基于频谱"机会成本"，以不能获取该频谱时带来的额外成本为基础对频谱接入定价。例如，移动运营商若只能使用较少的频谱，则需要建设更多基站。

这也是在竞争性市场中可能形成的频谱价格，因此以这种方式确定行政价格，是对市场行为的模仿。假设在移动通信的竞争性市场中，800MHz 频段的价格比 1800MHz 频段的价格高 1 千万美元 / 兆赫·年，在某些情况下，这反映出 800MHz 频段所带来的非频谱成本比 1800MHz 频段低 1 千万美元 / 兆赫·年。

根据机会成本制定行政价格的方式把频谱成本与非频谱成本的关系提到了首位。它决定了每兆赫 800MHz 频段和 1800MHz 频段频谱的行政价格差异，这一差异等同于前者相比于后者所能节约的非频谱成本。7.3 ～ 7.5 节将详述这一方式的经济学基础，并给出示例。

这种方式能激励企业更有效地使用频谱，也能使政府获得一些未拍卖频谱的稀缺价值，若已采用市场机制，这一价值本可通过拍卖获得。随之而来的是，如果频谱超量供给，那么它的机会成本将是零。

澳大利亚和英国等一些国家在机会成本计算方面积累了丰富的经验。一开始，估价方法相当粗糙。对于移动通信频率来讲，用来替代使用更多频谱的方法是建设更多低功率基站，以提高频谱复用率。而现在更多着眼于使用其他可替代的频段。在更高频段上，固定链路是微波链接的重要替代。

如果这种分析方法表明各业务间的频谱分配有误，就必须仔细考虑这是否真是个问题；如果是的话，该如何解决。这是决策过程中不可或缺的部分，因为，除行政定价之外，监管者还可以引入频谱交易或在知道频谱最高效利用方式的情况下进行频率重耕。

在回顾 2009 年开展的行政定价时，英国监管机构 Ofcom 的结论是：在某些情况下，行政定价是一个有效的工具，应该推广应用 [3]。2011 年，澳大利亚监管机构 ACMA 决定广泛应用行政定价 [4]。但即使是在英国，行政定价也遭到了频谱使用者的反对。

上述讨论聚焦于制定频谱价格的一种特定方法——基于机会成本的方法，这种方法通常应用于市场价格或拍卖结果，以鼓励频谱的有效利用。

3.5.4.2　商业建模定价法

机会成本定价旨在获取频谱的稀缺价值——各频段在支撑某类业务时与生俱来的性能差异。例如，在移动通信中，较低频段的频谱能将信号传播到更大的区域中（保证了基站的经济性），并能更好地穿透建筑物。这些频段的稀缺性使得它们非常有价值，和肥沃的土地更值钱是一个道理。而且这些频段能带来在服务市场中垄断的能力（或者，更普遍来说是市场支配能力），这就进一步增加了频谱价值。一些频谱监管机构希望能将这部分价值包含进频谱价格中 [5]。

这方面涉及不同的定价和价值评估方法，即所谓的"商业建模"方法。例如，它能使国家得到企业在接入稀有频谱后获得的垄断利润的一部分。它也有助于设置拍卖中的保留价格（见 3.5.1 节）。的确，它模仿了 3.5.1 节中企业确定其在频谱拍卖中理性出价的过程。

考虑在拍卖中为频谱执照出价的企业，如 3.5 节所述，它可能会这样估算最高可能出价：首先假设该执照可能带来的收入和支出（除频谱开销之外）；然后将获取执照所需支付费用的借款利息包含在内，估算利润（即最高可能出价）。当然，企业会为自己保留一部分利润，不希望出价到这么高。

在制定行政价格时，频谱监管者可以复制这个估算过程，制定的价格应允许其在市场支配下能够获得至少其中一部分利润。

这种计算需要监管者不仅考虑未来提供该服务的成本（在机会成本定价时也需考虑这一因素），还要考虑未来的收入。这需要假设相关服务提供者之间的竞争关系。

虽然很难进行精确计算，但要获取近似结果并不那么难，即需要制定一个既包含一部分利润，又能避免因频谱定价过高而不能投入使用的风险的价格。

当频谱监管者决定在某个执照到期时不经过拍卖，而直接给其持有者续期（为避免运营商的变化给消费者带来影响，可能会这么做）时，自然会选择这种方式。

在频谱拍卖中，若对竞争程度存疑，也可采用这种定价和估价方式来设置保留价格——详见 5.4 节。在这种情况下，分析师可能希望对多个不同企业建立商业模型。假设有 4 个执照，那么出价第 5 高的运营商最受关注——4 个获胜的企业必须出价比它高。

3.5.5 小结

总之，在传统的行政命令频谱管理方法和拍卖等市场方法之间，还有行政定价方式可供选择，它将给商业或公共部门的频谱用户施压，以限制其频谱需求。

上文介绍了两种定价方法。第一种基于频段对企业成本的影响确定价格，这个方法在英国已有应用，据其监管机构所述，反映良好。第二种方法抓住了频谱所有权为企业带来的市场支配权，也可用于设定拍卖中的保留价格。

最好将行政频谱定价视为激励频谱有效利用的附加手段，在不能采用拍卖和市场机制时，可与其他手段结合使用。公共部门的频谱属于此类中的典型。第 12 章中将详细讨论公共部门频谱定价的规则和实例。

使频谱定价获得期望效果的要点在于确保频谱使用者能够从限制频谱使用中获得一些收益。在它们可能有交还频谱的打算时，这一点尤为必要。定价不要太高也很重要，过高的定价可能导致全部频谱都不会投入使用。

方框 3-5　行政定价的利与弊

利

- 不鼓励囤积频谱，促进频谱重耕。
- 促进频谱的高效利用。
- 为国家获取部分频谱的稀缺价值。

弊

- 价格计算方法可能很难实施。
- 如果价格设置过高，频谱可能闲置。
- 该方法仅适用于执照持有者能从削减频谱投入中获益的情形，可能对公共部门的频谱使用者无效。
- 面临缴费者的强烈抵制。

3.6   结论

如本章所述，已有多种基于市场和定价的方法用于频谱管理。最明显的是利用拍卖为移动通信运营商发放执照，已在世界范围内应用。而且，正如第4章和第5章讨论的那样，所采用的拍卖形式也越来越复杂。有些监管机构更有前瞻性，赋予了执照持有者更多自由来挑选所采用的技术，甚至可自行决定提供何种业务。更进一步的发展是允许执照持有者在其执照有效期内进行频谱交易。有些国家在行政命令的机制内，采用行政定价的方式来激励使用者更有效地利用频谱。频谱监管机构需要了解这些方法，并考虑在其管辖范围内，将这些方法应用于特定的业务和频段。

参考文献

[1]   ITU 2011, www.ictregulationtoolkit.org.

[2]   H. Demsetz, "Why Regulate Utilities?" (1968) 11 (April) *Journal of Law and Economics* 55.

[3]   Ofcom, "SRSP: The Revised Framework for Spectrum Pricing: Our Policy and Practice of Setting AIP Spectrum Fees" (2010.12), http://stakeholders.ofcom.org.uk/binaries/consultations/srsp/statement/srsp-statement.pdf.

[4]   www.acma.gov.au/~/media/Spectrum%20Transformation%20and%20Government/Report/pdf/ACMA%20Response%20to%20Submissions%20Opportunity%20Cost%20Pricing%20of%Spectrum%20Public%20Consultation%20on%20Administrative%20Pricing%20for%20Spectrum%20Based%20on%20Opportunity%20Cost.PDF.

[5]   Aegis and Plum Consulting, "Estimating the Commercial Trading Value of Spectrum: A Report for Ofcom" (2009),http://stakeholders.ofcom.org.uk/binaries/research/technologyresearch/specestimate.pdf.

第二部分

频谱管理中的经济手段

4 采用拍卖进行频谱指配

4.1 引言

在经济学中，拍卖是"机制设计"研究领域的一部分。正如赫维茨和瑞特的著作中提到的："在设计问题中，目标是已知的，而机制是未知的。因此，机制设计是传统经济学理论的'逆问题'，后者通常是在给定经济机制的前提下开展分析 [1]。"在拍卖机制设计中，频谱管理机构需行使一定程度的自主权以确保实现既定目标。本章讨论不同类型拍卖机制的特点。常规拍卖的相关内容参见文献 [2][3]。频谱拍卖设计可参见文献 [4]。

目前，拍卖已是全球大多数频谱授权中用于颁发执照的默认方式，但在1989 年以前并非如此。要理解拍卖为什么如此盛行，我们有必要考察其他方法有哪些不足。4.3 节将对此进行分析。

4.2 拍卖的类型与效果

一个待拍卖物品既具有私有价值的特点，也具有共有价值的特点。区分两者十分重要。

在私有价值拍卖中，每个竞买人对物品的定价，参考的是消费该物品得到的价值。例如，在决定花多少钱竞买一个家族遗产时，竞买人可能会更多地受到情感因素而不是财务因素的影响。没有理由会认为一个人对物品的定价会和另外一个人相同。

与之相反，共有价值拍卖中，物品通常不会专门用于或主要用于最终消费。其关键特点在于，如果各竞买人所掌握的关于竞拍物品的客观信息一致，那么竞买人将对该物品做出相同的定价。为开采石油竞拍土地钻探权就是一个很好的例子。如果所有对竞拍地感兴趣的竞拍方拥有相同的地理数据，采用相同的提炼技术，且对未来油价的预测相同，那么它们对这一竞拍地的定价也会相同——换句话说，该定价对所有竞拍者是"共有"的 [5]。

现实中，共有拍卖中的所有竞拍者不太可能拥有完全相同的信息。这就引出了拍卖设计中一个非常关键的问题——赢家诅咒（winner's curse），如方框4-1所示。

方框4-1　拍卖与赢家诅咒

考虑如下所述的一个假定案例。假设3个竞买方竞拍同一个共有价值资产，并对该资产分别做出了1亿美元、1.2亿美金以及1.4亿美金的估值。估值的差异化源于对资产未来发展的差异化设想。

3个竞买方对资产估值的平均值为1.2亿美元。我们可以假设如果有人搜集并共享了3方掌握的所有信息，那么它们可能推断这一价值将是该油田的预期价值。直观上这一价值估计会更加准确，因为用到了更多的信息，或者用统计学的术语来说，样本数量越大，价值估计越有效。假设政府采用密封竞标（Sealed-bid）的方式进行拍卖，出价最高者以其竞标价格获得物品。在这种方式下，可以推断出将油田估值为1.4亿美元的竞买者将以最高的价格竞标，但它们仍希望能以低一点的价格（比如1.3亿美元）拿下此标。

如果油田的真实价值为1.2亿美元，中标方就会出价过高。而拍卖就是如此，竞标公司估值越乐观，它们就越可能中标。因此，中标方不但不会庆祝胜利，反而会担心它们付出的代价过高。

这一现象被称为"赢家诅咒"，即中标方往往不是能够最高效使用资源的用户，还有面临资金问题的风险。有经验的竞标者为了避免这一"诅咒"，往往会将竞标价格压低一点以规避风险。

赢家诅咒对拍卖设计者来说是有风险的。那么如何减轻这一风险呢？一种方法是在拍卖过程中允许竞拍者之间有一定程度的信息交换，但一定要精心设计以防竞拍者相互串通。我们将在4.3节继续讨论这一问题。

现实中，拍卖品往往同时具有私有价值和共有价值因素，对无线电频谱来说也是如此。无线电频谱不是最终消费品，它在商业领域（尤其是电信领域）使用时产生共有价值。由于不同的用频单位对频谱的利用在产出、目标以及初始投资等方面各不相同，它们对频谱的估值也会带有私有价值成分。例如，争取同一批消费用户的移动电话公司可能会对宽带服务采取不同的定价策略。此外，在成本侧，不同公司的网络拓扑、设备年份以及对员工的技能要求都会有所不同，这些因素决定了它们对无线电频谱的估值大体上相当但不会完全一致。

4.3　颁发频谱执照的机制设计

在颁发频谱执照之初，频谱管理者将面临如何以最佳方式进行频谱授权这一具有政策挑战的问题。尽管拍卖方式已经成为如今大多数频谱分配的默认首选，却并不适用于所有场景。因此，我们将依次考虑如下机制：

　　1．先到先得；

　　2．抽签；

　　3．比较选择；

　　4．拍卖。

4.3.1　机制1：先到先得

　　在这种机制下，当频谱管理者收到一个频率申请后，就会为其办理频谱执照。这种方法在对频谱执照需求远小于可提供的频谱执照时会取得很好的效果[1]。换言之，这种方法适用于无线电频率的边际机会成本为0的情形，因为这些频率没有其他使用价值。然而，当用户需要争夺一段频谱资源时，先到先得的授权方式并不能解决问题，还会滋生腐败[2]。后一问题尤为严重，不仅会破坏服务提供机制，还会导致经济效率极度低下。因此，当频谱需求高于可用频谱时，我们需要采用其他更为高效的机制进行频谱授权。在20世纪80年代，美国频谱授权逐渐从先到先得方式转向抽签方式，以避免腐败并解决争相申请执照的问题。

4.3.2　机制2：抽签

　　在抽签机制下，将通过随机抽取的方式颁发执照，所有申请者的中签概率相同。因此，在这一过程中并没有将执照优先授予出价最高公司的机制，而大多数情况下出价最高的公司才能最有效地利用频率。

　　不过，如果允许执照转卖，采用抽签机制可能会引起投机者的兴趣，即对执照估值较低的公司试图通过抽签取得执照，然后再以更高的价格将执照拍卖给其他公司。这当然也能带来效率的提升，但收益却被投机商而不是执照颁发者所获取。该过程还会导致服务的延迟提供，并最终导致消费者福利的损失，这也是20世纪80年代美国许多频谱授权中遇到的困扰。

　　1997年，FCC一位委员在评论美国当时采用的抽签机制时曾这样写道：

　　"申请工厂（application mill）"纷纷涌现，帮助了近40万个自称频谱"提供商"的公司赢得蜂窝网执照。此外，还有一大批频谱投机商参加抽签以赢取蜂窝网、专用移动通信网等的运营执照。大多数执照获取者并没有向公众提供服务的打算，而是热衷于将执照卖出以获取暴利。一个FCC频谱执照的二级市场就这样逐渐形成。即便抽签本身耗时较短，真正需要频谱执照并能最大程度发挥其价值的公司还要经过数年的时间才能从二级市场获得执照。由此导致公共服务的延迟提供在当时屡见不鲜[3]。"

1　例如，假设在某一频段有5个可用执照而感兴趣的用户只有3家。这些潜在的被许可用户可以随时递交申请而无需担心竞争。先到先得机制是这一场景下最有效的授权方式。

2　2008年，印度发生了一起采用先到先得机制颁发2G执照而引发的腐败案。涉案政府官员徇私舞弊，将申请日期提前而只通知了部分申请者，并向相关申请者暗中索贿。详见文献[6]。

3　详见 http://wireless.fcc.gov/auctions/data/papersAndStudies/fc970353.pdf, 7。

与其随机颁发执照，不如通过竞争程序，获得私人竞标者对执照的估值信息。这里讨论两种机制：比较选择和拍卖。

4.3.3　机制3：比较选择

在这种机制下，每个竞标公司需提交一份详细的文件，描述其频谱使用的目的以及利用频谱提供服务的计划，通常还要举办口头听证会。和拍卖不同，影响指配决定的不再是对频谱执照的报价，而是所提供服务的特性[4]。对广播来说，需要考虑可提供节目的覆盖和质量。对移动通信来说，需要考虑能在多大的地理范围内提供何种服务。在忽略执照收入的前提下，这种方法对达到"最佳质量"有一定的意义，但也存在执照获得者提供的服务质量无谓过高或不尽人意的情况。

不过，比较选择机制最令人担心的问题在于如何激励竞标者完全真实地编写它们的申请。因为竞标者会认为夸大承诺可以提高成功中标的机会，相应地申请中所述服务特性会超出实际性能。理论上可以通过设计合适的违诺惩罚机制来阻止此类事情的发生，但这些问题通常在服务运营一段时间后才会暴露，届时若征收惩处费用会使得服务性能更加糟糕，若取消执照可能会导致服务中断。

比较选择机制通常最终依赖于对服务质量的判决，而无论制定多么详尽的评分系统，都存在腐败和徇私风险，还可能引发法律问题，导致判决过程的延缓。

比较选择的听证会在部分场景下可能适用，但往往会面临更多问题。在频谱执照竞争最为激烈的移动通信领域，比较选择机制并不适用。运营商显然更偏向这种方式，因为可以近乎免费地获得执照。不过，颁发执照而没有收入恰恰是政府拒绝采用比较选择的原因之一。

4.3.4　机制4：拍卖

显然，拍卖是一种优于比较选择的替代方案。在这种机制下，公司采用货币竞价以获取频谱执照[5]。如前所述，竞标者对频谱的估值既基于对市场发展的广泛认同，也受竞标者自身因素（如现有无线网络的部署架构）的影响，当然也存在着一定的误差。

为使频谱分配收益最大，频谱执照应颁发给整体估值最高（误差最小）的用户，诸多拍卖机制的设计就是为了达成这一目标。拍卖方式各不相同：有的拍卖限定只能竞价一次，有的拍卖允许竞价逐渐增加，还有的拍卖竞价在初始的最高价上逐渐降价。下面具体介绍不同拍卖机制。

我们曾在方框4-1中讨论过，"赢家诅咒"可能会阻碍通过拍卖进行有效的

4　在开展比较选择程序时，申请文件中可能既包括提供服务的特性，也包括所需的运营经费。因此有时也被称为"菜单拍卖"[7]。

5　经验表明，支付时间点十分重要。要求预先支付会将拍卖局限于现金充足的公司。但若允许分期支付，当情况变得不如预期时，执照持有者可能会停止运营，导致服务中断。不可撤销的预先支付还可以让频谱支出转化为沉没成本，企业在设定竞价限额时会考虑这部分支出，但不应让频谱支出影响购得执照后对服务的定价。详见4.4节所述。

频谱分配。主要的问题在于最高出价方可能并不是最高效的频谱执照使用者，而是对盈利期望最乐观的那一方，具有最高的正向误差。考虑这样的拍卖机制：所有竞标者仅进行一次出价，出价最高者赢得执照——这种拍卖方式又被称为第一价格密封拍卖。竞标者的估价由诸多因素（见 4.2 节）决定，但关键在于，这种机制下每一个竞标者只能依靠它们自己掌握的信息估价，竞标者之间无法进行信息共享。

假设一种相反的情况，将拍卖设计为不断加价的方式，就像艺术界或网上拍卖（如 eBay）中常见的递增叫价拍卖。拍卖人先叫出一个底价，竞标者随着价格上升相继退出。这种机制下，竞标者的退出是十分重要的，能为剩余竞标者的估价提供信息，可以基于其他竞标者的估价向价格上限的不断逼近而做出推断。

其他拍卖机制通过其他方式来利用竞拍者的信息和判断。例如，第二价格密封拍卖与上述的第一价格密封拍卖过程基本相同，区别仅在于胜出者要支付的价格是第二高的报价，而不是它自己的报价。换句话说，参加拍卖的竞标者知道取胜的机会依靠它们自己的报价，但是需要支付的价格却依赖于其他竞标者的较低报价[6]。

通常，由于共有价值在估价中的作用，需要允许"价格发现"（price discovery）以便于竞标者间接共享估价。

在一个精心设计的价高者获胜的拍卖机制中，胜出者的判定应该是非常清晰、没有歧义的。因此不会给腐败或者徇私留下机会。但是，如果竞标者之间没有竞争关系，拍卖将会受到"串通竞标"或者"合谋协定"的影响。例如，对 80MHz 的频谱进行拍卖，4 个移动通信运营商可能会达成一致意见：每家只对 20MHz 频谱出价。这样的结果就是频谱将会以管理者设定的保留价格卖出，运营商得到的利润增多。我们将在 5.4 节讨论如何打击这种串通行为。

最后，频谱拍卖可用于再分配。我们在前面已经看到抽签方式将稀缺的频谱资源随机分配给用户，这些用户可能会自己使用频谱资源或者私自举行拍卖转卖频谱，以获得稀缺性租金。在高度竞争条件下，比较选择可以促使竞争者提高服务从而消除超额利润；而在竞争较少时，赢家可以谋取部分超额利润。

好的拍卖机制应保证收益归国家所有。换句话说，频谱的稀缺性租金应流向国家财政部门，该资金通常用于政府的一般性支出，偶尔供通信部门使用。这种提高收入的形式是高效的，因为其建立在自然资源（供给一定）的稀缺价值上，而不像收入所得税这种基于其他生产要素（诸如劳动力）的收入方式，当政府征税提高时可能会影响供给。当然，这种高效性的前提是政府能够抵制资源垄断的诱惑，不会肆意限制频谱供给以增加拍卖收入。也就是说，如果市场的供需双方（政府和竞买方）都不会滥用市场势力（指卖方或买方不恰当地影响商品价格的能力），可以通过拍卖实现高效的资源分配。

6　如我们下面所看到的，第二价格密封拍卖方式更易于竞标者在它们估价的基础上决定应该如何报价。

4.4   频谱拍卖过程

前文提到，20 世纪 80 年代末期以前，频谱管理部门陆续采用了先到先得、抽签以及比较选择等方式颁发频谱执照。20 世纪 90 年代初，一些频谱管理者开始拍卖频谱使用权；到了 20 世纪 90 年代中期，美国从移动通信频谱的拍卖中获取了巨额财政收入，继而全球对频谱拍卖的兴趣大幅增长。以 Ronald Coase（美国）为代表的拍卖拥护者们就此进行了广泛讨论，他们认为一个精心设计的拍卖将比行政程序对社会有益[7]。讨论中，大家普遍认为拍卖的优势来自其客观性和透明性。

拍卖争议最多的地方在于竞标出价必然会导致消费者为依赖于无线电频谱的电信服务付出更多费用。在精心设计的拍卖中，竞标者需要预先支付频谱费用。这就意味着频谱费用将被竞标赢家视为沉没成本。按照经济学理论，沉没成本不影响市场价格。竞标者在频谱拍卖中的报价依赖于它们对提供未来服务定价的期望，但一旦按拍卖价格预支了费用，这笔钱就成为沉没成本，不再影响未来服务的价格；服务的价格将由需求、预期成本以及当地市场竞争程度共同决定。当移动通信频谱在美国不同地区拍卖后，移动通信服务的收费并没有频谱竞拍价格那样差异显著，且拍卖费用和消费者服务收费之间也没有明显的统计相关性 [8]。后续研究也证明了这一点 [9]。

图 4-1 以图解的形式解释了拍卖中影响出价的各项因素。最关键的因素是决定拍卖事后市场结构形状的变量。一些市场竞争者会受到诸如频谱分配机制（如

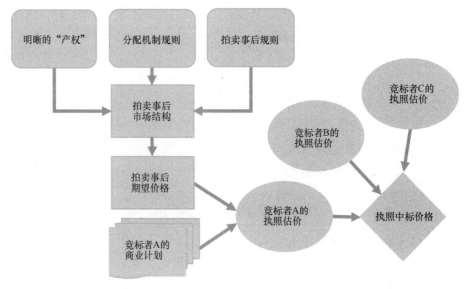

图4-1   影响拍卖最高出价的各项因素

---

7   见方框 3-1。

拍卖执照的数量）、频谱所有权的性质（如执照的有效期）或者拍卖事后规则（是否允许执照交易）等因素的影响。竞标者利用这些影响拍卖事后竞争市场结构的因素和预期来建立它们的商业模型，从而决定它们的最高竞标出价。

最高的竞标出价有可能是相互关联的，因竞标者 A 的估价可能会受竞标者 B 的影响，根据频谱分配原则，它们可能在拍卖中更改出价。不出意外，竞标者的估价决定拍卖的最终结果。在一个精心设计的频谱拍卖中，频谱将会分配给估价最高的竞标者。如前所述，竞标者支付其最高估值的方式取决于拍卖的具体形式。

4.5 拍卖理论

卖家单一、潜在买家众多是无线电频谱拍卖一直以来的特点。卖家通常是政府的代理，买家通常是商业实体（电信运营企业、广播公司等）。用于拍卖的频谱通常是曾经另有其他用途的。例如，当地面广播业务转而采用数字系统之后，大量的广播频谱被重耕用于通信行业。在美国的案例中，政府采用了一种"激励拍卖"的创新型拍卖方式来加速频谱重耕的过程 [10]。这一方式将在 4.9 节中详细叙述。

通常，频谱拍卖主要有两种形式：（1）互动式拍卖（或公开拍卖）；（2）密封竞标拍卖。在互动式拍卖中，竞标者与拍卖师通过价格发现形成互动，特点是不断增加或减少竞拍价格。英格兰式拍卖就是一种常见的互动式拍卖，竞标者不断增加竞价直到剩余竞标者数量与拍卖标的数量持平。荷兰式拍卖是另一种形式的互动式拍卖，拍卖师以一个高价位起叫，然后不断降低报价，直到有人应价，第一个应价的即为买受人。

在密封竞标拍卖中，竞标者通过密封的信封（实践中更多通过电子手段）提交报价。买受人最后需要支付的价格取决于拍卖是第一价格密封拍卖还是第二价格密封拍卖。在第一价格密封拍卖中，买受人支付的金额为它们自己的报价；而在第二价格密封拍卖中，买受人需支付的金额仅为第二高的报价。Vickrey[11] 在其文章中首次在理论上对不同拍卖机制进行了评估分析。

拍卖理论通过衡量将拍卖物分配给估值最高者的程度来评估不同拍卖方式的效率。拍卖理论还可以阐明拍卖中的最优报价行为。拍卖理论家们已经证明，在一定的假设条件下，拍卖师采用不同拍卖方式的预期收益都是一样的 [2,11]。这一结论被称为收益等价定理（Revenue Equivalence Theorem, RET），并对实际拍卖设计与频谱管理政策产生了重大影响，见方框 4-2。

通常，影响拍卖预期收益的关键因素在于买方和卖方的风险特性，以及竞标者掌握的拍卖标的价值信息的数量和类型。现实拍卖中，竞标者的组成可能相当复杂（既有传统运营商也有行业新人），可能对拍卖结果、拍卖设计选择产生影响。

方框 4-2　收益等价定理（RET）

收益等价定理可能是拍卖理论中最重要的定理之一，最早由 William Vickrey 在 1961 年提出。根据该定理，在特定条件下，拍卖人通过任意拍卖方式获得的期望收益是相同的。无论拍卖物对竞标者具有私有价值（如审美趣味这种完全取决于竞标者个人偏好的），还是共有价值（如频谱这样属于生产过程中的投入），这一定理均可适用。

收益等价定理适用的拍卖包括：

（1）第一价格密封拍卖，出价最高者将以其出价水平获取拍卖品；

（2）第二价格密封拍卖，出价最高者赢得拍卖，并支付所有竞标价格中的第二高价。

乍看之下，这种拍卖的收益并不符合收益等价定理，但拍卖规则可以引导买家的出价：由于只需支付第二高价格，它们可能会出更高的价格。

其他常见的拍卖方式也会产生相同的收益：

（3）增价拍卖，竞标者不断喊价直到最后一人胜出；

（4）减价拍卖，拍卖人不断降低价格直到有人应价购买。

比较罕见的拍卖方式也适用该定理：

（5）全支付拍卖，出价最高的竞标者获胜，但是所有的竞标者都要支付它们各自竞标的叫价。

收益等价定理在一定技术条件下成立，例如：每个竞标者对物品的估价服从同一概率分布，任何可行估价最低的竞标者不会付出任何代价，竞标者都采用"均衡竞标策略"等。

另一个需要满足的假设条件则较为主观：竞标者必须是风险中立的。换言之，它们必须对增加 X 美元和等概率增加 0 美元与 2X 美元的态度是一致的。下面来看看如果这一假设不成立，将如何削弱 RET：假设在第二价格密封拍卖中，有一个不顾风险随意出价的竞标者[8]；在第一价格密封拍卖中，具有相同风险态度的竞标者为了避免输掉竞拍，将会抬高竞标价格，因为它宁愿牺牲部分预期利润也要确保中标；在这种风险规避策略下，两种拍卖方式的预期收入显然不同，这与 RET 是矛盾的。

类似这样的条件将导致 RET 的不成立。RET 的条件在现实中很难被同时满足，正如本章和后续章节所展现的那样，该定理更多用于拍卖设计本身。RET 极大地帮助我们确定影响拍卖收益和其他结果的因素，为拍卖设计提供了很大的指导作用。

此外，竞争激烈程度（如参加竞标的人数）通常也会影响拍卖结果，因此也在选取拍卖规则的考虑范围内。在种类繁多的拍卖中，拍卖理论家们已经证明，在同等对待竞标者（即竞标者掌握的信息大致相同）的前提下，简单的增

8　下述情况将会发生：如果一家公司以超出实际价值的叫价竞标，若次高价格与其叫价非常接近的话，该公司将支付超出实际价值的款项；如果其叫价低于实际价值，另一竞标者将以低于该公司实际估价的价格赢得拍品。

价拍卖中竞标者越多，拍卖结果越好 [12]。这一结果在频谱拍卖领域尤其引人关注，由于在一般的高风险拍卖中参与者相对较少，这一结论表明吸引更多竞标者的参与 [9] 可能是重要的。

拍卖理论还有助于拍卖中的其他决策，包括：执照的数量，即如何最好地打包出售频谱使用权；如何决定执照的地理适用范围；竞标者的竞标资格准则；准确的竞标规则等。下一章我们将具体阐述这些问题。

4.6　拍卖目标

拍卖的形式取决于多种因素，最重要的就是资源所有者或代理人（通常也就是政府）的拍卖目标。如果代理人希望从频谱拍卖中获得最大收入，其拍卖设计与以有效竞争为首要目标的拍卖设计完全不同。其他重要的因素包括：可供应的频谱资源总量、频谱需求方权益性质、地理区域覆盖、政府因素等。在许多场合，频谱拍卖设计重点考虑的是频谱的高效分配，也就是保证频谱分配给价值最高的应用。此外，政府也明白高价值频谱也能增加收入。

在美国，频谱由联邦通信委员会（FCC）以及国家电信和信息管理局（NTIA）共同管理。《通信法案》（Communication Act）第 309（j）条规定了 FCC 使用拍卖促进高效、集约的频谱利用，同时为了公众（包括偏远地区的居民）利益促进新技术、产品和服务的发展和快速部署，不得有行政或司法延迟。法案还要求 FCC 进行拍卖管理以抓住经济机遇并促进竞争。其他目标包括：通过发展和实施面向市场的划分和分配改革政策以推动频谱改革，以及通过高效和实时的执照授予鼓励频谱的高效使用 [13]。然而，一些起草者对拍卖的目标是否为提高效率产生了质疑，建议改为拍卖主要是一种提高政府收入的手段。

欧洲的频谱分配方法为确保频谱使用的可靠性和高效性提供了一致性条件 [14]。欧盟的授权原则是当某频段的频率需求超出频谱供给时，须遵循合适且透明的程序完成频率分配 [15]。实际上，这一原则对拍卖成为宝贵频谱资源的分配方式提供了支持。欧盟授权法令（EU Authorization Directive）明确禁止频谱管理者为确保频谱有效使用外的其他原因（如收益最大化）限制频谱接入 [10]。

作为采用频谱拍卖的先驱，新西兰政府频谱政策的目标围绕着促进竞争、频谱社会价值最大化，以及满足不断增长的需求这几个方面。在进行频谱使用权分配前，政府需要完成一项基于市场的分配流程，该流程是竞争中立和透明的。

9　在英国的 3G 拍卖中，N.M.Rothschild 商业银行与政府签订了一份合同，如果银行能够吸引更多的买方参与竞标，将根据参加人数获得相应报酬：如果有 7 位竞标者参加，银行将获得 30 万英镑；有 9 位竞标者参加，获得 50 万英镑；有超过 11 位竞标者参加，获得 70 万英镑。最终有 13 位竞标者参加竞标。

10　Authorization Directive 2002/20, Article 5.

频谱拍卖还被许多其他国家采用，大多数的目标与前文提及的基本相同，总结如下。

- **效率**：将执照颁发给能最大化其价值的用户，或者颁发给对经济和社会效益贡献最大的用户[11]。
- **收益**：为政府筹集的收益。
- **竞争**：以能促进服务行业高效竞争的方式颁发频谱使用权。
- **透明**：选择过程迅速、有效，没有腐败。

为不同的频谱用途和不同用户确定合适的拍卖形式，并满足上述大部分乃至全部的目标，是频谱管理机构所面临的挑战。下面我们将讨论几种著名的拍卖形式，它们从 1989 年以来被世界各国频谱管理机构采用。同时我们还将介绍一些可能在未来应用的拍卖形式。

4.7   拍卖形式

这一节我们将介绍 7 种拍卖形式，分析它们的优点和缺点，并讨论它们在频谱方面的应用。之后的两节将重点介绍组合时钟拍卖和激励拍卖两种拍卖方式，它们都是近年来发展出来的重要频谱拍卖形式。

本节所讨论的拍卖中，假设拍卖标的是可以互补或互替的，并互相独立。假设频谱执照在国家的两个地区——北方和南方——分别拍卖。某一公司的业务开展可能非常需要在两个地方分别获得执照。然而，如果拍卖在两个地方分别举行，即使它们同时举行，也无法保证该公司能够获得两个地区的使用权，它很可能只在南方或者北方获得授权。这种因错误组合策略而产生的"曝光"风险将影响公司的竞标策略，某种程度上可能危害竞标结果的高效性以及预期的收益。通过"组合"方式可以避免这一巨大风险，该方式允许竞标者对多种结果的组合进行出价。我们将在 4.8 节讨论这一拍卖方式。

4.7.1   第一价格密封拍卖

第一价格密封拍卖是一种简单易懂、便于操作的拍卖形式：发布最高出价的竞标者以其出价水平赢得执照。第一价格密封拍卖与荷兰式拍卖等效，后者由竞标者逐渐降低竞价直到标的卖出。

优点：

- 简单；
- 可快速完成；
- 适合少量频谱的拍卖，每个竞标者只需要某一指定地区的一份执照；
- 利于竞争——新入者更有可能参与拍卖，并与传统运营商竞争。

---

11 两种理念的不同详见本书 11.6~11.7 节。

缺点:

- 由于没有价格发现过程,拍卖中竞标者无法得到他人的估价信息,可能导致"赢家诅咒",因此,竞标者可能大幅削减报价,以避免"赢家诅咒";
- 不同竞标者对几乎相同的物品的支付价格可能相差极大,使得拍卖经理或政府官员难以对此进行解释;
- 当有许多物品一起拍卖,其中包括替代品或补偿品时,会导致曝光问题,即竞标者拍到错误的执照组合;
- 需要很谨慎地确定保留价格。

许多频谱拍卖采用了第一价格密封拍卖方式。这种拍卖形式由新西兰在 1991 年 10 月第一次采用,为全国 FM、UHF、AM 和 DMS 系统的区域使用分配频率。

2006 年 4 月,英国频谱管理机构 Ofcom 采用第一价格密封拍卖方式对 1781.7 ～ 1785MHz/1876.7 ～ 1880MHz 频段(GSM 与 DECT 间的保护频带)的低功率业务进行了频谱分配。这些频谱可用于办公楼或校园的 GSM 专网等一系列应用,拍卖规则规定该频谱将在技术中立的基础上进行授权。Ofcom 创新性地让竞标者根据最后可能提供的执照数量提交不同的报价。Ofcom 事先声明将提供 7 ～ 12 个执照,最终的执照数量将视拍卖过程决定。这一设计交由市场决定应该由多少运营商提供服务,而不是让频谱管理者选择它们认为对消费者最好的方案。

在拍卖中提交了 14 份报价。一个竞标者为一个执照报出了 150 万英镑出头的价格,而另一个的报价仅有 50110 英镑[12]。拍卖最后决定颁布 12 个执照,因为 12 个执照的报价为 Ofcom 带来了最多的收入。

4.7.2　第二价格密封拍卖

第二价格密封拍卖与英格兰拍卖等效,又称为 Vickrey 拍卖。竞标者同样以密封的形式独立出价,出价最高者将赢得拍卖,并支付所有竞标价格中的第二高价。

优点:

- 鼓励竞标者展现真实估价;
- 适合少量频谱的拍卖,每个竞标者只需要某一指定地区的一份执照;
- 可快速完成。

缺点:

- 当第一出价人和第二出价人价格差异过大时,难以合理解释;
- 没有价格发现过程,但支付的价格取决于其他竞标者(这会为避免"赢家诅咒"起到一定的作用);
- 当有许多物品一起拍卖,其中包括替代品或补偿品时,会导致曝光问题,即竞标者拍到错误的执照组合。

12　保留价格为 5 万英镑。

1989 年，新西兰开展的 UHF 频段拍卖是世界上首次采用第二价格密封方式的频谱拍卖。紧接着新西兰又对另两段频谱进行了拍卖。第一次拍卖的 UHF 频率如表 4-1 所示。其中，Totalisator Agency 为 6 个执照报出了 40100 新西兰元 / 执照的价格。这一价格是 5 号标的的第二高报价，决定了该标的价格。在另一个 Totalisator Agency 获胜的标的中，该公司支付了较低的第二高价——10 万新西兰元。

表 4-1   1989 年新西兰 UHF 频段拍卖结果

近全国范围 UHF 电视频段授权		
中标公司	支付价格（新西兰元）	最高叫价（新西兰元）
标的 1 Sky Network Television	401 000	2 371 000
标的 2 Sky Network Television	401 000	2 273 000
标的 3 Sky Network Television	401 000	2 273 000
标的 4 Broadcast Communicaiton Ltd.	200 000	255 124
标的 5 Sky Network Television	401 000	1 121 000
标的 6 Totalisator Agency Board	100 000	401 000
标的 7 United Christian Broadcast	401 000	685 200

由于这一拍卖由全国和区域性频率使用权共同组成，标的是以替代或补偿方式组合而成的，无法确定是否高效。因为拍卖独立举行，意味着竞标者很难控制赢得太多或太少执照的风险。著名拍卖专家 Paul Milgrom 认为这一方式很可能导致低效的结果 [3]。后面讲到的组合拍卖通常可以解决这一问题。

新西兰于 1990 年废除了第二价格密封拍卖，转而采用第一价格密封拍卖。政府的这一举措主要为了应对这样的评论：尽管出价显示大公司可以支付更高的价格，但它们仍以低价获得了频谱。在某次拍卖中，竞标者报价 10 万美元中标，但最终获得执照仅支付了 6 美元。在其他一些没有保留价格的拍卖中，由于没有第二出价而导致执照流拍 [16]。当然，这一评论有失偏颇，因为在第二价格密封拍卖中报价 10 万美元的公司不见得会在第一价格密封拍卖中报出相同的价格（详见方框 4-2 所述的收益等价定理）。

4.7.3 同时多轮拍卖

在同时多轮拍卖（simultaneous multi-round auction, SMRA）中，竞标者反复多轮地递增报价，直到某一轮中没有新的报价为止。拍卖人规定每次的加价额度，并要求仍在拍卖中的竞标者每轮都必须报价，这一规定也被称为米格罗姆 - 威尔逊活动规则（Milgrom-Wilson Activity Rule）。这一规则的目的是为了防止"蛇伏草丛"策略，即竞标者以试探为目的而在前几轮故意虚报价格。拍卖全程，竞标者的身份都是保密的，以防止串通或者暗中传递信息——2001 年中国香港拍卖 3G 频谱时，就发生过类似事件。SRMA 胜出者需支付和第二价格密封拍卖差不多的价格，但实际可能会因加价额度的要求支付稍高一点的价格。

优点：
- 可以处理多个标的；
- 不同的价格反映了不同物品价值的区别；
- 价格发现——这在竞标者捆绑购买执照时尤其重要。

缺点：
- 需求减少——在早期大买家可能会低估需求；
- 曝光问题——如果存在补偿性频谱执照，那在后面轮次中补偿性执照价格可能提升很高，导致竞标者会以过高的价格购入一些执照；
- 竞标策略相对复杂；
- 竞争不激烈时可能发生串通投标。

起初，SRMA 限定了竞标者最多只能竞买 k 个频谱块。例如，某一拍卖拿出 5 段频谱，每段 2 个频谱块，共计 10 个频谱块。竞标者在每段频谱中最多获得 1 个频谱块，最多获得 5 个频谱块的执照。假设有 5 个竞标者，分别是 A、B、C、D、E。

假设第一轮结束后，竞标者 A 和 C 都提交了最高报价，那么下一轮 A 和 C 就不能报价，仅有 B、D、E 有报价资格。如果它们之中有人比 A 和 C 第一轮的报价高，那么拍卖会继续下一轮，同时 A 和 C 可以继续报价。拍卖照此一直进行下去，直到没有新的报价为止。

每一轮报价结束，该轮的报价将会公开。拍卖理论表明这一价格发现过程是同时多轮拍卖的关键优势之一。由于拍卖的频谱执照很多，通常是多个区域牌照，也可能是不同类型的频谱组合（成对的或不成对的），同时增价拍卖频谱块有助于价格发现，同时也能让竞标者寻求满意的频谱组合[13]。

在美国为频谱执照进行的大规模拍卖（这些拍卖涉及很多竞标者和 / 或很多频谱执照）中，SRMA 均有助于价格发现，SRMA 也主要为此而设[14]。美国最早在 1994 年 7 月对 10 个窄带个人通信业务（Personal Communications Services，PCS：移动语音和数据）全国执照进行了 SRMA 拍卖。拍卖共持续了 5 天，经历 47 轮报价，有 29 个竞标者参与，最终 6 个竞标者获得了 10 个执照，筹集资金共计 6.17 亿美元。

看到全国频谱执照 SRMA 的成功，FCC 后续又为区域和地方窄带 PCS 执照颁发组织了一系列 SRMA。在这些拍卖中，竞标者更希望获取跨地区的多个执照，SMRA 价格发现的特性对拍卖的成功起到了至关重要的作用。

13　4.8 节讨论的组合拍卖可提供更明确的频谱捆绑拍卖方式。
14　美国的频谱指配一般由地方或本地实施，可能同时发放数百个执照。

1995 年，两个窄带 PCS 区域频谱块（A 和 B）拍卖产生的账面价值超过 70 亿美元；1995—1996 年窄带 PCS 频谱块 C 拍卖出了超过 100 亿美元的账面价值。C 块的拍卖共持续了 87 天，经历 184 轮报价，共有 255 个竞标者参与拍卖，最终 89 个竞标者获得了 493 个执照。这在当时是规模空前巨大的一次拍卖，也是频谱拍卖有史以来拍卖金额最大的一次。美国通过电子系统快速完成了拍卖过程。

SMRA 在美国 PCS 拍卖上的成功在全世界频谱管理者中引起了巨大反响。迄今，SMRA 已用于多种类型的频谱分配中，资金收入超过 2000 亿美元。这一拍卖形式直到最近才被组合拍卖所取代（详见 4.8 节）。

新西兰于 1995 年 10 月和 1996 年 9 月采用 SMRA 分配了地方 FM 广播频谱执照，通过电报完成拍卖过程。1998 年之后，新西兰政府采用了基于互联网的报价过程来管理 SMRA，使得拍卖进程更加迅速。澳大利亚于 1998 年采用 SMRA 分配移动通信频谱，获得的人均收入比美国 PCS 拍卖还高出许多。1999 年，加拿大采用 SMRA 拍卖了 24GHz 和 38GHz 频段。

2000 年，一些欧洲国家采用 SMRA 对 3G 频谱进行了分配。与美国 SMRA 不同的是，欧洲的拍卖在执照数量规模上相对较小，通常不超过 6 个全国执照，而且有资格的竞标者也相对较少。表 4-2 给出了 2000—2001 年间欧洲主要的 3G SMRA 拍卖的执照数量。

表 4-2　　2000—2001 年欧洲 3G SMRA 拍卖

国家	日期	竞标公司数量	执照数量	备注
英国	2000 年 4 月	4 家传统运营商、9 家新入者	5	拍卖持续 15 天，历经 150 轮
荷兰	2000 年 7 月	5 家传统运营商、1 家新入者	5	拍卖持续 14 天，历经 305 轮
德国	2000 年 8 月	4 家传统运营商、3 家新入者	6	拍卖持续 19 天，历经 173 轮
意大利	2000 年 10 月	4 家传统运营商、2 家新入者	5	拍卖持续 2 天，历经 11 轮
奥地利	2000 年 11 月	6 家公司	6	拍卖持续 2 天，历经 14 轮
瑞士	2000 年 12 月	4 家公司	4	拍卖持续 1 天
保加利亚	2001 年 3 月	3 家传统运营商	4	拍卖持续 2 天，历经 14 轮

不过，就 SMRA 是否有利于欧洲 3G 频谱的高效分配这一点来说，存在着一定争议。竞标者在拍卖中并没有打包获得不同的执照，只能在不同国家依次参加多个拍卖；每次拍卖的执照数量不超过 6 个；竞拍的人数很少，而且身份也存在争议，都是消息灵通、经验丰富的公司，有充分的时间准备并评估执照价值。因此，SMRA 很容易受串通投标的影响，此外价格发现的优势也不够明朗。在这种情况下，经过精心设计的第二价格密封拍卖可能会更简单、更快捷、更易体现竞标者估价，还能够减少串通投标的破坏性。换句话说，拍卖过程可以更趋简化。

2000 年，英国的 3G 频谱拍卖获得了有史以来最高的人均收入：374 英镑（当时合 694 美元）。相比之下，美国 PCS C 块拍卖的人均收入则低了很多，仅有 38 美元多一点[15]。

15　美国当时人口总量为 2.26 亿。

  英国的 3G 拍卖中既有成对频谱，也有非成对频谱，其中成对频谱更适合移动通信应用。英国频谱机构提供了 5 个 3G 全国执照：执照 A 包含 15MHz 成对频谱和 5MHz 为市场新入者保留的非成对频谱；执照 B 只包含 15MHz 的成对频谱；执照 C、D、E 都包含 10MHz 成对频谱和 5MHz 非成对频谱。13 位竞标者参与了拍卖，其中 4 个是传统蜂窝通信网络运营商。

  英国 3G 拍卖结果如表 4-3 所示。经过持续 7 周共计 150 轮的拍卖，最终于 2000 年 4 月 27 日结束。中标公司除了 4 个传统运营商，还有一个新公司：TIW。不过它随后将执照 A 卖给了和记黄浦（Hutchison Whampoa）。从单位频谱（每兆赫）来看，执照 C、D、E 的价格反映了同步升价拍卖（SAA）的套利特性。

表 4-3 英国 3G SAA 拍卖结果

执照	中标价格（亿英磅）	每兆赫价格（亿英磅）	中标公司
A	43.85	1.25	TIW
B	59.64	1.99	Vodafone
C	40.30	1.61	BT Cellnet
D	40.04	1.60	One2one
E	40.95	1.64	Orange
总计	224.78		

  表 4-4 给出了其他竞标者的最高报价。可以看出，拍卖持续到 90～97 轮，价格达到 20 亿英镑左右时，已有 5 家公司退出。剩下的 8 家公司竞价到 131 轮时，世通公司（WorldCom）选择了退出，这时拍卖价格已经飙升到每个执照超过 40 亿英镑。NTL 公司在第 148 轮为执照 C 给出 39.7 亿英镑的报价后，也最终退出了拍卖。起先在第 127 轮时，NTL 曾为执照 A 给出了更高的 42.8 亿英镑的报价，不过其 1.43 亿英镑 / 兆赫的单位频谱价格低于最后为执照 C 报出的 1.59 亿英镑 / 兆赫。

表 4-4 英国 3G 拍卖竞标过程

中标公司	轮次	执照	竞标叫价（亿英镑）
Crescent	90	C	18.19
3G	90	A	20.01
Epsilon	94	C	20.72
Spectrum	95	D	21.00
OneTel	97	E	21.81
WorldCom	119	D	31.73
Telefónica	131	C	36.68
NTL	148	C	39.71

来源：NAO

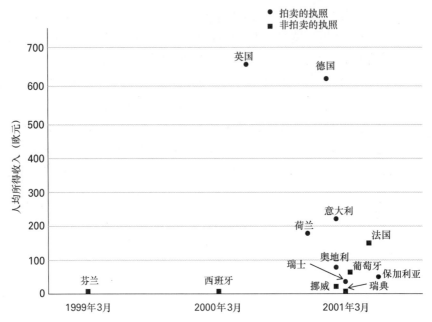

图4-2   欧洲3G拍卖竞标价格

　　欧洲其他国家也开展了类似的 SMRA，如图 4-2 所示。不同国家的拍卖收入差别巨大，较晚的拍卖尤其糟糕。瑞士举行的频谱拍卖就是一次著名的"灾难"，由于最后竞标者的数量和颁发的执照数量完全相同，在拍卖开始前竞标者或退出拍卖，或已形成联盟，导致拍卖中竞争薄弱、竞标者之间互相串通。

　　2000 年年底的 3G 拍卖价格相对较低，这与当时市场情绪的变化一致，在一定程度反映了互联网泡沫。英国 3G SRMA 的收入极大超过了预期，但在几个月后（2000 年 9 月）对 28GHz 频段宽带固定无线接入（BFWA）的 SRMA 就惨遭失败，仅卖出了很少的执照。

　　英国 BFWA 基于地区拍卖执照，每个地区 3 个执照，共 14 个地区，限定每个竞标者在一个地区最多拥有 1 个执照。由于该拍卖的执照具有可替代性（每个地区 3 个执照）与互补性（不同地区间的执照），在当时看来 SMRA 是已有的最合适的拍卖形式。

　　然而，总共 42 个执照最终只拍出了 16 个，遍及 8 个地区。拍卖总收入 3816 万英镑，与预期的至少 10 亿英镑相差甚远。拍卖没有考虑到 2000 下半年电信市场的不利形势，定下的保留价格过高，而且也没有为流拍的执照制定后续对策。

　　设定保留价格是频谱拍卖的一个重要因素，尽管并不总是必需的[16]。保留价格是为了反映频谱的"社会价值"，并确保其成交价格不会低于真实的经济价值[17]。事实上，如果设置的保留价格过低，竞标者在拍卖前达成协议会获得更大利益，这会促使竞标者暗地共谋。这也是瑞士 2001 年 3G 拍卖失败的原因之一，其执照

16　荷兰的 3G 拍卖没有保留价格，6 个竞标者中的 3 个报价为零。拍卖持续了 305 轮，直到其中一个竞标者
　　（Telfort）对另一个竞标者（Versatel）提出了起诉的威胁才最终结束。

17　频谱的经济价值近似等于其机会成本，详见本书 3.5.4.1 节以及第 7 章。

成交价格（基于人均估算）远远低于同类市场（英国、德国等）的价格。

　　另一方面，如果保留价格设置过高则会导致竞标参与者减少，不利于竞争以及价格发现，如英国 BFWA 拍卖参考过时的数据设计了保留价格。保留价格的设置颇具挑战，需要对市场前景的谨慎判断。对频谱管理部门来说，我们建议宁可谨慎保守、稍微悲观地设置保留价格，也不要过于激进。当然，过于悲观的设置也会使拍卖陷入困境，就像瑞士的 3G 拍卖一样。

　　2006 年，美国对先进无线技术（Advanced wireless service, AWS），即 3G 的频谱分配进行了 SRMA。与之前的频谱拍卖一样，AWS 拍卖再一次显示了 SRMA 的可扩展性，及其应对大规模竞标者和执照数量的能力。AWS 拍卖由 FCC 主持，从 8 月 9 日开始到 9 月 18 日结束，共持续 161 轮。1122 个执照中的 1087 个被 104 位竞标者拍得，收入达 139 亿美元。2015 年，AWS 的继任品 AWS-3 拍卖，持续两个月共拍出 450 亿美元，共计 1600 多个执照，相当于全美人均 140 美元。这一拍卖经历的冗长轮次（75 天，共 341 轮）在事后遭到了一定批评。有建议提出，将相似执照一起拍卖、采用时钟拍卖等方式，来替代每个标的单独拍卖可能更好，下一节我们将会具体介绍。

4.7.4　增价时钟拍卖

　　增价时钟拍卖（Ascending clock auction，又称日本拍卖、按钮拍卖或奥苏伯尔拍卖 [17]）中，竞标者根据拍卖人宣布的价格提交自己的竞买需求，当某一轮次征集的需求与提供的频谱总数相等时拍卖结束。虽然这种方式也适用于竞标者寻求多个单位（执照），标的也有所不同的情况，但它在可相互替代的频谱执照完全相同或近似相同、竞标者仅需一张执照的场景下很容易实施。时钟拍卖在很多方面与 SMRA 相似，更引人注意的是它能使拍卖过程更加高效。

　　优点：
- 高效完成拍卖；
- 很适合具有可替代执照组合的拍卖；
- 流程简单；
- 操作透明；
- 拍卖人可以掌控拍卖节奏，防止暗中共谋；
- 适合多执照拍卖。

　　缺点：
- 如果拍卖人高估了竞标者的估价，可能需要两场拍卖（序贯，非同步）；
- 若执照组合之间存在差异，可能需要序贯拍卖。

　　2001 年尼日利亚成功完成了世界上首次频谱的时钟拍卖。拍卖中的 3 个 GSM 执照除了在频段中的位置不同外，其他都完全相同，共 5 个竞标者参与。拍卖还包含了密封拍卖环节以防止拍卖人定价过高。

4.7.5   收益分红拍卖

收益分红拍卖（Revenue-share auction）与标准拍卖不同，竞标者呈报的是基于频谱提供服务的收益分红所得的频谱使用税。

优点：

- 号称竞标者与拍卖人共同承担市场风险；
- 简单。

缺点：

- 频谱执照使用税会形成部分"经常性成本"，这就意味着该费用将按成本计入市场价格中。

最重要的频谱收益分红拍卖是 2001 年中国香港的 3G 拍卖。拍卖允许参与者按频谱使用税竞标，保留价格为网络运营收入的 5%。拍卖采用第二价格形式，税率由失败者中的最高出价决定。事实上，由于竞标者人数与执照数量相等，因此成交价格就是保留价格。

4.7.6   混合拍卖

混合拍卖（hybrid auction）将比较选择方式与多种拍卖方式相结合（与后文提到的组合拍卖不同）。通常在资格预审阶段通过比较选择方式来决定可参与拍卖的竞标者。

优点：

- 代理机构可以更谨慎地决定竞标者资格。

缺点：

- 易产生与单纯比较选择过程相同的问题。

这一方法在中国香港 3G 拍卖期间被用于竞标者的注册和资格审查阶段。

4.7.7   序贯拍卖

在序贯拍卖（Sequential auction）中，频谱执照按顺序逐个拍卖。例如，频谱管理机构提供了若干个相似的频谱执照，可能会在第一场拍卖中拍卖执照 1，接着在第二场拍卖中拍卖执照 2，依次往后拍卖。

优点：

- 可与多种拍卖方式结合；
- 易于管理。

缺点：

- 竞标者之间共谋，可能导致意外结果。

2000 年 3 月瑞士的全国和区域性 BFWA 拍卖采用了序贯拍卖。两张全国执照分别于 3 月 8 日和 3 月 9 日进行了拍卖。4 家竞标者参与了 3 月 8 日的拍卖，UPC 以 1.21 亿瑞士法郎报价获胜，排在第二的 FirstMark Communication 报价为 1.15 亿瑞士法郎。

第一天失败的 3 个竞标者继续参加了第二天的拍卖，这一次 FirstMark Communication 以 1.34 亿瑞士法郎的价格获得了执照，比其第一天的报价高出 2000 万瑞士法郎。这一结果与拍卖理论研究一致：随着序贯拍卖的进行，共有价值拍卖物的价格会不断上升。

土耳其在 2000 年举行了序贯拍卖，标的为 1800MHz 频段的 2 个移动通信频谱执照，规定第二场拍卖的保留价格等于第一场拍卖所得价格。这一设计的缺陷在于会导致第一场拍卖中的战略性抬价，使得第二场拍卖的保留价格过高而无人能够出价。由于拍卖设计的缺陷，第一场拍卖胜出者（Is-TIM）得以主导市场。宝贵的频谱资源被闲置，政府收入则遭受损失。

4.8　组合时钟拍卖

在单次频谱分配中，往往包含了多个频段。例如，某频谱管理机构拥有 120MHz 带宽频谱，包含多个打包的 5MHz 频谱块。如果管理机构知晓颁发多少执照、多少频谱能达到最佳的分配效果，例如，做出决定颁发两个 2×30MHz 成对频谱的执照。那么授权过程就直接多了，采用 SMRA 即可。

现实中，频谱管理机构不可能拥有上帝视角，而最了解市场需求的可能是需要购买频谱的一方。当信息不对称时，更好的办法是让市场参与者通过行动，告知管理机构最佳的频谱分配方案。因此，管理机构可能通过时钟拍卖提供多个 2×5MHz 成对频谱块的组合打包，而不是简单地颁发 2 个 2×30MHz 的执照。

当拍卖涉及不同频段时，潜在买家拥有不同的替代频谱时，采用这种方法尤其适合。例如，对没有 1GHz 以下频谱的移动运营商而言，只有在它获得了 1GHz 以下缺失频谱之后才会考虑获取更多的频谱来完善自己的频谱布局；而对于已有 1GHz 以下频谱的运营商，1800MHz 或 2.3GHz 等高频段频谱将会很好地对 1GHz 以下频谱形成补充。

在组合拍卖中，频谱管理机构允许竞标者对频谱组合进行竞标，但要求它们要么对组合中所有频谱报价，要么就不要购买。这可以保护它们避免仅获得部分所需频谱的尴尬境地。它们可以提出多种不同的频谱组合报价，但拍卖人只拍出其中的一种组合。

考虑一个非常简单的例子 [18]。假设拍卖两件物品 A 和 B，有两个竞标者 1 和 2，它们对物品的估价如表 4-5 所示。如果竞标者按照估价进行真实报价，拍卖人遵循价值最大化原则，那么无论对标的进行分开拍卖还是组合拍卖，竞标者 1 都将会赢得拍卖。

另一方面，如果竞标者的估价如表 4-6 所示。在这种情况下，若将标的分开拍卖，标的 A 将以价值 5 卖给竞标者 2，标的 B 将以价值 2 卖给竞标者 1。但这并不是最佳结果，因为以组合方式将从竞标者获得价值 9。

表 4-5	组合估值：示例 1		
	不同组合估值		
竞标者	A	B	AB
1	7	2	9
2	5	0	8

表 4-6	组合估值：示例 2		
	不同组合估值		
竞标者	A	B	AB
1	4	2	9
2	5	0	8

组合拍卖背后的数学理论较为复杂 [19]，最早采用这种方式的拍卖人是需要一些勇气的。但如今这一方法已被广泛采用，尤其当拍卖频谱涉及多个频段且有一定相互替代性时。组合拍卖允许竞标者设计不同的频谱组合方式，并随着拍卖的深入不断调整相对价格。

由于中标价格通常为组合价格，拍卖结束后不太可能算清每个频段每兆赫频谱的价格。不过也有方法大致估计它们的价值。

这一拍卖方式的优点和缺点如下。

优点：

- 能与多种拍卖形式结合，当然密封拍卖更易于实施；
- 可以极大地降低曝光问题；
- 适合拍卖执照数量相对较少且具有替代性的情况。

缺点：

- 较为复杂，竞标者和观察员可能不易理解，从而减少了参与者和收益；
- 实施复杂；
- 需要全面了解市场，以评估最佳的打包方式；
- 可能需要序贯拍卖以降低复杂度；
- 为公众利益考虑，需要牺牲一些收益和透明度。

我们以英国 2014 年 800MHz 拍卖为例，该拍卖中还有其他频段的一些频率作为补充 [18]。这是一个组合时钟拍卖（CCA）。顾名思义就是先进行时钟拍卖（见 4.7.4 节），接下来进行组合拍卖，最后进行频谱分配：为成功的竞标者分配相应的频谱。

拍卖的频率如下。

A. 800MHz 频段：

（1）4 段 2×5MHz；

（2）1 段 2×10MHz，附加条件是提供 98% 的室内覆盖。

C. 2.6GHz 频段的成对频谱：14 段 2×5MHz。

D. 2.6GHz 频段共用低功率发射的成对频谱。

E. 2.6GHz 频段非成对频谱：9 段 5MHz。

CCA 的第一阶段是时钟拍卖，英国采用多轮、同时、增价打包的方式。每一轮拍卖人同时宣布每类标的的价格，并提供上一轮对标的聚合需求的信息。每个竞标者每轮最多对一个打包组合报价。如果任意一类的需求有所增加，则下一轮会提高该类的报价。直到没有需求增加时，结束时钟拍卖环节。

---

18 主要参照文献 [20]。

时钟拍卖环节有助于价格发现，让竞标者从打包报价中考虑补充方案，当价格变动时寻求代替方案。它们可从其他（匿名）报价中得到信息，例如观察每一轮价格变化、需求增加的程度。价格和需求的变化使得竞标者聚焦于自己价值模型最相关的部分，以确定最有把握获得频谱的打包方式（这一点在预算受限的情况下尤为重要）。

其次，时钟拍卖结束后是一轮补充竞标。这是单轮的密封拍卖，竞标者可提交许多互不相关的打包方案（在一些限制条件下）。这一环节让公司有机会以更加微妙的方式表达它们的偏好。例如，它们可以表达较大频率包与较小频率包相比在整体频谱布局上的相对价值，这在时钟拍卖阶段难以体现，因为时钟价格是按每单位的价格表达的。

最后是频谱分配环节。这是一轮密封拍卖，竞标者表达它们对于具体频率位置的偏好。

获胜打包方案的拍卖价格基于机会成本，采用第二价格（即最高的失败出价）原则。这是为了鼓励诚实报价，增强拍卖的有效性，因为拍卖价格由其他竞标者的叫价决定，而不是由赢家叫价决定。

英国 CCA 拍卖结果如表 4-7 所示。加上频谱分配阶段的 2700 万英镑，拍卖的总收入为 23.68 亿英镑。英国国家审计署的一篇文章为此次拍卖的组织背书，同时提出了一些未来发展的建议 [21]。

表 4-7　Ofcom 4G CCA 拍卖主要阶段（时钟阶段）后的结果

中标公司	频谱	基础价格（百万英镑）
Everything Everywhere Limited	796 ～ 801 MHz/837 ～ 842 MHz 2535 ～ 2570 MHz/2655 ～ 2690 MHz	589
Hutchison 3G UK Limited	791 ～ 796 MHz/832 ～ 837 MHz	225
Niche Spectrum Ventures Limited	2520 ～ 2535 MHz/2640 ～ 2655 MHz 2595 ～ 2620 MHz	186
Telefónica UK Limited	811 ～ 821 MHz/852 ～ 862 MHz	550
Vodafone Limited	801 ～ 811 MHz/842 ～ 852 MHz 2500 ～ 2520 MHz/2620 ～ 2640 MHz 2570 ～ 2595 MHz	791

此外，为保证市场内能有 1 家新运营商（即第 4 家运营商）进入市场，拍卖还设立了一个特别环节，给新入者提供获取一小部分优质频谱的权利。这被称为"频谱下限"，将在方框 5-1 讨论。

4.9　激励拍卖

前面提到的频谱拍卖方式都是单边拍卖，在拍卖前已经确定拍卖物（画作、酒、家畜、频谱执照等），采用上文提到的机制之一进行拍卖，出价低于保留价格时流拍。

然而，可以设想在某些场景采用另外一种方式：由拍卖人和竞标者共同参与的双边拍卖。考虑下面一个典型的案例：广播电视和移动通信运营商们都可在同一频段（如 600MHz、700MHz）开展业务。它们有部分相同的频谱接入权，如果价格合适就可以交易给其他用户。拍卖人将这些运营商召集在一起，提出一个初始价格。频谱出售方提出该价格下可卖出的频谱总量；频谱购买方提出该价格下愿意购买的频谱总量。拍卖人收集供给和需求，若需求较大则提升价格，供给较大则降低价格。达到均衡时。则进行交易[19]。

显然，周期性地举行此类拍卖有助于推动重耕，与通常采用的"命令与控制"方式有显著区别。在传统方式中，虽然单边拍卖用于指配频谱，但由监管者决定频谱的分配（即频谱的用途）。因此，这种拍卖程序与行政命令分配相比，有潜力更好地完成频谱高效分配（如 3.2 节所述），而两者的边际收益相同。这是因为它能从广播公司和移动通信运营商提供的可出售频谱和报价中，分别获取双方对单位频谱的估价信息[20]。

双边拍卖可应用于拍卖实践或拍卖方案的多个方面。某公司可能只在可从其他公司买到频谱的前提下，才愿意出售一段频谱。这一同步需求在一定程度上启发了 Kwerel 和 Williams，两人于 2002 年提出了一项著名的双边拍卖提案[22]。该提案设想了一个大型拍卖，称为"一揽子改革计划"，鼓励所有的执照持有者参与进来，但它们并不一定要出售手中的执照。这一方案不仅能发现不同频段的价值，还创造了买卖同步进行的环境，使得频谱用户更易于为消费者持续提供不间断服务。

买方和卖方的确定程度可以通过上文所述的组合拍卖（或组合时钟拍卖）得到进一步增强。由于只有当买卖双方需求完全一致时，报价和出售才能捆绑在一起，使得买方可以根据交易的组合来制定报价 / 出售方案。

显然，为实现这一市场驱动下的增量重耕过程，需要具备一些重要的前提条件。由于无线电业务之间的干扰问题，频率保护带是必须的。为了避免频谱浪费，同一频带内需要尽量部署类似的业务。这反过来又需要频谱管理者有权在双边拍卖后"重新打包"该频段。这一点对美国成功实施当前双边拍卖计划十分关键，我们将在下文继续讨论。

目前，在对长期频谱接入权的拍卖中，最接近双边拍卖的是美国提出的"激励拍卖"[21]。该计划设想通过拍卖将 600MHz 部分频谱从广电业务转而用于移动业务，转移的频谱量由拍卖确定。这场拍卖的一个重要特点为拍卖双向依次进行，并不同步。先进行"反向拍卖"，政府从广电运营商手中购买相对大量的频谱执照；随后（大概是）进行"前向拍卖"，将频谱拍卖给移动运营商。

---

19 这个案例反映了 19 世纪法国经济学家里昂·瓦尔拉斯（Léon Walras）提出的均衡理论，由拍卖人（交易员）通过价格引导实现。此外，这一案例中拍卖人还扮演了协调代理的角色，这是在上述理论中没有的。

20 这里假设市场是竞争充分的，不受共谋等行为困扰（5.4 节）。

21 对于动态频谱接入的双边拍卖 / 多重拍卖也进行了一些意义重大的技术研究 [23]。

拍卖人对反向拍卖的成本与前向拍卖的收入进行比较。如对结果满意，会对频谱进行重新打包，将出让频谱后的广电业务迁移到低端频段，同时将移动业务迁移至两场拍卖中确定的频段。如果收入不足，则重启反向拍卖，以较低价格购买较少的频谱，然后重新进行正向拍卖。这一过程持续到收入和成本达到适当的平衡为止。

这一巧妙而创新的方式起源于美国国会 2012 年通过的《公共安全和频谱法案》[22]。这项法案允许将出售宽带移动通信频谱的收入用于若干用途，包括：向广电运营商支付释放频谱的费用、削减赤字、建设全国宽带公共安全网络。为实现后两个用途，需要拍卖频谱用于移动通信业务的收入和向广电运营商支付出让频谱的补偿之间的差额，即"税收楔子"。

FCC 随后开始实施上述法案，并于 2014 年 4 月发布了激励拍卖的详细计划（《报告与命令》）[24]。在反向拍卖中，广电运营商有以下 3 种选择：在现有频段继续开展广电业务（服从重新打包）、完全放弃广电执照、搬移到或共享其他频段。

反向拍卖将采用降价时钟拍卖方式，每轮拍卖中，FCC 向广电运营商就放弃执照或搬移到其他频段进行报价。随着拍卖的进行，向各广电运营商对上述每个选项的报价逐轮降低。当足够多的广电运营商退出拍卖，且剩下的频谱足够用于下一阶段的频谱拍卖时，反向拍卖阶段即告结束。支付给剩下的竞标者的价格至少等于其最后同意的价格。

接下来进入正向拍卖阶段，对移动运营商采用增价时钟拍卖方式。竞标者可以选择一个或多个类别的通用执照进行竞价，在每轮之间报价。在每一地区为每类频谱设置独立的时钟价格，竞标者提出它们在当前价格下的执照数量需求。通常，只要对执照的需求超过了供给，每一轮的价格都会上涨。在一定情况下，当某一地区某一类频谱的时钟价格不再上涨时，仍有相应执照需求的竞标者获胜。获胜者将在后续的频谱分配环节（或一系列独立的竞标环节）中提出它们对具体频率执照的要求。

FCC 这项计划严格依法实施，计划于 2016 年结束。但是，它将拍卖从决定哪家公司获得频谱接入权扩展到了决定如何使用频谱这一更大的范围。这一创新能否在世界范围内得到推广还需进一步观察。激励拍卖的优点和缺点如下。

优点：

- 准双边拍卖，结合了需求与供给，能通过拍卖价格决定频谱在不同应用间转移的比例；
- 拍卖双方相互公开信息，表达各自购买或出让的意愿。

  缺点：

- 拍卖的收入需要用于满足其他需求，拍卖十分复杂；
- 其有效性与广电运营商被重新打包使用频段剩余部分频谱的意愿紧密相关；如果释放的频谱过于零散，则对移动运营商就没那么有用了。

22　法案的内容摘要可参见文献 [25]。

4.10　结论

频谱拍卖广泛应用于世界各国的频谱分配，为形形色色的用户颁发了成千上万的执照，涵盖多种系统应用，也是迄今为止最成功、最透明的市场化频谱管理方法。拍卖筹集的资金有多有少。不同拍卖的竞争程度不同，然而竞争程度通常反映着整体市场情绪。

自 1989 年第一场频谱拍卖以来，拍卖设计理念不断发展，兼顾大规模和小规模拍卖。同步升价拍卖通常用于大规模拍卖，尤其适用于执照相似、互相补充的情况。组合时钟拍卖也同样发挥了重要作用。

参考文献

[1] L. Hurwicz and S. Reiter, *Designing Economic Mechanisms*, Cambridge University Press, 2006.

[2] P. Klemperer, "Auctions: Theory and Practice" (2004), Economics Group, Nuffield College, University of Oxford, Economics Papers.

[3] P. R. Milgrom, *Putting Auction Theory to Work*, Cambridge University Press, 2004.

[4] P. Cramton, "Spectrum Auction Design" (2013.3) 42(2) *Review of Industrial Organisation* 161.

[5] P. Cramton, "How Best to Auction Oil Rights: Escaping the Resource Curse," in M. Humphreys, J. D. Sachs, and J. E. Stiglitz, eds., *Escaping the Resource Curse*, New York: Columbia University Press, 2007, 114.

[6] 2011 Report of the Comptroller and Auditor General of India for the year ended March 2010, http://cag.gov.in/html/reports/civil/2010-11_19PA/Telecommunication%20Report.pdf.

[7] B. D. Bernheim and M. Whinston, "Menu Auctions, Resource Allocation, and Economic Influence" (1986) 101 *Quarterly Journal of Economics* 1.

[8] E. R. Kwerel and G. L. Rosston, "An Insiders' View of FCC Spectrum Auctions" (2000) 17(3) *Journal of Regulatory Economics* 253.

[9] M. Park, S.-W. Lee, and Y.-J. Choi, "Does Spectrum Auctioning Harm Consumers? Lessons from 3G Licensing" (2011) 23(1) *Information Economics and Policy* 118.

[10] www.fcc.gov/incentiveauctions.

[11] W. Vickrey, "Counterspeculation, Auctions, and Competitive Sealed Tenders" (1961) 16(1) *Journal of Finance* 8.

[12] J. Bulow and P. Klemperer, "Auctions versus Negotiations" (1996) 86(1) *American Economic Review* 180.

[13] www.fcc.gov/spectrum.

[14] Article 1(2) of the Radio Spectrum Decision, No. 676/2002/EC, March 7, 2002.

[15] Recital 22 of the Authorisation Directive 2002/20/EC, Brussels.

[16] "Spectrum Auction Design in New Zealand",Ministry of Economic Development (2005.11).

[17] L. M. Ausubel, "An Efficient Ascending-Bid Auction for Multiple Objects" (2004) 94(5) *American Economic Review* 1452.

[18] J. Morgan, "Combinatorial Auctions in the Information Age: An Experimental Study", in Michael R. Baye, ed., *The Economics of the Internet and E-commerce*, Bingley: Emerald, 2002, 191.

[19] P. Cramton, Y. Shohan, and R. Steinberg, eds., *Combinatorial Auctions*, Cambridge, MA: MIT Press, 2006.

[20] G. Myers, "Spectrum Floors in the UK 4G Auction: An Innovation in Regulatory Design", www.lse.ac.uk/researchAndExpertise/units/CARR/pdf/DPs/DP74-Geoffrey-Myers.pdf.

[21] National Audit Office, "4G Radio Spectrum Auction: Lessons Learned" (2014.3).

[22] E. Kwerel and J. Williams, "A Proposal for a Rapid Transition to Market Allocation of Spectrum", OPP Working Paper No. 38, Federal Communication Commission (2002.11).

[23] T. Alpcan, H. Boche, M. L. Honig, and H. V. Poor, eds., *Mechanisms and Games for Dynamic Spectrum Allocation*, Cambridge University Press, 2014, Chapter 15.

[24] NERA, "US 600 MHz Incentive Auction", www.nera.com/content/dam/nera/publications/2014/PUB_600MHz_Incentive_Auc_Fwd_Rev_Auc_Rules_1014.pdf.

[25] L. Moore, "Spectrum Policy: Provisions of the 2012 Spectrum Act", Congressional Research Services (2014.3).

[26] P. R. Milgrom and R. J. Weber, "A Theory of Auctions and Competitive Bidding" (1982) 50(5) *Econometrica* 1089.

[27] P. Klemperer, "Auction Theory: A Guide to the Literature" (1999) 13(3) *Journal of Economic Surveys* 227.

[28] P. Cramton, "Spectrum Auctions", in M. Cave, S. Majumdar, and I. Vogelsang, eds., *Handbook of Telecommunications Economics*, Amsterdam: Elsevier Science B.V., 2002, 605.

[29] P. Cramton, E. Kwerel, G. Rosston, and A. Skrzypacz, "Using Spectrum Auctions to Enhance Competition in Wireless Services" (2011) 54(4) *Journal of Law and Economics* S167.

[30] R. B. Myerson, "Perspectives on Mechanism Design in Economic Theory" (2008) 98(3) *American Economic Review* 586.

[31] P. Milgrom, "Auctions and Bidding: A Primer" (1989) 3(3) *Journal of Economic Perspectives* 3.

[32] http://cag.gov.in/html/reports/civil/192010-11_19PA/Telecommunication%20 Report.pdf.

[33] http://wireless.fcc.gov/auctions/data/papersAndStudies/fc970353.pdf.

[34] K. Binmore and P. Klemperer, "The Biggest Auction Ever: The Sale of the British 3G Telecom Licences" (2002) 112(478) *Economic Journal* C74.

[35] R. H. Coase, "The Federal Communications Commission" (1959) 2 *Journal of Law and Economics* 1.

[36] E. M. Noam, "Spectrum Auctions: Yesterday's Heresy, Today's Orthodoxy, Tomorrow's Anachronism. Taking the Next Step to Open Spectrum Access" (1998) 41 *Journal of Law and Economics* 765.

[37] http://wireless.fcc.gov/services/aws/data/awsbandplan.pdf.

[38] http://wireless.fcc.gov/auctions/data/maps/reag.pdf.

[39] http://media.ofcom.org.uk/news/192013/winners-of-the-4g-mobile-auction.

[40] www.acma.gov.au/Industry/Spectrum/Digital-Dividend-700MHz-and-25GzAuction/Reallocation/digital-dividend-auction-results.

[41] https://apps.fcc.gov/edocs_public/attachmatch/FCC-14-50A1.pdf.

5 频谱拍卖的其他方面

5.1 引言

在第 4 章，我们介绍了频谱拍卖的经济学原理，讨论了为什么频谱拍卖如此流行，分析了一些拍卖方式的优点和缺点。本章我们进一步讨论频谱拍卖在设计和实施中的其他问题。

首先我们考察拍卖的流程，包括邀请、资格审查以及后续执照许可。接下来关注频谱授权的标的设计，这与竞标者需求、采用的技术以及拍卖类型等相关。随后我们转向拍卖中鼓励竞争的方法，以及拍卖设计与竞争法案之间的相互影响。最后我们将介绍拍卖与下游竞争的相互作用。

5.2 拍卖流程

基于拍卖的频谱分配一般可分为 4 个阶段，拍卖是其中之一：
（1）邀请阶段；
（2）资格审查阶段；
（3）拍卖阶段；
（4）授权阶段。

4 个阶段依次进行，从一开始向潜在竞标者推广拍卖（邀请阶段的市场推销），到最后为获胜者分配频谱执照（授权阶段）。本节将详细讨论这 4 个阶段。

5.2.1 邀请阶段

邀请阶段通常指发布资料备忘录，备忘录包含后续拍卖各阶段的所有详细信息、申请表格以及资格审查要求。邀请阶段是拍卖过程中非常重要的环节，属于向市场推销拍卖的时期。如果收入是评价拍卖的重要标准，那么参与情况将会非常重要。

5.2.2 资格审查阶段

资格审查阶段为频谱管理机构提供了筛选"不恰当"竞标者的机会，同时也可以进一步了解需求情况。通过设立一个所有潜在"恰当"的竞标者都需满足的标准，达到筛选参与者的目的。实际上，资格审查设置参与拍卖的门槛。竞标者之间并无互相比较，这将其与选美竞赛方式或比较选择程序区分开来。

标准的设立应该尽量客观、透明，不能给竞标者设置太大的障碍。毕竟，拍卖的主要目的是利用竞争的力量，而不是简单地分配频谱。例如，尼日利亚 GSM 拍卖的资格审查标准包括以下几个简单、直接的问题，主要有：

- 禁止涉嫌洗钱（尼日利亚最担心的问题）或其他违法活动的单位参加；
- 确保竞标者满足对企业所有权的规定，防止竞标者之间的共谋；
- 确保竞标者具有开展电信业务的经验。

其他规定主要集中在竞标者需提供参加拍卖的资金证明。

在频谱拍卖中，资格审查阶段通常要求准竞标者向拍卖人预存一定保证金。这样能够更多地保障对违反拍卖规则的行为进行罚款。保证金也可视为拍卖后赢家支付金额的一部分，在一定程度上抵消了违约风险。

保证金，不仅可以作为赢家支付金额的一部分，还可以在一定程度上控制拍卖中可能遇到的投机行为。在信息不完整的情况下易于发生投机，尤其是某些竞标者比其他竞标者掌握更多信息时，即信息不对称的情况。当拍卖规则明显偏向某一类竞标者，造成参与者之间不对等的情况下，也会发生投机行为。

投机者赢下拍卖是为了后续能以更高价格卖出。由于拍卖前通常无法知道拍卖物的市场价格，如果投机者赢下拍卖后发现标的拍卖价明显高于市场价，则很可能违约。确定保证金的金额有助于减少投机行为，因而成为拍卖设计者手中的一项重要工具。

实践中，拍卖人所处的场景比上述例子要复杂和不确定得多。但通常保证金越高，对投机行为的震慑就越强。

为更进一步遏制投机行为，通常要求中标者在拍卖结束后的给定时间里全款缴清执照费用。对于违约的竞标者，将采取多种行动，例如几年内禁止颁发任何执照并没收保证金等。

如果在频谱拍卖中特别关注违约风险，那么还有一些其他措施可进一步降低该风险。一个常用方法是要求竞标者在拍卖前，甚至是拍卖中，提交银行担保。这种方法将风险负担转移给了银行，因为后者能更好地了解竞标者的风险特点，引入担保后的违约概率可能较低。"正规"竞标者更支持要求银行担保，这意味着拍卖价格可以更接近真实，不会因虚假报价而造成价格上浮。

对拥有成熟资本市场的发达经济体来说，股东监管通常可以确保在高风险拍卖中进行真实报价。在资本市场相对不太成熟的经济体中，股东监管对防止虚假报价的效果将会降低，这时采用银行担保可能更好。

5.2.3   拍卖阶段：规则设计

拍卖规则一般非常细致，涵盖竞标者在拍卖前、拍卖中和拍卖后的所有活动。规则应该能够防止损害拍卖效率的共谋行为，为拍卖中允许和禁止的各项事宜提供详尽的指导。细致、精确的规则可以尽可能地为竞标者提供确定性，促使它们专心评估执照价值，而不是挖空心思互相算计。频谱拍卖规则通常由经济学家、律师与拍卖人共同起草完成。

拍卖设计者制定规则时通常要遍历几乎所有可能，即使是非常小概率的事件也不会放过。规则要尽可能详细，一旦规则之外的小概率事件发生，导致拍卖失序，就需要立即制定补救规则。此外，最重要的是要让竞标者清楚地知悉它们每一步行动所造成的后果，否则规则的不确定性将会导致它们有意或无意地做出错误行为。例如，如果有些行为是规则中没有明确禁止的，竞标者可能会故意用这些行为搞破坏，中断拍卖迫使法庭介入解决。此类事件在以往的FCC 拍卖中常有发生（尽管成功的次数很少）。

在许多 SMRA 中，竞标者有机会暂停并反思它们的策略。通常可以通过两种方式达成：弃权或要求休会。弃权是指竞标者可以在某一轮放弃出价。该机制本意是为了让竞标团队暂停并思考，并能有时间与财务人员或相关方进行沟通。

在拍卖中是否允许弃权对拍卖设计者来说是一项考验。竞标者希望也应当有权获得合理的时间讨论它们的估价，尤其在高风险拍卖中，竞标者内部通常相互联盟，其成员之间可能有着不同的观点和资金使用方式。但另一方面，允许竞标者弃权也给了它们利用弃权误导其他竞标者，或者利用其他竞标者在拍卖中泄露信息的机会。在英国的 3G 拍卖中规定了每个竞标者最多拥有 3 次弃权的权利和 1 天的休会时间。

拍卖人还需制定拍卖中的竞价增量，可在出价过慢时用于加快拍卖节奏。

5.2.4　授权阶段

中标者进入授权阶段，当拍卖人收到拍卖款后，即为中标者颁发执照。

5.3　拍卖标的设计

5.3.1　概述

拍卖标的设计有助于确保为竞标者提供一套有吸引力的选项。无论在什么样的拍卖中，这都可以使得拍卖更加高效。拍卖标的设计是对拍卖管理者的一项挑战，需要它们根据自身知识和国际上其他相似频谱拍卖的结果来完成。不过，拍卖的成功与否及其效果最终还是取决于竞标公司对标的的感兴趣程度。这意味着有必要与潜在竞标者进行私下沟通，或者可以在不涉及隐私信息的情况下进行公开的沟通。

举例来说，一场拍卖会中拍卖标的是 2×5MHz 的频谱块，总共有 2×30MHz 的资源，并设置了 2×20MHz 的频谱上限（详见 5.5.3）。不同拍卖设计中资格审查阶段竞标者缴纳的保证金数量，可以反映出它们的竞标目的对拍卖效果有利还是有害。无论公开何种信息，至关重要的一点是频谱管理者一定要保持自信，并强制执行对其他竞标者保密的责任。详见 5.4.4 节。

5.3.2　技术中立的迷思

在一些国家，如澳大利亚和新西兰，频谱拍卖都没有对具体的业务和使用的技术进行规定。而在大多数欧洲国家，频谱拍卖就特别规定了频谱的用途，通常还规定必须使用特定的技术。

无论是否规定技术，拍卖标的设计必须反映出频谱可能的用途。例如，如果在拍卖成对频谱时将频谱块中的频谱分开，这样的拍卖标的在实际中无法使用。此外，如果设计的标的与相邻地区的频谱配对方式不同也是毫无裨益的。

无论成对还是非成对频谱，拍卖标的的最小带宽在一定程度上反映了对该频谱可能采用的技术具有独立价值的最小频谱数量。尽管现在的技术已支持将多个频段的频谱聚合使用（如 LTE-A），但如果在拍卖中考虑未来用户的终端更新情况，拍卖标的设计将会困难重重。就 2015 年的当前主流技术来说，拍卖标的最好设计为 2×5MHz 或 5MHz 的整数倍。

5.3.3　与潜在竞标者沟通

拍卖本质上是一种买卖双方在市场中的交易机制，拍卖经理（卖方）清楚地理解买方需求是很重要的。因此有必要在拍卖早期，即在发布拍卖资料备忘录之前，与潜在竞标者进行沟通。

双方沟通的内容包括如何进行拍卖标的的市场宣传，以及怎样确保拍卖标的能引起竞标者的兴趣。

需要强调的是，拍卖人在沟通过程中不能让潜在竞标者交换关于私有价值的信息，否则会对拍卖的有效性造成损害。最坏的结果是拍卖人间接帮助了信息的交换，具体可参见 5.4.2 节。

5.3.4　拍卖标的设计与拍卖类型

拍卖标的设计与拍卖类型具有一定程度的关联性。考虑拍卖标的为以 2×5MHz 为单位，共计 2×30MHz 频谱的情况，如果拍卖标的设置了上限和下限，那连续标的（即连续频谱）可能会产生额外价值。这一连续性价值可以通过组合拍卖或包含第二阶段的时钟拍卖（即 SMRA）来展现。

对各种案例来说，对所有标的进行同步拍卖都十分重要。这不仅可以减少"赢家诅咒"，增强拍卖效果；还可以避免那些无意于中标的竞标者进行恶意抬价。

5.4　确保拍卖的竞争性

5.4.1　竞争法对拍卖的影响

竞争法又称反垄断法，其主要目的是通过促进竞争提高消费者福利。竞争通过不受反竞争行为干扰的有序市场实现。为尽量减小反竞争干扰，竞争法的核心由三大支柱组成：

（1）禁止反竞争的联合垄断[1]；

（2）禁止单边滥用市场势力；

（3）控制兼并。

当两个及两个以上的公司一起达成协议或共同运作时，就形成了联合垄断（又称卡特尔，Cartel），其目的是共享市场或固化供需价格等因素。单边滥用市场势力指的是某个公司获得足够的市场优势地位后滥用这种地位。控制兼并是一种监管机制，用于防止不正当的财产收购（通常指企业收购）造成市场竞争的减少。对频谱分配的拍卖设计也需重点考虑这 3 个方面。

频谱拍卖究竟可以在多大程度上与通用竞争法分开并行，这是拍卖设计所面临的困难。这一问题依赖于当地的司法现状。例如，起初中国香港拍卖 3G 频谱时，还没有通用竞争法，因此拍卖程序设计的一项重点就是避免竞标者和潜在竞标者之间的共谋。如果有一部竞争法明令禁止反竞争联合垄断或者卡特尔，那么通常可以将其直接用于拍卖。澳大利亚在 2013 年 700MHz 和 2.5GHz 频段拍卖中的《拍卖指导手册》[1] 规定："该规则保护拍卖不受反竞争行为的影响，是 (某某法案) 禁止卡特尔行为条款……的补充。"

5.4.2　联合垄断

频谱拍卖中产生联合垄断的一部分原因是拍卖涉及的金额巨大。2015 年，FCC 1.8GHz 频段的拍卖超过 450 亿美元。在如此高风险的交易中，投资者出于理性考虑，会在法律允许范围内尽可能寻求最少的资金支出。

如果拍卖过程中出现联合垄断，这一风险将会进一步提高。例如，有 3 家传统移动运营商竞拍 $2 \times 30MHz$ 频谱，最小标的为 $2 \times 5MHz$，那么拍卖结果很可能是每家运营商均获得 $2 \times 10MHz$ 频谱。然而，这个结果可能来自联合垄断。因此拍卖过程设计需要尽量减小联合垄断的风险，或者用一种简单的方法使得竞标者事先达成的协议自行瓦解。

也就是说，拍卖人应该熟悉竞争法中对抗卡特尔的各种策略。事实表明，违背协议是卡特尔最常见的瓦解原因。此外新入者的威胁、外来冲击、谈判问题等也是卡特尔不稳定的原因 [3]。

1　操纵竞标卡特尔是典型的反竞争联合垄断，在许多司法环境下将受到刑事处罚。通常的操纵竞标见 [2]。

拍卖设计可能在拍卖过程中促进联合垄断。Cramton 和 Schwartz 研究了 FCC 频谱拍卖中出现的"竞标暗号"。他们发现，在同步公开竞标中竞标者可以通过传递信息告诉对手"哪些执照值得出价，哪些执照需要规避。某个竞标者将其出价的最后几位设置为相关执照的拍卖号，形成'竞标暗号'。"他们还发现"仅有少数竞标者经常使用报复性出价和竞标暗号。这些竞标者能以极低的总价赢得 40% 以上的待拍频谱 [4, pp.4, 14]。"即使遭到投诉，也很难界定在拍卖规则本身就有缺陷时，这些人的做法是否违规。

拍卖设计要最大程度地减少潜在的联合垄断，需要拍卖人清楚掌握潜在竞标者及其相互之间的商业关系。一般来说，拥有共同股权或者共同理事的竞标者将被视为一个竞标组——意即，它们形成了一个统一报价单位，并将在拍卖结束后进行内部频谱交易。

如此一来，就可以设计这样的规则应对：在资格审查阶段竞标者有责任进行所有权公开，此外当所有权发生变化时，有义务不断地随时公开所有权变更信息。

5.4.3　设置保留价格

保留价格指拍卖价格低于该价格则取消该物品的拍卖。有观点认为对目的在于取得最高经济效率的拍卖来说，没有必要设置保留价格。拍卖过程自身会寻求最优价格，保留价格反而会损害价格发现过程。然而，初始价格（通常和保留价格相同）的设置有利于减少拍卖时间，也是价格发现过程的一部分，同时便于拍卖人制定银行或担保的保证金要求。

如果存在共谋行为，保留价格设置了共谋者们需支付的最低价格，从而在一定程度上限制了它们利用频谱牟利。此外，从我们在 4.7.3 节对欧洲 3G 拍卖的讨论中可以看出，随着拍卖的深入，参与者数量不断减少直到与执照数量持平。在这种情况下，如果没有设置保留价格，最后可能只得到一些象征性的收入。

保留价格设置过高也会引起一些问题。一是造成竞标者减少。如 2013 年澳大利亚 700MHz 频段拍卖时，沃达丰（Vodafone）得知保留价格后当即退出了拍卖。另一个问题是保留价格会反映政府对拍卖收入的预测，同时间接反映它们的开销计划，过高的保留价格可能造成一定的上行压力。

由于保留价格设置不当，使得拍卖中一部分执照中标，另一部分流标，将带来严重问题。已经支付保留价格的公司自然会反对剩下的执照以更低的价格出售。在欧洲，这可能引起一些涉及国家援助规则的问题，结果将导致珍贵的频谱资源被闲置多年。2001 年在法国举行的一场 4 张 3G 频谱执照的拍卖中就出现了这种情况。由于初始价格设置过高，结果直到 2010 年才拍出第 4 张执照 [5]。

拍卖人可能需要对合适的起始价格进行评估，与潜在竞标者沟通（通常倾向于较低的起始价格），并参照其他同等 GDP 水平国家的拍卖结果（通常以美元 / 兆赫·人表达）。具体计算方式详见本书 7.6 节。

5.4.4　拍卖管理

拍卖人通常会在拍卖前发布一些拍卖的指导意见，通常被称为"资料备忘录"或者"拍卖手册"。该文件通常明确包含或间接引用了拍卖涉及的相关法律、附属法律以及规章制度。

资料备忘录旨在提供拍卖中相关频段的市场信息以及拍卖的规则流程，通常包含如下的免责声明：

（1）读者必须采纳手册提供的建议；

（2）拍卖不一定会举行；

（3）候选竞标者拍卖前必须按照资料备忘录完成资格审查；

（4）任何时间表都是意向性的，对拍卖人并不具有约束力。

资料备忘录的更多典型要素可参见表5-1。

表 5-1　拍卖资料备忘录的典型要素

要素	内容
概述	概述是拍卖活动的摘要说明，包括拍卖形式、拍卖各阶段的顺序、国内的监管义务和机遇分析、拍卖所提供的频谱、未来频谱释放情况以及拍卖时间表
国家层面信息	通常会给出潜在竞标者提供服务的环境。这可能是其他频谱持有者的信息（或是提供信息来源以供参考），也可能是关于行业竞争情况的信息。这一章节对试图鼓励新入者的拍卖来说尤其重要
执照条款	执照条款包括允许使用的频率、地理范围和时间期限（即执照适用范围）。这可能包括具体的监管义务或机遇分析，例如覆盖义务或漫游权限。该条款还可以包括拍卖之外的付款条款，例如对普遍服务基金的补贴
监管义务	本章介绍更加一般性的监管义务，例如"带号转网"、基础设施共享等
资格审查	本章为潜在竞标者介绍参与拍卖的资格条件
拍卖	本章是对拍卖过程描述的核心，包括拍卖的组织和拍卖流程。此外，在此之前通常还会重申一遍拍卖时间表和出售的频谱
保密及其他条款	本章介绍潜在竞标者需要遵守的保密制度，包括承担保密义务的期限。通常包含以下行为的相关信息： • 剥夺资格 • 公开所有权 • 竞标方组成变更 • 共谋

5.4.5　强制执行

拍卖人须具备强制执行拍卖规则的能力。因此，拍卖人需要对违规行为进行一系列惩罚，包括没收全部或部分保证金、取消竞标资格（同时没收保证金）等。当违规行为极其恶劣时，拍卖人有权至少以违约为由提起诉讼。

5.5   拍卖与下游竞争

5.5.1   简介

如果拍卖目的单纯是使收入最大化，那么最好的方法是将某一业务的所有可用频谱拍卖给一个运营商，类似于中世纪君王通过拍卖食盐专营权牟取暴利。胜出者会成为效率最高的垄断者，但依然是一个垄断者。

因此，拍卖设计者必须关注单场或系列拍卖对下游市场竞争产生的影响。最初为分配移动通信频谱进行拍卖时，遵循"一个运营商，一个执照"的原则，设计了特定数量的频谱执照，每个执照包含预分配好的频谱带宽。执照数量得到控制，通常随着时间的推移逐渐增加，以引入更多的运营商进入市场。随着多段频谱用于提供语音和数据服务（运营商可以建立不同的频谱组合策略），频谱被分为多个更小的频段进行时钟拍卖（这使得边际效应下的频谱市场更富竞争性），频谱管理者应更明确地理解拍卖设计对竞争的影响。

美国司法部曾在对美国"激励拍卖"（见 4.9 节）的一篇评论中道出了问题的本质。评论表示使用频率的大公司（如移动运营商）之所以认同频谱的私有价值，不仅是因为频谱资源为它们带来收入，更因为这些公司可以通过掌握频谱使用权防止竞争对手侵占它们的现有利润。"后一种价值称为'圈定价值'（foreclosure value），与'使用价值'完全不同。……圈定价值……意味着消除竞争带来的私有价值，通过诸如打击新公司或防止扩张等手段损害市场中的新增竞争 [6]。[2]"

频谱拍卖对下游市场的"圈定"程度有多大，主要得看有多少可互相替代的频率资源可以用于某种特定的业务（如移动通信）。如果该业务有许多可用频率能够提供相同质量的服务，同时还可以通过其他替代手段来满足频谱需求[3]，那么，几乎不可能对下游市场形成"圈定"。同样，如果存在传播特性逐渐变化的大量连续频谱，则可在整个拍卖标的中形成一条"连续可替代的频谱供应链"。

在竞争分析中时常遇到这样一个问题：在同一市场中是否可以将不同的频率视作相似的替代品？从概念上讲，似乎可以从另外一个问题中得到很好的答案：假设一个垄断公司独自控制了 1GHz 以下所有的移动通信频谱，那么它是否可以随意提升这些频谱的价格（例如高于竞争价格的 10%）呢？现实中，这个问题与不同频率可提供的覆盖能力以及移动业务要求的其他特定能力（如穿墙能力）有关，还需要观察其他组织在频谱拍卖中的行为。

许多国家的频率划分表将移动通信的主要频谱限定在一个较小的范围，但该范围一直在持续扩大。大部分欧洲国家使用 900MHz、1800MHz、2.1GHz 和

---

[2]   圈定是指一个公司阻止竞争者进入市场或削弱其市场份额的行为。Ofcom 将频谱在这一方面的价值称为"战略投资价值" [6]。

[3]   运营商可在网络规划时设计部署更多基站，并降低发射功率。这样可以在较短的距离内实现频率复用，减少给定服务区域内的频谱需求。

2.6GHz 频段。1GHz 以下频段与其他频段差别巨大，因此多数管理机构无需考虑更多的细节就可以对两者实行不同的处理方式。拍卖的结果也很好地验证了这一点，通常 1GHz 以下频谱的价格要高出 1800MHz 好几倍。

Ofcom 对移动通信 1GHz 以下频谱的特殊处理原因分析如下。

特殊处理 1GHz 以下频谱的重要性

5.40 1GHz 以下频谱比高频段有着更好的覆盖特性。频率越低，信号传播越远，在相同的站址数量下，1GHz 以下频段可以比高频段提供更大的地理服务区域。在楼宇内，1GHz 以下频段可以提供更好的信号质量和更高的下载速率（即吞吐量），因为低频信号有着更好的穿透能力。

5.41 这些优点意味着拥有大量 1GHz 以下频谱的全国性运营商，相对于没有 1GHz 以下频谱的对手来说将拥有无可比拟的竞争优势。所谓无可比拟，就是说没有 1GHz 以下频谱的全国性运营商将受制于资源，部署的网络不足以提供与拥有 1GHz 以下频谱的全国性运营商相当的服务。此外，这一优势的大小还取决于拥有不同频谱组合的运营商的技术差异，以及消费者对于技术差异（如室内深度覆盖等）的敏感程度。

5.42 ……我们的初步结论是，拥有大量 1GHz 以下频谱的全国性运营商相对于没有 1GHz 以下频谱的全国性运营商将拥有无可比拟的竞争优势[4]。

5.5.2　如何鼓励竞争

出于对市场支配力的担心，频谱管理机构在频谱规则中制定了若干规定来应对它 [8][9]。

1. 竞争法案

竞争法案可以阻止通过反竞争手段来争获取频谱的行为，其存在的问题是可能无法囊括频谱使用公司间的频谱交易[5]。

2. "非用即失"规则

这一规则可以限制购买非必须的频谱，在规定时期内尚未投入使用的频谱将会被收回。该规则旨在防止囤积频谱。存在的问题是可能会阻碍一些需求合理的事先频谱获取；同时频谱使用情况难以监测，规避监管相对比较容易。

3. 频谱交易审查

事前实行交易审查，详见第 6 章。但审查只针对转让或二次交易，并不包括首次或拍卖授权。

4　Ofcom，"Consultation on Assessment of Future Mobile Competition and Proposals for the Award of 800MHz and 2.6GHz Spectrum and Related Issues"，2011 年 3 月 22 日。在 2013 年的拍卖设计中，Ofcom 为第 4 家竞标者提供了一个"频谱下限"，确保该竞标者可在几段频谱中进行选择。在这些可选频谱中，第 4 家竞标者选择了 800MHz 频谱，详见方框 5-1。

5　这一情况随着司法的不同而有所不同。在澳大利亚，频谱收购被视为一种并购过程，而欧盟法律并没有如此认定。但是，来自频谱使用企业（如移动运营商竞争对手）的频谱收购通常都被纳入并购的范围，在欧盟这一行为仅在合并企业同意放弃部分频谱时才可能被允许。见 5.5.4 节。

4. 预留机制

一些频谱可为某些满足特殊条件的竞标者（例如，市场新入者）保留。这可以鼓励满足优惠条件的运营商参加，但也可能会导致频谱被分配给了效率较低的运营商。该方法曾在北美和若干欧洲国家使用，效果不一。

5. 竞标信贷

该规则下，符合条件的竞标者会得到优惠，让它们的拍卖价格看起来比实际支付价格更高。例如，规定新入者可获得 25% 的竞标信贷。如果该新入者愿意支付 80 美元获得所需频谱，那么其出价将视为 100 美元。不过要注意不能让受益的竞标者将竞标抵扣仅仅视为资本收益，在获得后马上转卖给不符合优惠条件的其他运营商。

不过，最常用的方法是设置频谱上限。这一规定既可以限定运营商可获得的频谱数量，又可以限定某些特殊频谱执照的获取条件。有一类限制被称为"软上限"，即出现违规并不立刻禁止，而是启动调查。然而拍卖中的上限设置更多是不可妥协的，与拍卖规则紧密捆绑。由于这是特定拍卖的特定规则，因此频谱管理机构必须谨慎考虑应该实施哪些规则。

5.5.3   频谱上限

拍卖中的频谱上限是一柄双刃剑：它可以阻止大公司的反竞争行为；但如果设置不当或过于严格，那些因拥有大量用户而需要大量频谱的成功运营商可能反受其害。

如果设置频谱上限确实可能使得频谱分配给频谱使用效率较低的公司，那同样有可能因其效率损失而导致收入的减少。然而，反对意见认为，如果没有频谱上限，小运营商将认定自己获得频谱的机会渺茫而不参加拍卖，因此减少了对拍卖标的的需求。这两种效应中的哪一种影响更大，需要根据一定的经验进行推测。

美国曾经就拍卖中频谱上限的设置发生过一场激烈的辩论 [10]。但在欧洲最近的拍卖中，在 1GHz 以下频谱分配中大都设置了频谱上限，尤其是在自 2010 年以来因地面电视模数转换而释放出的部分 800MHz 频谱拍卖中。有的拍卖对 1GHz 以上频谱单独设置了上限，还有的拍卖对每家运营商购买的频谱总数设置了上限[6]。具体见表 5-2。

值得注意的是表 5-2 中英国的拍卖，我们在前面 4.8 节中也讨论过。该拍卖不仅包含了频谱上限，同时为了防止 4 家移动运营商中的任何一家因频谱资源缺乏在竞争中处于劣势，而无法成为"可靠的全国性移动通信运营商"中的一员，还特别设置一个频谱下限。详见方框 5-1。

---

6   在荷兰，对一些频谱采用了"预留机制"，但效果不甚理想。

表 5-2　　　欧洲拍卖中的频谱上限和拍卖结果汇总

国家	全国性移动通信运营商数量	频谱总量限制	是否限定1GHz以下频谱量	拍卖结果
德国	4	2×20 MHz (2×22.4 MHz Vodafone 和 T-Mobile) 的 1GHz 以下频谱	是	2 × 10 MHz (O2)、 2 × 10 MHz (T-Mobile)、 2 × 10 MHz (Vodafone)
爱尔兰	4	2 × 20 MHz	是	2 × 10 MHz (Meteor)、 2 × 10 MHz (Vodafone)、 2 × 10 MHz (O2)
瑞士	3	2×25 MHz 800MHz 与 900MHz 组合	是	2 × 10 MHz (Orange)、 2 × 10 MHz (Sunrise)、 2 × 10 MHz (Swisscom)
瑞典	4	2 × 10 MHz	是	2 × 10 MHz (3)、 2 × 10 MHz (Telenor)、 2 × 10 MHz (Sulab)
西班牙	4	2 × 20 MHz	是	2 × 5 MHz (Telefónica)、 2 × 5 MHz (Vodafone)、 2 × 20 MHz (Orange)
葡萄牙	3	2 × 10 MHz	是	2 × 10 MHz (Optimus)、 2 × 10 MHz (TMN)、 2 × 10 MHz (Vodafone)
斯洛伐克	3	2 × 10 MHz	是	拍卖截止于 2013 年下半年
冰岛	6	2 × 20 MHz	是	Nova、Vodafone、Simmin 和 365 获胜，具体频谱数量未知
捷克	3	2 × 15 MHz，需提供漫游	是	拍卖因价格过高而中断
英国	4	2 × 27 MHz 1GHz 以下频谱，加上频谱下限与覆盖义务	是	2 × 5 MHz (EE)、 2 × 5 MHz (3)、 2 × 10 MHz (Vodafone)、 2 × 10 MHz (Telefónica)
意大利	4	2 × 25 MHz 1GHz 以下频谱	是	2 × 10 MHz (TIM)、 2 × 10 MHz (Vodafone)、 2 × 10 MHz (Wind)
挪威	6	2 × 10 MHz	是	2 × 10 MHz (TeliaSonera)、 2 × 10 MHz (Telenor)、 2 × 10 MHz (Telco Data)
法国	4	2 × 15 MHz，需提供漫游	是 [1]	2 × 10 MHz (Bouygues)、 2 × 10 MHz (Orange)、 2 × 10 MHz (SFR)
荷兰	5	N/A（仅为新入者提供）	是	2 × 10 MHz (Tele2)
丹麦	6	2 × 20 MHz	是	2 × 20 MHz (TDC)、 2 × 10 MHz (TT)

[1] 法国还要求低频段运营商义务提供漫游 [11]。

> **方框 5-1　英国 4G 拍卖中的频谱下限**
>
> 　　在英国 800MHz 及其他频段的 4G 拍卖中,英国频谱管理机构 Ofcom 的目标是不仅要通过频谱上限避免极端不均衡的频谱分配,还要确保为新入者或最小的现有运营商灵活保留一定频谱,以促进至少 4 家全国性移动通信运营商之间的下游竞争。
>
> 　　Ofcom 通过让最小的现有运营商或者新入运营商在拍卖后有机会获得一定的频谱组合,使其在移动市场的竞争中占有一席之地,来实现后一目标。
>
> 　　允许新入者以优惠价格获取预先给定的频谱,这一方法已经在一些国家通过预留设置的方式试行。但预留频谱是由频谱管理机构决定的。英国拍卖中频谱上限的创新之处在于其包含了两个维度的灵活性:其一是为不同的参与者保留不同的频谱组合,比如根据它们拍卖前的频谱持有量决定;其二是设置一系列均可促进竞争的频谱组合,并在拍卖过程中决定能使竞标价格损失最小的一种组合作为频谱下限。要实现这一点,需要在标准的组合时钟拍卖中加入额外的规则和流程。
>
> 　　在拍卖中,最小的现有运营商 H3G 以 Ofcom 的优惠底价成功获得了 $2\times5\mathrm{MHz}$ 的 1GHz 以下频谱。拍卖结束后,据说 H3G 的董事会都不敢相信 H3G 能在如此复杂的拍卖中达到预期结果。
>
> 　　来源:文献 [12]

5.5.4　合并、兼并与投入共享

　　如前所述,控制兼并是竞争法的支柱之一。这就引出了一个问题:在拍卖后的企业合并或后续频谱交易中,应如何处理频谱上限?毕竟,如果拍卖设置的上限是专门为有利于竞争的结果设计的,就意味着后续企业的合并将带来下游市场竞争减少的风险。然而,由于频谱上限只用于拍卖阶段,拍卖后的兼并或交易不会受其限制。

　　现实中,全球电信市场还发生了很大程度的合并,这也得到了相关竞争管理机构的允许(例如 [13])。在许多国家这意味着移动通信运营商从 4 个减少到 3 个。表 5-3 给出了欧盟委员会最近清算的欧洲移动运营商之间的并购。在一些案例中对频谱持有权进行了剥离。围绕这些并购是否可取,产生了许多观点迥异的争论,即使在欧盟管理者中也是如此。

表 5-3　　欧洲移动运营商已清算的并购 [14]

年份	国家	合并方	卷宗号
2006	奥地利	T-Mobile 和 tele.ring	IP/06/535
2007	荷兰	T-Mobile 和 Orange	IP/07/1238
2010	英国	T-Mobile 和 Orange	IP/10/208
2012	奥地利	Hutchison 3G 和 Orange	IP/12/1361
2014	爱尔兰	Hutchison 3G 和 Telefónica Ireland (O2 Ireland)	IP/14/607
2014	德国	E-Plus 和 Telefónica Germany (O2 Germany)	IP/14/771

来源:文献 [14]

移动通信领域另一个更重要的发展趋势是运营商间的投入共享。这既可以是两个或两个以上运营商间共享无源设备，例如铁塔和天线；也可以是运营商合并接入网甚至共用各自持有的频谱资源。欧盟竞争管理机构起初还对网络的彻底共享表达了担忧，认为这样会为零售市场的合并创造条件，然而却在最近出台了更加宽松的政策 [15]。

5.5.5 要素整合

一些频谱应用市场，尤其是移动通信领域，出现了被少数公司控制的倾向。确实，移动通信的行业格局在很大程度上受频谱授权政策的影响。数十年来政策都在促进基础设施竞争，但合并与基础设施共享的趋势已经逐渐明朗。

在这种情况下，拍卖会无意间成为加速市场崩溃的手段，因为公司可以利用拍卖消除竞争。因此更需要为频谱拍卖规则设置底线，尤其是拍卖中的上限和下限，来限制上述可能。但不幸的是，这一干涉可能会导致"监管失效"，频谱管理者必须小心，避免出现恶性结果。

5.6 能否将免授权频谱需求纳入频谱拍卖

频谱拍卖中，竞标者通常寻求独占式频谱，确保频谱使用不受干扰，同时拒绝下游市场的潜在竞争者接入频谱。免授权频谱却正好相反，在遵从一定管理规定（如对发射功率的限制等）的条件下，可以供所有潜在用户进行频谱接入。低功率和使用范围限制是保护用户免受干扰的传统方法。今后将越来越多地采用基于数据库告知用户空闲频段的方式来避免干扰。另外，企业还可能选择竞标一种称为"集体共用"方式的频谱。

两者的区别在于，个体被授权用户可以将它们的频谱货币化，而免授权频谱却不能变现。目前来看，这一区别使得这两类用户不存在频谱竞争，可通过"命令与控制"的方式来决定两者之间的频谱分配。随着关于在 5GHz 和其他频段上增加免授权频谱的讨论持续开展，这一情况将会一直存在。

虽然免授权频谱接入免费，但不可否认其价值的存在。问题是有办法可以提取这一价值吗？我们可以向潜在用户询问接入免授权频谱的价值，但它们的回答可能出于不同动机而偏离真实：要么给出一个夸大的价值以便获得更多的免执照接入机会；要么给出一个略低的价值以减少日后被索要补偿收费的可能性。

如何对公共物品的私有价值进行真实评估是一个常见的问题 [7]。正如第 4 章所述，第二价格密封拍卖证实了"Vickrey 规则"可以引出真实的报价，可将其

---

7 公共物品是指的类似国防这类的物品，具有两个特点：（1）消费者无需与他人竞争就能使用；（2）一旦可用，则不能排除其他人使用。受访者被问到如何为公共物品估价时，要么为了保证物品的大量生产而给出过高估价，要么因为担心估价过高将需要自己摊付成本而给出过低估价。

推广至公共物品[8]。然而，该方法的实施面临着理论和实践的双重困难。要使人们给出真实报价可能需要为一些特定机构准备巨额的补偿。

从根本上说，这一方法需要对那些分布广泛、组织分散的大型团体进行身份鉴定和询问，而这些团体还可能对估价对象缺乏清楚认识，也难以预测估价的未来变化情况[16，第25页]。令人遗憾的是，要对真实报价进行估价是很困难的，要么缺乏操作性，要么无法得到满意结果。

然而，还有一种方式是在拍卖中加入代理，又称为"公共委托人"，通过预测接入的价值，代表免授权用户进行竞标。一些研究提供了关于免授权频谱价值的估算方法[17][18]。典型的方法是首先确定免授权频谱可提供的业务，如住宅Wi-Fi、小区分流Wi-Fi和RFID等[9]，得出当前的使用水平和价值，并对未来10～20年后的情况进行预测。具备资格的机构可由政府授权参与竞标，与其他业务的用户竞争，拍下根据以上信息计算得来的频谱总量。

但是，这种频谱分配方式对公众财产的危害很快一览无遗：公司不管使用独占式频谱还是免授权频谱都要向财政部门缴费，但为免授权频谱支付费用的经费来源并不明确。

另一个问题在于全面发挥免执照频谱的优势需要一定的全球合作，这使得"公共委托人"这一准市场手段的引入变得更为扑朔迷离。

5.7　结论

本章探讨了频谱拍卖流程设计的多个方面，以确保拍卖过程中的竞争性和拍卖结束、执照颁发后的竞争环境。下一章我们将考察如何在拍卖之外继续维持竞争和市场势力的运行。

参考文献

[1]　www.acma.gov.au/~/media/Spectrum%20Outlook%20and%20Review/Information/pdf/Auctionguide%20pdf.pdf.

[2]　R. C. Marshall and L. M. Marx, *The Economics of Collusion: Cartels and Bidding Rings*, Cambridge, MA: MIT Press, 2012.

[3]　M. C. Levenstein and V. Y. Suslow, "What Determines Cartel Success?" (2006) 44(1) *Journal of Economic Literature* 1.

[4]　P. Cramton and J. Schwartz, "Collusive Bidding in the FCC Spectrum Auctions" (2002) 1(1) *Contributions to Economic Analysis & Policy* 1078, www.cramton.umd.edu/papers2000- 2004/cramton-schwartz-collusive-bidding.pdf.

8　文献[19]描述了这一机制如何运用于频谱管理领域。

9　射频识别（Radio frequency identification, RFID）是一种通过无线电磁波传输数据，以自动识别与追踪物品标签的技术。

[5]　C. Hocepied and A. Held, "The Assignment of Spectrum and the EU State Aid Rules: The Case of the 4th 3G License Assignment in France", competition policy newsletter 2011-3, http://ec.europa.eu/competition/publications/cpn/2011_3_6_en.pdf.

[6]　*Ex parte* Submission of the United States Department of Justice: In the matter of Policies Regarding Mobile Spectrum Holdings. Before the Federal Communications Commission. WT Docket No. 12-269 (2013.4), 10–11.

[7]　Ofcom, "Assessment of Future Mobile Competition and Award of 800 MHz and 2.6 GHz", statement (July 24, 2012), http://stakeholders.ofcom.org.uk/consultations/award-800mhz-2.6ghz/statement.

[8]　M. Cave, "Anti-competitive Behaviour in Spectrum Markets: Analysis and Response" (2010) 34(5–6) *Telecommunications Policy* 251.

[9]　P. Cramton, E. Kwerel, G. Rosston, and A. Skrzypacz, "Using Spectrum Auctions to Enhance Competition in Wireless Services" (2011) 54(4) *Journal of Law and Economics* S167.

[10]　P. Cramton, "Why Spectrum Caps Matter." The Hill (February 18, 2014), http://thehill.com/blogs/congress-blog/technology/198623-why-spectrum-caps-matter.

[11]　M. Cave and W. Webb, "Spectrum Limits and Auction Revenue: The European Experience" (2013.4), http://apps.fcc.gov/ecfs/document/view?id= 7520934210.

[12]　G. Myers, "Spectrum Floors in the UK 4G Auction: An Innovation in Regulatory Design", www.lse.ac.uk/researchAndExpertise/units/CARR/pdf/DPs/DP74-Geoffrey-Myers.pdf.

[13]　A. Bavasso and D. Long, "The Application of Competition Law in the Communications and Media Sectors: A Survey of Recent Cases" (2014) 5(4) *Journal of European Competition Law & Practice* 233.

[14]　http://europa.eu/rapid/press-release_MEMO-14–387_en.htm.

[15]　BEREC/RSPG on infrastructure and spectrum sharing in mobile/wireless networks (June 16, 2011), http://rspg-spectrum.eu/wp-content/uploads/2013/05/rspg11-374_final_joint_rspg_berec_report.pdf.

[16]　P. Milgrom, J. Levin, and A. Eilat, "The Case for Unlicensed Spectrum" (2011), http://web.stanford.edu/~jdlevin/Papers/UnlicensedSpectrum.pdf.

[17]　Indepen, Aegis & Ovum, "The Economic Value of Licence Exempt Spectrum" (2008.1), www.ofcom.org.uk/research/technology/overview/ese/econassess/value.pdf.

[18] R. Katz, "Assessment of the Economic Value of Unlicensed Spectrum in the United States" (2014), www.wififorward.org/wp-content/uploads/2014/01/Value-of-Unlicensed-Spectrum-to-theUS-Economy-Full-Report.pdf.

[19] M. Bykowski, M. Olson, and W. W. Sharkey, "A Market-Based Approach to Establishing Licensing Rules: Licensed versus Unlicensed Use of Spectrum" (2008), OSP Working Paper Series, FCC.

6 频谱交易

6.1 引言

拍卖是一种不定期发生的事件。但由于无线通信产业的创新特性，需要以一种更及时、更频繁的方式获得无线电频谱。频谱交易是指无线电频谱使用权从一个企业转移到另一个企业的过程[1]。顺畅的交易机制确保频谱资源在用户间的流转，而且与传统的行政分配方式相比，企业可以更加快捷地获取频谱。

历史上，用户间是不可能进行频谱使用权交易的。因此，要给另一个用户分配频率时，频谱管理者需要先收回频率再进行重新分配。比起二次交易，这种僵化的转移方式成本更高，也不能反映频谱的价值 [1]。

频谱交易的引入带来了有许多好处。频谱交易使得新入者更容易获得频谱发展业务，也可以使高速成长的企业更加迅速地扩展业务，还可以激励传统运营商投资新技术以抵挡新入者的威胁。因此，频谱交易鼓励创新、冒险以及高效利用包括频谱在内的投入，从而提高了动态效率。事实上，频谱用户可以动态选择最高效的频谱组合和其他生产要素，以最小化其提供产品和服务的成本。

例如，通过行政手段（如先到先得）或者市场机制（如拍卖）获得首次频谱分配之后，频谱持有者可能会发现手中频谱使用权的价值低于其他公司的估价。这样一来，频谱继续留在当前持有者手中将不能很好地发挥作用，因为通常只有对频谱估价最高的用户才能实现频谱效率最大化。当新用户对频谱的估价高于现有用户的估价时，才可能发生交易，这体现了新用户对频谱能够获得更高经济利润的期望 [2]。

不过，为了更好地发挥二次频谱交易的潜能，需要仔细考虑或谨慎处理几个方面的问题。频谱交易的实施需要清晰的组织结构，例如可交易的频谱所有权需要非常明确，频谱交易市场运作良好等。为更好地开展频谱交易，非常需要建立一套快速、经济的机制，还要尽可能降低交易成本，否则过高的交易成本会抵消效率提高带来的收益。还要注意频谱交易不能抑制竞争。

1　频谱交易也可以指租赁协议，不过正如后续所述，频谱租赁比频谱转移应用得更少。

在自由贸易的国家中，频谱管理者一直努力将市场机制引入频谱管理。通过交易改变商用业务的频谱分配方式就是其中之一。但是，与拍卖等其他市场机制相比，频谱交易使用较少。只有一些频段可以进行所有权交易，而大多数公共部门的频谱还是采用传统方式进行管理。此外，频谱管理者担心交易中可能出现反竞争行为，因此更倾向于保守地对待新兴频谱市场。

本章的目的在于说明频谱交易如何使频谱管理更加高效，以及如何设置安全措施以避免损害消费者利益的交易滥用行为。此外，还简要介绍了一些自由贸易国家频谱交易的经验。

6.2   频谱二级市场

频谱交易在确保频谱最优利用的市场化机制中扮演着重要角色，它可以将频谱转移到使用效率最高的用户手中。不过，要充分发挥频谱市场的效率，还需满足一定的条件 [3]。

首先，需要清晰定义可交易的频谱所有权；事实上，"成功的二级市场中交易范围与最初定义的用途和所有权紧密相连 [4]。"其次，可以随时获取授权的相关信息。交易者对交易物品及其定价的信息掌握越多，市场支配力就越高效。频谱登记部门可以降低交易费用以便于交易的开展。事实上，国际组织和自由贸易国家一直都在建立和改善频谱登记机制，以便于信息公开[2]。

干扰是频谱使用中的一个根本性的问题，因此频谱所有权和交易中的可用性信息十分重要，尤其是关系到保障频谱不会受到有害干扰。完整的信息可以保证市场运行中充分考虑包括干扰成本在内的所有成本，以避免不可预见的外部效应。这样一来，市场就可以更有效地引导价格发展。

在完全高效的频谱市场中，任何交易人都没有市场支配力，即没有单个交易者能够单方面影响市场运作进而影响市场价格。这一情况在稠密市场中更容易达成，也就是说，如果市场中存在大量买家和卖家，市场价格就可以更准确地反映频谱的潜在价值 [5]。在稠密市场中，价格信号（体现买方价格和卖方价格间的缓慢"扩散"）能够刺激更有效的交易。在这种环境下，频谱更易于分配到价值最高的应用中。此外，频谱经纪人或频段管理员可以在匹配频谱需求和供给中发挥更重要的作用，进而促进频谱交易[3]。

最后，完成从传统"命令与控制"方式到基于市场的频谱交易方法这一过渡，需要发展与之配套的高效争端解决程序。由于频谱交易协议中的细节信息非常庞大，法律条文无法涵盖实际交易中的每一项细则。因此，当一方违反与干涉相关的权利和义务时，还需要相关的解决程序予以仲裁 [6]。

---

2   在欧洲，欧盟委员会在关于欧盟内频谱使用信息一致可用性的决议（2007/344/EC）中，通过统一的格式与内容，促进了频谱使用信息的可用性。

3   例如，在美国，这是 Spectrum Bridge 公司的目标之一（见 spectrumbridge.com）。

6.3　　频谱交易形式

　　频谱交易中有多种转让类型。下面讨论最常见的几种转让方式，既有全部转让也有部分转让。频谱转让与频谱租赁的不同在于后者有时间要求，频谱转让中频谱所有权（以及相关使用条件）的转移将一直持续到执照有效期结束。还有一些类型的转让不是真正意义上的二次交易：例如在同一母公司的分支机构间转让；或者在收购或并购另一家公司后取得其执照所有权，当然很可能收购本身就是冲着频谱执照来的 [4]。

　　频谱转让涉及两个（或两个以上）公司之间的协商。对于全部转让，频谱使用权附加的所有权利和相关条件都从卖方转移到买方。然而，频谱转让也可以是部分转让。这可能是因为仅转让一部分授权频谱，但该部分频谱附加的所有权利和使用要求是被完全转移的；还有可能是因为频谱转让后执照的一部分使用条件不再适用。

　　一旦原授权频谱使用权发生分割或使用条件发生变更，通常需要管理者对这些变化进行分析、评估。这种评估通常发生在为受让人颁发新执照之前，而在此期间要求原执照持有者继续遵从执照要求的所有条件。行政审查的目的是评估执照变更后，是否与当前频谱管理规定一致，同时确保拥有相似频谱使用权的其他机构的利益不会因此受到损害。

　　频谱所有权转让可以是全部转让，也可以是部分转让；这两种转让方式既可以是彻底转让也可以是共用转让，取决于转让人是否与受让人共享权利与义务。在彻底转让中，执照包含的所有权利与义务都会从卖方转入买方；而在共用转让中，受让人享受转让的权利和义务，与此同时转让人也继续持有这些权利和义务。考虑两个执照持有者 X 与 Y，如图 6-1 所示。方框 A 中，X 公司将所有的权利和义务转让给 Y 公司，自己不做任何保留。方框 B 中，X 转让部分权利和义务给 Y，同时自己保留部分权利义务，但并不与 Y 共享任何权利和义务。方框 C 中，新受让人 Y 接受并与 X 共享所有的权利和义务。最后，在方框 D 中，原持有者 X 仅转让部分权利和义务，Y 接受并与 X 共享这一部分权利和义务。

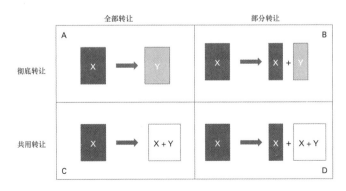

图6-1　　频谱转让类型[7]

频谱转让的时限可以一直持续到执照的使用期限结束。然而，有些公司可能只想短期转让频谱。在这种情况下，它们更青睐另一种形式的频谱交易——频谱租赁。在频谱租赁中，频谱权利和义务的转让是有时限的。但仅有少数司法管辖区建立了频谱租赁的法律框架（可见 6.5 节中美国和欧洲的案例）。总的来说，频谱租赁和转让需要引起国家管理部门的重视。频谱管理部门正在努力打破行政壁垒，使得频谱交易更加顺畅。这可能需要用到不同的管理方法，尤其是需要对可能的竞争扭曲行为进行评估。

6.4   对竞争问题的顾虑和其他反对频谱交易的意见

最大化频谱使用行业发展机遇要求频谱被充分利用而不被囤积，还要保证企业无法滥用频谱市场支配力来阻止或限制终端用户市场的竞争。近年来，为取代频谱划分和分配中传统的行政方法，市场化方法得到了大力推动，该方法主要关注新兴频谱市场中的反竞争行为。事实上，运营商持有频谱的任何变化都可能扰乱市场竞争。这既会影响参与竞争的公司，也会影响消费者利益。本节主要关注反竞争行为的评估和可能的补救措施。此外还将探讨频谱交易是否会破坏市场的和谐发展，以及意外收益问题。

6.4.1   反竞争交易的事前评估 VS 事后评估

杜绝频谱交易中的竞争扭曲是频谱管理者的职责[4]。应对竞争问题，频谱管理者有两种选择。一种是进行事后交易评估：频谱交易之前无需行政批准，但完成后的交易会受到行政监管，如果对竞争造成了负面影响，交易有可能会被搁置；另一种是进行交易事前评估：频谱交易需得到频谱管理者授权后才能进行。

上述两种方法各有利弊，意义也完全不同。此外，根据情况的不同，频谱管理者可能会陷入所谓的类型 1 或类型 2 错误。在对交易进行事前评估时可能发生类型 1 错误：如果频谱管理者的测试过于苛刻，将会阻止不太可能引起竞争扭曲的交易；另一方面，如果频谱管理者要求不够苛刻，又无法阻止可能引起反竞争的交易发生，从而会发生类型 2 错误。

事前评估主要针对某项交易可能对竞争性产生的影响，相对而言事后评估可以加速交易的执行。这种方式鼓励了更高水平交易的开展，也更受运营商和潜在新入者的青睐，它们可以从更少的行政限制和更低的合规成本中获得更多利润，至少在交易之初将会如此。然而，事后评估审查为交易之外的人群提供的保护较少，特别是可能会（在很长一段时间内）对消费者造成负面影响。此外，事后评估很可能会为一些运营商提供反竞争交易的机会，在调查中难以将交易影响从其

---

4   任何交易都需要登记后方能生效。在大多数司法管辖范围中，频谱交易不在常规并购体系中，除非交易导致了企业的并购。

他市场发展情况中剥离出来单独考察。一个原因是难以将任何已认定的竞争扭曲归结于已发生的频谱交易，另一个原因是很难说服法庭取消交易 [8][9]。

方框 6-1　频谱交易事前评估 VS 事后评估

　A. 事前评估

　优点：

- 频谱交易必须事先获得频谱管理者授权；
- 事先批准可以更好地保护未参与交易者的利益。

　缺点：

- 监管负担重，费时又费钱；
- 可能会阻止不太可能引起竞争扭曲的交易。

　B. 事后评估

　优点：

- 交易更快达成，监管负担小；
- 频谱交易利润可以预估。

　缺点：

- 频谱管理者难以阻止反竞争交易的出现；
- 难以将交易影响从其他市场发展情况中剥离出来单独考察。

　　频谱交易事后评估的这些缺点让管理者更青睐事前评估。然而事前评估的实施存在一定的不便。主要问题是监管行为更加费时、费钱，耽误"支持竞争"的频谱交易为公司和消费者获取利益。此外，频谱管理者还要决定认定的交易是否有效，或需要满足哪些条件才能生效，这就进一步妨碍了交易的进行。

6.4.2　对竞争问题可能的补救措施

　　频谱管理者可依赖于各种补救措施来规避频谱市场中的反竞争行为。其中一些方法属于事前评估措施，例如频谱上限与限定行业介入以控制二次交易。诸如"非用即失"和竞争法之类的补救措施则属于事后评估的范畴。让我们简单地回顾一下这些措施。

　　5.5 节中我们讨论了作为拍卖规则的一部分，频谱上限在频谱拍卖中的不同应用：既可用于限定颁发的频谱总量，也可用于限定一个公司拍卖后的频谱持有总量。不过，后者可能会让公司（或组织）的频谱交易受到一定限制。最著名的频谱上限设定发生在 1994 年至 2003 年美国的商业移动频谱拍卖中。该上限规定了单个企业在任意地区拥有的频谱总量不得超过 45MHz（2001 年提升到了 55MHz）。频谱上限还被其他美洲国家，如加拿大、危地马拉和墨西哥等采用或建议实施。不过，该方法并未在澳大利亚实施：生产力委员会（Productivity Commission）在 2002 年对频谱政策的审核中，彻底否决了频谱上限 [10]。

频谱上限的问题在于当企业有能力高效利用增量频谱时，对其频谱持有量的限制可能会造成竞争扭曲 [11]。运营商向消费者提供高质量、低价格的创新性服务是一种正当的提升市场份额的方式。此外，如果提供的服务存在范围经济，现有运营商更可能会尽力满足新的需求。在此情况下，如果管理者严格执行（"硬"）上限，运营商可能会发现自己要么无法满足需求，要么只能花费更高成本进行频率复用，这样将会造成效率降低且不符合终端用户的利益。为弥补这些缺点，可以采取用于特定服务的频谱比例来规定频谱上限，或者相对频繁地进行上限调整。采用类似这样的"软"上限可以更好地进行补救。实行软上限时，超出频谱配额将仅影响授权条件，可能引起频谱管理者开展调查，当存在竞争问题或频谱尚未使用时频谱将会被收回。

当频谱上限可以免去或实行"软"上限时，交易审核与频谱上限的界限会变得模糊。如上所述，频谱管理者可以制定面向特定行业的法律框架，赋予其批准或否决交易的的权力[5]。这需要建立评判交易是否会引起"严重减少竞争"（significant lessening of competition, SLC）的标准[6]。

为引入执照的"非用即失"条款，执照中需包含一定条件，规定当频谱未被使用时应受到的强制性惩罚（如罚款、回收未使用频谱等）。这一方法也存在许多问题。首先，在实际使用前先获得频谱可以是合情合理的，也不涉及反竞争问题。拥有确定可用的频谱往往是为技术发展或对开展业务所需设备进行投资的先决条件。行业新入者进入市场时也可能因此受到打击，因为它们无法实现同一频段上新旧业务的无缝转移。其次，对频谱使用的监测数据经常反映出较低的频谱使用率。但是为了实施"非用即失"的执照条件，需要将有效但不定期的频谱使用和真正的反竞争行为区分开来。

6.4.3   其他问题

这里我们将简单介绍两类其他问题：一是和谐发展问题，二是意外收益问题。在对市场手段进行评估时，损失和谐发展带来的利益（尤其是规模经济）是一个需要考虑的因素。并没有明显的证据表明基于市场的方式比行政方式更优越。此外，并非所有国家都采用"全面自由"的交易方式，例如有些国家仅允许频谱通过拍卖出售，至少普遍要求在交易前事先通知。

第二个问题是意外收益，指的是频谱使用权所有者不做任何努力或经济活动就能获利。这一情况之所以引起关注，主要因为出现了单纯频谱交易就能获得大量利润的现象，既没有高风险也没有任何生产活动，此外还有通过非市场机制方式获得频谱的现象。只要有频谱交易发生，尤其当交易允许改变频谱使用方式时，就可能产生意外收益问题。然而，这并不能成为反对二级频谱市场

---

5   例如，在欧洲，各成员国的法律定位各不相同。通常认为两个公司之间才会发生合并，因此非企业性质的频谱执照的收购并不在欧盟合并条例的范畴内。

6   SLC 测试已在部分国家开展，包括英国、荷兰、波兰和澳大利亚 [9]。

的理由，可以依靠一些适当的常见工具（如征税）来消除其影响。此外，实证研究表明，一方面，允许频谱用途变更的执照转让规则越自由，频谱的价值将会随着需求的增长越来越高；另一方面，执照的自由交易到最后会减少可用频谱的稀缺性，导致频谱价值降低，从而刺激生产效率和竞争的提升，降低由稀缺性带来的超额利润 [12][4]。

6.5　频谱交易实例

几个走在频谱管理改革前列的国家已经在频谱分配中引入了市场机制。本节简单总结了这些国家与二次交易相关的频谱政策发展，包括欧洲国家（主要是英国）、美国、中美洲国家、澳大利亚和新西兰。其他国家（例如印度、加拿大、尼日利亚和日本）也在积极推进基于市场的频谱分配，但总体而言，这些国家的举措还是止步于频谱拍卖。在加拿大，通过拍卖分配的执照是可以交易的，但是二次交易依然被搁置。在印度，频谱管理者近期为拍卖所得执照的交易开辟了新的途径，尽管该项提议在 2005 年曾被否决。

6.5.1　欧洲

大多数欧洲国家已在部分商用业务频段上实施了频谱交易。然而，不同国家可交易的频谱各不相同。丹麦于 1997 年批准频谱使用权的交易；翌年，瑞士也引入了频谱交易。根据欧盟框架指令（Framework Directive）2002/21/EC 中第 9 条，欧盟成员国可以在企业间对频谱使用权进行转让或租赁[7]。至此，欧洲允许了频谱交易和租赁，但仅限于某些移动通信频段。2004 年，无线电频谱政策小组（Radio Spectrum Policy Group, RSPG）表明了谨慎立场[8]，认为在部分特定频段上允许交易是有益的，并要受到足够保护措施的约束，以确保潜在的收益不会被不利后果抵消。考虑到部分国家（如奥地利、瑞典和英国）正在引入二次交易，而其他国家态度尚未明确 [13]，RSPG 更倾向于分阶段开展频谱使用权的二次交易，让各成员国自行决定是否引入二次交易并确定时间安排。

2009 年调整后的框架并未在频谱租赁方案中包含事先申报和同意的条件。这会促使各国的交易规则更加简单，鼓励频谱交易，并允许发展新的交易方式[9]。

2011 年，ECC 报告显示，在 CEPT 管辖地域内，仅有 4 个国家宣称不允许频谱使用权交易。此外，不同国家频谱交易的场景各不相同。在奥地利，所有被定义为稀缺的频谱或由拍卖分配的频谱都允许交易；而在卢森堡，稀缺频谱则是不可交易的。

7　修订后的框架指令包括若干决议，便于成员国发展更灵活的交易体系。

8　RSPG 对若干频段上允许频谱交易表示怀疑，包括政府业务（如国防）、安全业务（如民航）、地面广播业务、卫星广播业务以及科学业务（如射电天文）。

9　详见 Directive 2009/140/EC of the European Parliament and of the Council of November 25, 2009, Article 9 (b)。

欧洲国家有着各种各样的频谱交易选项和流程。由于频率、地域范围和频谱许可时间是可分离的,一些国家(如捷克、丹麦、挪威、西班牙和英国)允许分频率或地域交易使用权,而另一些国家(如克罗地亚和罗马尼亚)却禁止分频率和地域交易使用权。少数国家(如奥地利、法国和西班牙)允许分时间的交易。此外,丹麦和英国允许按时间租赁频谱。就流程来说,交易意向必须进行登记。但是,登记的信息内容、交易前发布的信息以及批准流程是各不相同的 [14]。

作为 Ofcom 市场改革计划的关键,英国于 2004 年底引入了频谱交易。此后,频谱交易逐步应用于大范围的频谱执照中。Ofcom 制定了频谱交易规定,该规定推进了欧盟框架指令 2002/21/EC 中第 9 条的生效。在规定中,Ofcom 引入了交易选项,为对频谱交易感兴趣的各方提供了灵活性:除了完全、彻底转让外,还允许共用转让或部分转让。

在交易开放之初,英国的交易数量一直很低。作为提供执照交易信息的部门,转让通知登记处(Transfer Notification Register, TNR)记载了成百上千的交易登记[10],但仅有少数大公司的交易是成功完成的。这是频谱管理者关注的一个方面[11]。此外,Ofcom 最近正着手简化英国的频谱交易流程,因为现有交易体制会带来不必要的监管负担 [7]。

在英国以外的其他欧盟国家,频谱交易数量更低,尤其是将专用移动通信(private mobile radio, PMR)[12] 以外的频谱纳入交易范围的国家。事实上,根据 ECC 报告,PMR 执照交易量在挪威为每年近 150 起,2007 年至 2009 年在葡萄牙为 120 起,在卢森堡为 69 起,在罗马尼亚为 27 起。而对于固定无线接入频段,其执照交易量在法国为 45 起,在丹麦为 3 起。移动通信频段交易共 3 起,2 起在丹麦,1 起在斯洛文尼亚。其他频段(如 PMSE 和卫星频段)的交易数量则更少。

6.5.2   美洲

在美国,人们很早就意识到二级市场的潜力,至少可以在一定程度上纠正一些不当的频谱分配,促使频谱流入最能发挥其价值的人手中 [16]。一直以来,美国的二级市场是最活跃的一个,每年通过交易市场和执照持有者信息数据库促成的交易高达数千起,不过 FCC 并没有对价格进行记录 [17]。

FCC 于 2003 年 10 月颁发的"First Report and Order"大幅度放开了频谱租赁,并提供了两种自由化的租赁模式。第一种模式是频谱管理员租赁,执照持有者同时保留对租赁频谱在法律上和事实上的控制。在执照授权范围内,无需 FCC 事前审批即可进行租赁。在这种模式下,由被授权人就频谱的法律规定和义务向 FCC 负主要责任。第二种模式是事实转让模式,执照持有者只保留法律上的

---

10 英国 TNR 访问地址如下:http://spectruminfo.ofcom.org.uk。大部分交易涉及商用无线电及执照。

11 "尽管如此,英国也远远领先于同期引入交易系统的法国和德国 [15]。"

12 PMR 频段用于诸如本地出租车公司使用的无线电业务。

控制。尽管这是一个快速的过程，但需要 FCC 的批准。在美国频谱租赁和转租仍然因事先通知程序受到了一定的束缚。然而，2004 年颁发的 "Second Report and Order" 进一步解放了租赁程序，使得大部分租赁约定可在一夜之间完成处理。（各方约定并不会引起之前列出的一系列问题，例如国外持有者、执照资格以及竞争问题。）

在中美洲，危地马拉和萨尔瓦多的频谱交易采用了较为独特的方式。萨尔瓦多的频谱授权管理方式与危地马拉类似，只是在技术上有所差异 [18]。危地马拉在 1996 年以后引入了频谱使用权（titulos de usofructos de frecuencias，TUFs），法律允许通过转让改变频谱使用权。频谱使用权的出售由卖方背书，买方以独立频谱个体身份注册新的使用权。而在萨尔瓦多，法律并不要求进行频谱注册。

6.5.3　澳大利亚和新西兰

澳大利亚是最早允许频谱交易的国家之一，1995 年首先允许了设备执照的交易[13]。其次，在 1992 年引入并于 1997 年正式颁发的可交易的频谱执照，成为澳大利亚市场化程度最高的执照。

澳大利亚采用标准交易单元（standard trading units, STUs）作为频谱管理者认定的最小频谱单位，以此对频谱块进行授权。标准交易单元可以为增加频谱带宽而进行垂直组合，也可以为覆盖更广地域而进行水平组合。尽管引入了标准交易单元，但交易速度仍然十分缓慢 [19]。此外，生产力委员会也提到，许多转让者属于相互关联的团体[14]。

在 2008 年年底对频谱交易工作回顾的基础上，澳大利亚通信与媒体管理局（Australian Communications and Media Authority, ACMA）近年来推出了一系列措施，清除频谱交易和租赁中的行政障碍，同时为用户提供更优质的信息。2008 年 ACMA 工作回顾的成果主要有：（1）减少了行政负担，鼓励采用多种方式进行频谱交易，例如引入网上执照交易登记系统取代传统的纸件登记；（2）启动第三方授权自愿登记机制，为市场提供更多信息；（3）在 ACMA 网站上新增交易页面，为市场提供更多的执照交易和转让信息 [19]。

在新西兰，经济发展部（the Ministry of Economic Development, MED）于 2005 年发布了无线电频谱政策评述，其中提到频谱交易的水平较低，主要局限于 FM 和 AM 无线电广播执照，并伴随着大量的并购。此外，交易中没有涉及频谱使用方式的改变。新西兰较小的市场规模、频谱使用行业的市场进入壁垒以及替代频谱的可用性被认为是制约二次频谱交易的主要因素。为促进频谱交易，经济发展部在 2009 年对无线电频率网上公共登记中心的主要技术平台进行了升级改造。

13　1992 年澳大利亚无线电通信法案通过了一种全新的综合性授权系统。频谱执照通过更面向市场的方式进行授权。特别地，执照的授权期最高可达 15 年，可以进行全权交易。设备执照指的是对发射机或接收机在特定地点工作的许可，是一种传统的"命令与控制"式执照。

14　生产力委员会还指出了频谱交易在二级市场中发展缓慢的若干可能原因 [20]。

6.5.4   最新政策进展

在总结本章之前，这一节将简要讨论可能影响频谱市场的频谱管理方法有哪些最新进展。电视白频谱（TVWS）就是其中之一，Ofcom 称之为交错频谱，详见第 9 章。

尽管现在电视白频谱的主要趋势是免执照使用，但有研究表明，引入交易机制，以授权方式利用白频谱也将带来一些机遇。事实上，FCC 已经允许对白频谱进行授权。当前研究进一步表明授权白频谱能够更充分地挖掘认知无线电的潜力，频谱转让规则的出现和成熟将进一步促进授权白频谱的发展。在这些研究中，Bogucka 等人专门研究了通过频谱经纪人对白频谱二级市场进行管理的案例 [21][15]。

欧洲 COGEU 计划充分利用白频谱和认知无线电的研究进展，还引入了实时二次频谱交易。COGEU 创新性地将认知接入白频谱与频谱二次交易机制进行了结合 [22]。

在美国，国家科学基金正在启动开展"S-Trade"项目——在拍卖驱动的频谱交易平台上形成频谱市场。S-Trade 服务于许多小企业，并通过有选择性地购买闲置频谱碎片，然后出售给大量的频谱用户实现"自主"交易 [23]。

在欧洲，尽管大部分频谱管理仍采用传统的"命令与控制"方式，但最近开展的频谱共享探讨中，提出了通过授权频谱共享（Licensed Shared Access，LSA）在已授权频谱中引入新用户的设想 [24]。LSA 是一种频谱管理的辅助工具，在维持共用或公共用户现有频谱使用权的前提下，在已用频段引入新的用户[16]。这些新用户（例如移动网络运营商 LSA 授权用户）将与现有用户在管理者的监管下共享频谱。LSA 实施的一个关键点是改进共享规则和条件，这需要为 LSA 开发一种更市场化的交易方式。关于是否可以交易这些共享授权，以及是否应将它们分类制定行政定价，长期以来一直争论不断，将在第 7 章对此进行讨论 [25]。

6.6   结论

二次频谱交易是一种可以让无线电频率使用更加高效的方法，它利用市场机制对初次频谱分配进行补充，可以说是比拍卖更有效的市场机制，因为在市场中永远不会有机会进行高效交换。

然而，到目前为止，其实际影响却相当有限。至少在美国之外的国家中，频谱交易量一直低于期望。文献 [3][26][27] 提出了一些可能的解释，各有一定的影响。部分原因与频谱市场的特点紧密相关，例如：评论人士考虑的信息不够充分、不恰当地设置专用频段管理员、市场流动性不足、高交易成本壁垒，以及频谱买卖不同步对频率置换带来的困难。

---

15 研究团队成功地在德国完成了真实场景的测试。频谱经纪人可采用商业模式操作（频谱基础价格由分配过程决定），也可采用拍卖模式操作（频谱最终价格由竞标决定）。

16 当前研究主要关注 2.3~2.4GHz 频段，该频段在不同国家拥有不同用户，例如芬兰用于 PMSE，法国用于军事。

第二类原因主要与行政管理框架相关，例如：阶段性自由化频谱使用的不确定性、可交易执照条款与公司投资计划不一致、管理条款的苛刻性，以及最初授权程序的范围。还有一些介于市场和行政之间的原因，例如公共频谱的不可交易性。

甚至，在一些国家，由于最初的频率分配已经足够高效，因此随后已没有必要进行频谱转让。尽管如此，如果没有灵活的便于变更的频谱授权进行配套，频谱交易对频谱效率的改善程度也是很小的。有研究表明放宽频谱执照条件的效益要远大于频谱执照交易的效益 [1][13]。但是，放宽频谱执照的变更规则是一项复杂的工作，其进展一直相当缓慢。因此，应在国家政策层面上对频谱管理改革进行特殊考虑。最近的研究分析了放宽频谱使用和允许频谱交易之间的互补性 [28]。根据频谱政策的分析结论，提高频谱执照使用条件的灵活性可以促进频谱交易。因此，频谱管理者理当继续致力于提升频谱管理的效率，此外还要努力推动频谱市场成为频谱分配的关键组成。

参考文献

[1] Analysys, DotEcon, and Hogan & Hartson, "Study on Conditions and Options in Introducing Secondary Trading of Radio Spectrum in the European Community: Final Report for the European Commission" (2004), Cambridge.

[2] T. M. Valletti, "Spectrum Trading" (2001) 25(10–11) *Telecommunications Policy* 655.

[3] P. Crocioni, "Is Allowing Trading Enough? Making Secondary Markets in Spectrum Work" (2009)33(8) *Telecommunications Policy* 451.

[4] J. W. Mayo and S. Wallsten, "Enabling Efficient Wireless Communications: The Role of Secondary Spectrum Markets" (2010) 22(1) *Information Economics and Policy* 61.

[5] C. E. Caicedo and M. B. H. Weiss, "The Viability of Spectrum Trading Markets" (2011) 49(3) *IEEE Communications Magazine* 46.

[6] G. R. Faulhaber, "The Question of Spectrum: Technology, Management, and Regime Change" (2005) 5(1) *Journal of Telecommunications and High Technology Law* 111.

[7] Ofcom, "Trading Guidance Notes" (2011), Doc. OfW513, London.

[8] ComReg (Commission for Communications Regulation), "Spectrum Trading in the Radio Spectrum Policy Programme (RSPP) Bands: A Framework and Guidelines for Spectrum Transfers in the RSPP Bands" (2012), Doc. 12/76, Dublin.

[9] Ofcom, "Ensuring Effective Competition Following the Introduction of Spectrum Trading: Statement" (2004), London.

[10] Productivity Commission, "Radiocommunications" (2002), Report no. 22, AusInfo, Canberra, Chapter 6.

[11] M. Cave, "Anti-competitive Behaviour in Spectrum Markets: Analysis and Response" (2010)34(5) *Telecommunications Policy* 251.

[12] T. W. Hazlett, "Property Rights and Wireless License Values" (2008) 51(3) *Journal of Law and Economics* 563.

[13] RSPG (Radio Spectrum Policy Group), "Opinion on Secondary Trading of Rights to Use Radio Spectrum" (2004), RSPG04-54, Brussels.

[14] ECC (Electronic Communications Committee), "Description of Practices Relative to Trading of Spectrum Rights of Use" (2011), Report 169.

[15] D. Standeford (December 11, 2014), www.policytracker.com.

[16] FCC (Federal Communications Commission), "Spectrum Policy Task Force Report" (2002), ET Docket 02-135, Washington, DC.

[17] S. Wallsten, *Is There Really a Spectrum Crisis? Quantifying the Factors Affecting Spectrum Licence Value*, Washington, DC: Technology Policy Institute, 2013.

[18] T. W. Hazlett, G. Ibarguen, and W. Leighton, "Property Rights to Radio Spectrum in Guatemala and El Salvador: An Experiment in Liberalisation" (2007) 3(2) *Review of Law and Economics* 437.

[19] ACMA (Australian Communications and Media Authority), *Spectrum Trading: Consultation on Trading and Third Party Authorisations of Spectrum and Apparatus Licences* (2008), Canberra.

[20] www.acma.gov.au/theACMA/acma-media-release-1202010–8-october-2010-acma-takessteps-to-improve-spectrum-trading-arrangements.

[21] H. Bogucka, M. Parzy, P. Marques, J. Mwangoka, and T. Forde, "Secondary Spectrum Trading in TV White Spaces" (2012) 50(11) *IEEE Communications Magazine* 121.

[22] C. Dosch, J. Kubasik, and C. F. M. Silva, "TVWS Policies to Enable Efficient Spectrum Sharing" (2011), 22nd European Regional ITS Conference, Sept. 18–21, Budapest.

[23] www.nsf.gov/awardsearch/simpleSearchResult?queryText=0915699.

[24] ECC (Electronic Communications Committee), "Licensed Shared Access (LSA)" (2014), Report 205.

[25] E. Bohlin and G. Pogorel, "Valuation and Pricing of Licensed Shared Access: Next Generation Pricing for Next Generation Spectrum Access" (2014), working paper, Telecom ParisTech.

[26] OECD (Organisation for Economic Co-operation and Development), "Secondary Markets for Spectrum: Policy Issues" (2005), DSTI/ICCP/TISP(2004)11/FINAL, Paris.

[27] M. Weiss, "Secondary Use of Spectrum: A Survey of the Issues" (2006) 8(2) *Info* 74.

[28] L. F. Minervini, "Spectrum Management Reform: Rethinking Practices" (2013) 38(2) *Telecommunications Policy* 136.

7 频谱定价与估值

7.1 引言

本章将专门讨论如何不运用市场程序，而是通过计算方法推算频谱价格或估价。该方法需要在以下场景中使用。

- 假设一个移动运营商通过行政程序——例如选美竞赛——得到频谱使用权，进而获得超额利润。政府可能收缴这些超额利润的一部分作为税收，用于必要的公共开支。向运营商收取频段占用费可以达到这一目的。

- 假设过去为公共机构分配频谱是免费的。随着频谱稀缺性的提高，这些公共机构坐拥宝贵的频谱资源，这些资源在其他应用中能发挥巨大价值，而这些机构却几乎没有动力高效利用，也不愿意退还不需要的频谱用于重耕。要求支付频谱年费往往可以促使这些机构退还一些未使用频谱。

- 假设政府或管理部门希望拍卖一段移动通信频谱，但又担心移动运营商在竞标过程中利用共谋来压低价格。为防止共谋，一种方法是设置保留价格，即将频谱授予最高出价者之前必须达到的拍卖价格，从而使拍卖收益不会因共谋而大幅减少。在这里，政府希望设置的价格既能防止竞标者共谋，又不会因为价格过高而导致流拍。

在上述情形中，所需的频谱价格不是在市场买卖过程中确定的，而是由不同公式或流程计算得来的。从上面的例子可以看出，这一"行政价格"（与"市场价格"相对）有多种计算方法，其区别在于价格公式中要素的建立方式不同[1]。

在本章的讨论中，有时我们关注的是年度价格，例如，移动运营商每年支付的频谱执照费用；而有时关注的则是多年的价格总和，例如一次性预支多年的频谱占用费（就像人们一次性支付 50 年房屋租赁费一样）。这一总价有时又称为资产的"估值"。

年度价格和多年估值可以通过一个简单的数学公式建立联系。通过确定多

---

[1] 就频谱的价格而言，除了"市场价格"和"行政价格"外，还有"影子价格"。即使人们并没有实际支付这一价格，影子价格的概念在频谱分配中也起着重要作用。例如，假设国防部门要在两种性能相同的武器系统之间做出选择，此时就要靠成本来做出决定。在比较两者的成本时，很可能要把两种系统所用频谱的名义上的价格或"影子价格"考虑在内，即使国防部门不会真的支付这笔费用。

译者注：影子价格经常指为目前不知道或很难计算出的成本指定的一个货币价值。

个年度连续支付的净现值,可以将 20 年的年度支付意愿总和重新表述为一个一次性的直接支付价格;同理,20 年期的多年估值也可以被转化为一串等效的年度支付价格,该结果可以直接或经过一些调整得到相同的净现值。

本章讨论的定价方法不同于以往的频谱缴费体系。在以往的体系中,即所有用户的频段占用费只是用于频谱管理的成本总和,并不能反映其所占频谱资源的稀缺性。历史上,频谱资源是以行政化的"命令与控制"方式分配的(而非定价或拍卖),其收费水平通常远低于这些重要频段的经济价值。方框 7-1 用最近比较有代表性的两个例子来说明此类成本回收型频谱收费是如何确定的。它们很好地反映了政府部门首要考虑的是避免不同频谱用户群之间过重的不公平现象,而不是更有效地分配频谱资源[2]。

方框 7-1　两个例子:频谱管理成本回收型收费值的确定

A. 泰国

政府部门使用频谱无需付费,国有企业支付费率低于非国有企业。最终收费可依据下列公式算出:

$$FF=(BW×AC×FC)×(N1+2N2+4N3)$$

其中,FF 为频率占用费,BW 为占用带宽,AC 为应用系数,FC 为频率系数,$N1$、$N2$ 和 $N3$ 为不同输出功率的终端数量。

频率系数 FC 如下表设置,频率越低,FC 值越大;频率越高,FC 值越小。

频率	频率系数
0.01 ～ 1,000MHz	10
1 ～ 3GHz	5
3 ～ 10 GHz	0.5
10 ～ 20 GHz	0.05
>20 GHz	0.001

上面的收费机制在计算 1GHz 以下频谱和 20 GHz 以上频谱的价格时,形成了 10000 倍的系数差;机制中还包含了一个针对特定应用的应用系数。(频率系数,而不是应用系数,反映了频谱的相对稀缺性。)这一收费机制对接收机也适用。

B. 加拿大

加拿大开发了一个模型,从 3 个维度考察频谱的使用,即带宽、覆盖范围、排他性。较大的带宽、大面积的地域覆盖及频谱的排他性使用将导致高额的频谱占用费。

然而,即使两张频谱执照在这 3 个维度上完全相同,由于地理位置的不同,其实际价值也可能相差很大。例如,频谱资源在大城市的价值明显会比在北极的价值更高。

为了解释这些差异,并考虑到试图在没有市场运作的环境下决定真正市场价值的困难所在,我们引入频谱稀缺性的概念作为一种代理变量。如果用网格或蜂窝铺满整个加拿大,在每个蜂窝内,某一频段内所有用户使用的频谱总量除以该频段频谱总量,得到的比值决定着该区域收费定价在全国的相对水平。在大城市这种频谱

2　更多的例子参见本章参考文献 [1]。

使用程度高的区域，频谱稀缺性的测量值以及最终的频谱收费，都会相对较高。

然而，由于收费总额上限不得超过频谱管理所需的成本，尽管对不同区域和频段的收费差距反映了频谱稀缺性的差异，收费的整体水平却不能反映频谱资源真实的稀缺价值。这就意味着各频段被低价使用的风险依然存在。

7.2　频谱价格的各组成要素

为一项投入、产品或服务制定行政价格或者估值，标准的"自下而上"计算方法是对所包含的相关要素进行求和。如果行政价格对频谱分配的作用等同于市场价格在市场体系中的作用，那么有必要对这类行政价格可能包含的要素进行研究。

从这一角度出发，我们首先注意到频谱是一种没有提炼和运输成本的自然资源。因此，使用频谱资源的"成本"不是指生产它的成本，而是指使用它的机会成本[3]。该成本等于在无法获得所需的频谱总量时为维持产出不变需付出额外成本[4]。

如果所需频谱处于过度供给状态，则其机会成本为零——这是机会成本定价的一个重要特点。此时，若收回一部分频谱，可以找到另一段等效频谱来替代。同样，其他用户也可以从供给的多余部分得到其所需频谱。在这种情况下，为频谱设置一个"正向价格"是不合适的：若某一段频谱本来可以免费获得，当其机会成本为零时，将其标价会使该频谱无人问津。

制定频谱行政价格的方法之一是简单地将其设置为机会成本，可通过以下方法计算得到：如果某一公司没有得到所需频谱，那么用另一段频谱或非频谱投入进行替代需要增加多少成本？这些额外成本衡量了该公司失去所需频谱使用权后蒙受的损失。但除此之处，频谱使用权还可以带来更多的收益。在市场环境下，可以按照企业的思维方式进行考虑，从而决定长期持有（例如 20 年）频谱执照所需的竞标价格。

第一个因素是我们之前提过的，与次优选择相比，执照持有权能在多大程度上减少持有人从事必要生产的开销。此外，还有以下两个因素：

- 由于市场支配力的作用，频谱执照为持有人带来的超额利润；
- 当频谱执照可变更用途或可交易、可续用时，将产生"选择价值"——相应地，运营商可以将频谱转到更有价值的用途上，或将执照出售获得利润，或在续用竞标时取得优势。

在市场环境下，以上 3 个因素决定了一个公司对频谱的支付意愿。它可以由执照有效期内（包括频谱续用后的存续期）出售无线电服务所获得的利润来计算得到。其中还要去除生产中其他非频谱的成本，包括为吸引投资而支付的必要

3　使用机会成本评价资产价值的想法已经存在于商业和管理活动中几个世纪了。1748 年，本杰明·富兰克林就使用了这一概念；1914 年，弗里德里希·冯·维塞尔在他的著作《社会经济学理论》中引入了机会成本这一术语。

4　在下面的 7.4 节中，我们将讨论机会成本的另一方面，即在生产不同产品时同一频谱资源的价值。

费用。这一计算频谱估值或"工程造价"的过程又称为"经营计划"方法。计算结果是对公司最大支付意愿的估计。当然，公司会设法使获取执照的市场价格低于其最大支付意愿；这一目的能否成功，在一定程度上取决于拍卖的设计方法。

在多数情况下，设置行政价格的管理机构可不断重现上述过程，只需在经营计划表格中加入它自己的估计系数，计算结果就是价格设置者对公司最大意愿出价的估值。当然，这需要价格设置者充分了解各部门的成本、收益以及竞争环境等相关信息。

基于市场原则设置频谱行政价格的另一个方法是直接参考其他频段或其他国家的实际市场价格。这一方法只有在与参考频段或国家的情况非常类似时才有效。

总之，设置频谱的行政价格有两大类方法，第一类只考虑机会成本，第二类还考虑了构成市场价格的其他要素。通常，频谱用户都会对它们要支付的行政价格水平持强烈的意见。这在英国政府要求 Ofcom 改变 900MHz 和 1800MHz 频段移动通信频率的行政价格定价原则时表现得尤为明显：要从相对较低的基于机会成本的价格，提升到基于拍卖并充分反映市场情况的价格。最初，这一定价为原定价的 475%，这让英国移动运营商非常愤慨。Ofcom 最后稍微减少了价格的提升量 [2]。

下面，将详细阐述两类定价原理的应用。

7.3　寻找机会成本价格：初步方法

为确定频谱的机会成本，首先，可以让它等于公司选择用"次便宜"的投入替换原有频谱时，为维持产出不变而需要额外增加的成本。这种"次便宜"的替代投入可以是另一段频谱，也可以是非频谱方面的投入。

这与会计从业者常说的"剥夺价值"大致相同。这一术语贴切地表达了公司在无法获得频谱时仍要保持运营所遭受的损失，常用年度流水或多年的资本总额来表示。

对这类机会成本估值，常用的方法是在提供相同服务的条件下，将使用当前频谱的成本与使用其他技术所需的成本进行比较。这将得到多个对所节约成本的估值，用每兆赫频谱所节约的成本表示。当现有频段不可用时，公司会选择最便宜的替代投入，也就是每兆赫频谱额外增加成本最少的投入。

以常见的地面数字广播的频谱价值为例。实现广播服务的方式有很多，它们的效果是相同的，包括：使用卫星广播、建立提供同等服务的广域覆盖固定网络（如电缆或光纤网络）、频谱占用少但站点需求较多的单频网络（又称 SFN[5]）以及采用诸如 DVB-T2 等不同的传输技术标准 [6]。

5　SFN 对相邻小区使用同一频率广播相同内容。如果无线接口设计得当，每个单元中的内容是相同的，传输是同步的，可以在很大程度上节约频谱资源。

6　DVB-2 属于 DVB 系列标准，它是 DVB-T 的演进版本，采用更高阶的调制方式和更高效的压缩编码技术，提供更高的频谱效率。

Plum 咨询公司为 Ofcom 提供了一份报告，对上述的部分技术方案进行了估价，见表 7-1[3]。其中，后两个选项之一都可作为替代投入，其额外成本的估值范围为 0 ～ 750 万英镑。

表 7-1　英国 DTT 频谱机会成本

替代技术	节省的频谱	对成本的影响	每兆赫的额外成本（万英镑）
（1）卫星传输	48MHz	更多的卫星天线和机顶盒	6000 ～ 8000
（2）SFN	<40MHz	12 倍的站点数	750
（3）采用 DVB-T2 的 SFN	<40MHz	新型机顶盒[7]	0 ～ 2500

在进一步深入阐述机会成本概念之前，先回顾几个我们已经讨论过的观点。

- 当被没收的频谱增加时，频段中每兆赫频谱的价值将发生不同的变化，具体取决于没收少量频谱（如1MHz）还是整个频段（如700MHz频段）。如果被没收的是少量频谱，可能效果不太明显。表7-1中展示的是没收整段频谱的情况，这是频谱定价的主要参考依据。

- 如前所述，过度供给的频谱，机会成本为零，这是因为如果一部分频谱被没收，用于替代的频谱成本为零。

- 效率水平不同的企业，其剥夺价值或机会成本也不同。但是，由于我们寻找的是一个可以普遍适用的价格，最好选取"有代表性的公司"进行计算。

- "恒定产出"方法存在着局限性，因为在实践中不同技术的产出数量或质量各不相同。例如，分布式卫星广播节目的容量会比DTT更多，800MHz的移动信号比2.3GHz的相同信号拥有更好的穿墙能力。现实中，仅关注成本差异而完全不考虑消费者利益是不恰当的。

- 如果将公司的频谱没收，该公司不一定有足够的收入支持通过其他方式来继续提供服务。例如数字广播（或数字音频广播，DAB）的商业性通常相对较低，将其频谱价格设为机会成本从商业角度是不可行的。在缺少竞争对手的情况下，用机会价格进行定价也将是徒劳的[8]。

- 表7-1中最高值与最低值之比常用于机会成本估计。这一方法可以控制风险，避免将价格设置得过高。在方框7-2中将对此进一步讨论。

- 某公司当前频段A的"次优选择"是另一频段B时，可能会出现如下问题：了解频段A的机会成本的同时，我们也必须了解频段B的机会成本，为此可能要求我们进而知道另一频段C的成本，依此循环。这样会使计算变得复杂，甚至陷入死循环。这一问题可能要采用更综合的处理方法来解决。

7　所需机顶盒的数量取决于当前已有机顶盒的数量。

8　在会计学文献中明确提到了剥夺价值。从技术上讲，剥夺价值等于重置成本与可收回金额中的较低者，其中重置成本是可实现净值与在用价值中的较高值。如果频谱用户无法承担重新获取频谱的代价，这一价值可以简单理解为对现有用户的价值（在用价值）。

方框 7-2　设置行政价格时对不确定性的考虑

假设某一频段的部署可以得到产出 1 和产出 2，如表 7-2 所示。产出 1 的价值估计等概率地分布在 75 到 125 之间，中间值为 100。产出 2 的价值估计等概率分布在 50 到 100 之间，中间值为 75。分析中假定风险为中性。

表 7-2　机会成本

		某频段两种产出机会成本的估计					
		25	50	75	100	125	150
产出	产出 1			●		●	
	产出 2		●		●		

如果我们将价格定为 100，那么该频段不可能用于产出 2，且仅当其利润在 100～125 时会用于产出 1，其概率也只有 50%。此时，产出 1 的利润期望也相对较低，仅有 56.75。如果将价格定低一点，例如 75，可以肯定该频段将用于产出 1，这样其收益最小也有 75。然而，将频谱用于产出 2 的风险也是存在的：此时，若产出 1 可以有机会带来 100～125 利润，用于产出 2 只能得到 75～100 的利润。不过，在第二种定价中，频谱即使不能达到最大效益，其产生的价值也不会小于 75。因此在具有不确定性的情况下设定行政价格时，更合理的做法是定价低于"最佳估值"，避免因价格设置过高而导致频谱无法使用。

7.4　机会成本估计之间的相互关系

上述计算机会成本的方法中，我们假定"被定价"的频段得到了高效分配。它包含这样一个问题：当前的最佳频段一旦不可用，为维持产出需要多少额外费用？与之相关的另一个问题是当前频率使用是否已经达到最优。我们用表 7-3 作为此类问题的示例进行说明。

表 7-3　价格示例

产出	投入			
	频段 A	频段 B	频段 C	非频谱投入 D
产出 X	基准 1	+10	+14	+15
产出 Y	基准 2	+16	+13	+20

表中的第一行表示当 3 个替代频段 A 的投入为频段 B、频段 C 或非频谱投入 D 时，产出 X 所需的成本增加量（相较于基准）。其中最低的增量为 10，可作为用于产出 X 所需的频谱 A 的机会成本。

但经过同样的计算，频段 A 用于生产 Y 的等效机会成本较高，即频段 A 产出 Y 所需的最低机会成本为 13。换句话说，看起来频段 A 用于产出 Y 的效果比产出 X 更好。

乍看之下，人们可能会认为将频段 A 分配用于产出 X 是"错误"的，应改为用于产出 Y。但仍要设法保证产出 X 的生产，一种可能的方法是将原用于产出 Y 的频段 C 用于产出 X，但频段 C 可能并不能高效地生产 X。此时，可能需要在整个频率表中进行一系列的调整，而每一项调整又涉及一系列相关联的机会成本的重新计算。

因此对于替代性频段，机会成本定价原则上是一个"一般均衡"问题，其中某一频段的高效使用依赖于其他频段的使用模式。我们寻求的是通过一个价格集合整体作用于频谱的分配，进而得到所需的产出集合。由于可用的频段、可能的应用都如此之多，因此要完成计算有一定困难，但也不是不可能完成的。更困难的任务是取得计算中需要的极其广泛的成本数据。

现实中，如果我们确信当前应用达到了最佳效果，那么可以对计算方法进行简化。移动业务是可以较为确信已得到最佳应用的一类业务：因为随着移动数据业务的飞速增长，其频谱需求的增长十分迅速。我们可以简单地认为，与高频段相比，工作在较低频段上的基站可以用更低的成本提供更好的移动服务，因为达到同样的覆盖范围，低频段所需的基站数量更少。因此，我们得出了增量成本（假设其为价格）与数据流量之间的阶梯函数关系图，如图 7-1 上半部分所示。

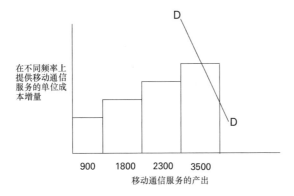

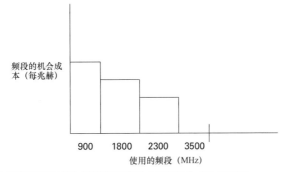

图7-1　　不同频段无线接入网频谱的增量成本与机会成本关系图

当需求曲线为 D-D 时，供给过度而机会成本为零时的边际频率为 3.5GHz。按此方法得到其他频段频谱的机会成本，如图 7-1 下半部分所示[9]。如果因需求

9　拍卖价格数据也支持了低频率比高频率价值更高的观点。

提高，而在更高频段上引入了新频段，3.5 GHz 频段才会有价值，前面所有频段的机会成本也将会相应提升。

总体来说，基于机会成本的频谱定价存在一定缺陷。最大的困难就是对当前所用频谱的替代品进行认定和定价。此外，某些频段使用方式的多样性还会导致计算复杂，不过这并不是普遍现象。在制定行政价格时，酌情采用方框 7-2 中的风险分析法，将是进行非对称误差管理的一个明智选择。

7.5　机会成本频谱定价方法实践

行政价格又称为行政激励价格（AIP），已在英国得到广泛应用。监管机构自 1998 年初开始逐步引入这一价格 [4]。最初推出了两段频谱：价格高的移动业务频谱，以及价格较低的固定业务频谱。这引起了某些频段的价格呈现"断崖式"变化 [5]。

英国频谱和通信管理部门 Ofcom 将行政定价作为鼓励高效使用未拍卖频谱的一种手段，并计划将行政价格扩展到更多的应用中，包括公共部门的频谱使用 [10]。

Ofcom 在 2010 年的行政定价报告中指出，行政价格已得到广泛应用，涵盖了 50% 以上的频谱 [6]。报告中行政价格广受好评的结论是在一定原则基础上得出的，其支撑案例有一定局限性 [7]。报告中提到的用于未来应用的原则详见方框 7-3。

方框 7-3　2010 年 Ofcom 的行政激励定价（AIP）原则

原则 1：行政激励定价的定位。行政激励定价应与其他频谱管理工具一起使用，适用于商业和公共部门。为实现确保无线电频谱得到长期最优使用这一目标，行政激励定价作为频谱机会成本的长期指示标，发挥着重要作用。

原则 2：用户只能获得长期回报。行政激励定价的目的是确保频谱的长期最优使用，并使用户可以在正常投资周期中获得一部分回报。尽管用户在使用频谱时有一些限制，但一般来说，部分用户（即使不是全部）是可以从中获得回报的。

原则 3：行政激励定价的适用范围。在基于成本收费的前提下，行政激励定价适用于现在或不久的未来存在超额需求的频谱，且该频谱可用于其他用途。在决定频谱的其他用途时，我们将在相应的时间范围内考虑诸多因素的适用性，例如，国际 / 国内规则的约束、现有设备标准以及设备的成本和可用性等。

原则 4：评估未来频谱需求的时间范围。一般来说，我们需要决定未来存在超额需求、频谱拥塞和其他用途的时间范围。这个时间范围将会反映用户现有无线电设备的典型经济运行周期。

原则 5：行政激励价格与频谱交易。如果没有行政激励价格的引导，许多二级市场很难有效地促进频谱的最优使用。因此，在许多执照管理部门，行政激励价格将持续扮演着频谱交易的补充角色。

10　英国公共部门频谱管理的相关讨论详见第 12 章。

原则 6：行政激励价格在保障更大社会价值中的作用。作为一般规则，无需对传递更广泛的社会价值所使用的频谱实行优惠的行政激励价格，因为直接补贴和其他行政工具能有效地实现这一目标。

原则 7：行政激励价格的优惠与促进创新。一般来说，为了促进创新而对行政价格实行优惠是不可取的。

原则 8：市场估值的使用。在设置参考利率和行政激励价格水平时，我们会考虑来自拍卖和市场交易的市场估值，以及可获取的其他相关佐证。不过，要对这类市场估值仔细理解，不能生搬硬套。

原则 9：考虑不确定性的行政激励价格。当机会成本的预测带有不确定性时（例如当出现其他用途需求的可能性不确定时），针对具体情况，行政激励价格会有过高或过低的风险。当频谱可交易时，我们要考虑交易能在多大程度上促进频谱最优使用，还会特别注意低估二级市场发展的危险。

可以预见，频谱收费会遭到不少公司和部门的反对，对商业和非商业机构来说都是如此。Ofcom 在试图对航空和水上业务进行频谱收费时发现了这一问题。航空公司宣称频谱收费是一项"税收"[8]，会削弱英国机场旅客枢纽的功能。救生艇慈善组织牵头发起了针对水上业务频谱收费的声讨。最后，Ofcom 被迫大幅修改原有计划，取消对海上搜救频段的收费 [9]。Ofcom 还将对雷达和航空导航救援系统的频谱管理移交给了政府部门负责 [10]。

此外，Ofcom 早在 2007 年就宣布将对地面广播机构收取稀缺性行政管理费用，包括非商业运营的 BBC，不过该计划于 2013 年被废除。频谱收费的引入被推迟到 2020 年 [11]。

频谱收费的推行遭到了普遍的反对。在英国，以私营部门为主的抗议效果显著。这也是市场定价受青睐的原因之一。一旦频谱市场建立并运作起来，频谱用户就很难绕过这个市场，不像它们有时避开行政价格那样容易。

2010 年，澳大利亚频谱管理机构 ACMA 宣布对频谱采用机会定价。ACMA 也表达了对市场定价方法（如拍卖或交易）的偏好，但同时肯定了机会成本定价的作用，特别是在市场因素（如交易成本高、市场薄弱或不确定性高等）导致交易量很低，或需要确保执照持有者面对真实成本（如政府用户交易频谱面对的激励较低）的情况下 [12]。ACMA 最初重点关注的是 400 MHz 频段，该频段主要用于陆地移动业务，同时也可用于其他业务，包括固定（点对点和点对多点）业务、定位业务和业余业务，因此该频段在大城市中的使用十分拥挤。但机会成本定价实施的进展却十分缓慢，一些指配并没有用到机会成本定价 [13]。这反映了机会成本在应用较多的频段上的复杂性，也就是前文提到的"一般均衡"特点。

总体来说，基于机会成本的频谱定价还存在若干问题。最明显的一个困难是识别替代频段及其成本。另外，某些频段应用较多也带来一定的复杂性，虽然这一点并不总会出现。

在制定行政价格时，可酌情采用方框 7-2 中提到的风险分析法，是进行非对称误差管理的一个明智选择。但需要记住的一点是，在考虑应用机会成本定价时，对不完善的行政价格来说，相关替代投入的价值可能为零，这将导致频谱浪费。

7.6   其他频谱定价方法实践

如上所述，制定频谱管理方面稀缺价格的另一种方式是市场定价，它既包括由机会成本方法得到的稀缺租金，也包括垄断租金和选择价值，原则上还包括拍卖或市场安排带来的影响。这种方法可以用来对频谱收费进行定价。此外，如果管理机构担心拍卖中因缺乏竞争或存在共谋而妨碍频谱真实价值的实现，可用此方法设置拍卖底价（详见第 5 章）。

这里考虑两种仿照市场定价设置此类行政价格的设计方法。第一种方法需要频谱管理者对公司竞拍频谱的过程进行重现；第二种方法根据对市场交易的观察得出推论，理论上频谱交易数据可以作为观察对象，但由于实际中频谱交易非常少，因此通常采用拍卖数据。

7.6.1   商业模型方法

这一价格制定方法试图复制企业在拍卖中的定价思路：在成功竞拍的前提下，企业能承受的最大竞标价格是多少。这一方法需要计算无线电系统在运行周期内的净现值，某些情况下还包括终端价值，但不包括获得执照的成本。计算结果代表了当事公司可以做出的最大理性报价。

很显然，这一结果既取决于频谱相关经济活动的整体成功，也取决于相关业务领域的竞争结构，不同供应商之间的差别很大。推导出的预期报价（不是最大报价）取决于拍卖规则、竞买人的目标以及可用的频谱执照数量[11]。但竞买人显然会尽量避免成交价格达到其最大支付意愿。如果可从市场交易中直接观察得出拍卖收入，那么从最大支付意愿推断实际成交价格这一步骤也就不存在了。

此类研究的挑战性在于管理机构及其顾问不可能详尽了解全行业的信息，而公司却掌握这些信息；由于不是自己下注拍卖，管理机构对定价准确性的追求肯定不如实际竞买人。此外，将最大支付意愿的数据转化为拍卖结果这一最终步骤是非常复杂的。

将已经使用的频谱用于提供其他国家已应用的新业务时，可以类比其他国家的结果来填充扩散模型，甚至可以采用具有争议的结果。许多国家已经或正在进行地面电视模数转换。在欧洲的模数转换中，内容提供商采取了相对谨慎的转换过程，在将现有频道上的模拟信号转为数字信号的同时，也同时将节目转到一些新的数字频道上。将此转换经验用于中等收入国家，可估计竞买人的

---

11 当拍卖 4 个相同的执照时，在一定条件下，期望得到的统一拍卖价格将会处于第 5 高报价附近的价格区间内，因为这一价格区间可以确保第 4 高的出价者赢得执照。

执照价值。

根据前述的机会成本方法，当完成竞标收入的"最佳估计"后，需要决定如何进行定价。这里要注意因估计过高而导致流标，或使获得频谱分配的公司宁可将频谱交还都不投入使用，最终造成频谱浪费的风险。

商业模型是一个可行的方法，但需要很多假设作为前提，通常会有误差。如果频谱管理者可以从不同角度得到多个预测值（"三角定位法"），该方法或许会找到用武之地。

7.6.2　基于拍卖数据的方法

此方法基于频谱管理者对不同交易的观察得出结论。通过观察和类比本国或他国、同频段或其他频段以往频谱拍卖结果，最终给出频谱定价。显然，如果参考数据来源于同一国家同频段最近的拍卖，得出的结论可靠性最高；反之，若数据来源于不同国家在多年前对不同频段的拍卖，得出的结论可靠性最低。

下面介绍用该方法进行估计所需的步骤。

7.6.2.1　标准化不同国家的数据

这一过程的实现依靠 Hazlett 研究中得出的观测数据 [14]，该数据表明，不同国家的拍卖收入在标准化后与某些关键的经济变量之间呈现出一定规律的变化关系。收入被标准化地表达为"每兆赫每人"的货币量：总收入除以执照频谱的兆赫数，再除以执照覆盖的人口总数。人均 GDP 是调整这个值的主要变量，但首先要统计不同水平的人均 GDP 对"每兆赫每人"收入观测样本的影响。一旦预测出这种关系，就有可能在一个国家的价格设定基础上，通过一定调整得到另一个国家"应有的"拍卖收入。

7.6.2.2　标准化不同频段

1 GHz 以下的频谱价值高于 1GHz 以上频谱。为了利用不同频段的拍卖价格进行频谱定价，可以利用其他国家同时涵盖高低频段的拍卖观测数据建立不同频段的相关性，并将此相关性平均后用于当事国家。

7.6.2.3　标准化执照年限

在拍卖中，我们观察到中标人通常是一次性支付年限长度各不相同的执照。对此进行调整的方法有很多。如果从执照获得的收益每年都相同，标准化过程就会相对简单。但这不太可能发生，因此需要采用其他方法。一个建议是使用组合方法，涉及使用拍卖数据和来自商业模型的数据 [12]。

7.6.2.4　按年度呈现结果

拍卖中，通常需要一次性付清频谱执照的全款 [13]。行政定价则是每年收缴。

12　假设 A 国的执照有效期为 20 年，B 国为 25 年。要以 A 国为参考推断出 B 国的频谱价值，先按前面提到的方法进行国家的标准化。我们利用商业模型方法，通过运营商的往年收入估计出 A 国过去 5 年的执照价值。为表达拍卖频谱在过去 20~25 年的频谱价值，要将这些远期收入进行贴现，它们对总估值的影响相对较小。[15]

13　这是为了防止竞标者报出高价后再退出拍卖这种恶劣行径。

若将一次性付款转化为等效的按年付款，要决定每年采用统一价格还是可变价格（即是否考虑通货膨胀），以及使用怎样的贴现率。现实中，采用统一价格的按年付款可能是最简单的方法，但如何选择贴现率将是一个棘手的问题。一种方案是采用公司的资本成本——也就是其债务和股权的平均借款利率。然而，如果每年的费用是固定的，它更像是债务利息，而且按较低的利率进行支付。这一点十分重要，因为较低的折扣率会在执照有效期的后期带来更多的收入，并使付款额度逐年降低。

举两个例子。一是爱尔兰的某场频谱拍卖中保留价格的设置。拍卖由爱尔兰频谱管理机构（通信监管委员会，ComReg）举办，包含 800MHz、900MHz 和 1800MHz 的移动通信频谱。管理机构不希望新的移动运营商加入竞标，还限定了运营商可持有的频谱上限。在这种情况下，设置保留价格是合适的。

ComReg 聘请的咨询顾问用上述方法从以前的拍卖中获取数据，并以此开展了一系列基准研究，推断出新拍卖中的数据 [16]。整个过程非常依赖计算者的判断能力。在此基础上，顾问建议为各频段设置一段"保守的"最低价格区间——为 800MHz 和 900MHz 设置的区间比较常规，为 1800MHz 设置的区间较低。管理机构选择这个价格区间中大致居中的价格作为保留价格。最后，所有标的都以接近底价的价格卖给了现有运营商 [17]。

在第二个案例中，英国监管机构 Ofcom 负责计算特定频段的市场价格，并将此设定为行政价格。此前，移动运营商已为 900MHz 和 1800MHz 缴纳了基于机会成本的行政费用。但 2010 年，英国政府要求 Ofcom 修订收费水平以充分反映市场价值。如此一来，Ofcom 将主要关注在英国 4G 拍卖的竞标总数，包括 800MHz 频段，并要在 2013 年完成修订。

和爱尔兰案例一样，Ofcom 带着这一问题遍历了手中其他国家、其他频段的拍卖，对上述方法进行了一些修正。同时，与爱尔兰一样，随着新的拍卖进展，大规模重新制定了建议价格，并对计算方法进行了进一步的修改。这些提议于 2015 年生效，使收费增加 3 ～ 4 倍，因此并不受公司欢迎 [18]。

7.6.3　小结

上述两种方法为特定频段市场价格的评估提供了可行方案。虽然两种方式都可能出错，但可将两者并行使用，并通过"三角定位法"找到合适的估价，该结果还可与机会成本法进行对比。

7.7　行政定价和交易

对于不被拍卖的频谱，通常采用行政定价作为激励频谱有效使用的一种手段。事实上，只有在非常特殊的意外情况下，才会对已通过拍卖赢得的执照进行事后行政定价。这样做会危及以后所有的频谱拍卖。

不过，对于非拍卖频谱，行政价格可与频谱交易进行有力的结合，这可以鼓励频谱用户自发放弃频谱执照。有以下 3 种方式：

（1）只使用行政定价，则该定价是放弃频谱的唯一激励；

（2）只使用频谱交易，激励是持有频谱的成本，也就是放弃的交易收入；

（3）同时使用两者，激励是缴纳费用和放弃收入的总和。（尽管当持有频谱需要按年付费时，预期的交易收入必然会减少。）

行政定价一如既往具有高风险，可能会让频谱无法使用。因此，最好要限制方式（1）中的激励效果。在方式（2）和方式（3）之间，按年付费要比理论上的放弃交易收入具有更大的激励效果；如此看来，方式（3）可能是最好的策略。

7.8　结论

本章表明可以基于"机会成本"或商业模型为频谱设置行政定价。这一定价可以进一步激励用户高效地使用频谱。第 12 章将特别讨论这一方法在公共部门中的应用。

不过，行政定价的主要计算方法存在一定脆弱性。定价方法中首先应考虑价格太高可能引起的不利影响；其次，在许多情况下，由管理部门或相关机构制定的行政价格无法像来自运作良好的市场中得到的价格那样，成为支撑频谱资源有效分配的价格标杆。频谱用户也可以成功地抵制行政定价。综上所述，行政定价的实行应该谨慎。

然而，很多时候需要在两者之间进行选择：是采用一个可能有误的行政定价，还是根本不使用行政定价？在频谱用户高度自由化的管理制度下，后者并不能很好地体现频谱价值。

参考文献

[1]　Report ITU-R 2012, "Economic Aspects of Spectrum Management", Chapter 5.2, www.itu.int/dms_pub/itu-r/opb/rep/R-REP-SM.2012-1997-PDF-E.pdf.

[2]　http://stakeholders.ofcom.org.uk/consultations/900-1800-mhz-fees/?utm_source=updates&utm_medium=email&utm_campaign=alf-consultation.

[3]　"Estimating the Commercial Trading Value of Spectrum: A Report for Ofcom" (2009), 85–87.

[4]　M. Cave, "Review of Radio Spectrum Management" (report for the Department of Trade and Industry, 2001), 121–125.

[5]　M. Cave, "Independent Audit of Spectrum Holdings (report for Her Majesty's Treasury, 2006), 27–36.

[6] http://stakeholders.ofcom.org.uk/binaries/consultations/srsp/summary/srsp_condoc.pdf.

[7] Ofcom, "Policy Evaluation Report: AIP" (2009), 29–35, http://stakeholders.ofcom.org.uk/binaries/research/spectrum-research/evaluation_report_AIP.pdf.

[8] Ofcom, "Decision to Make the Wireless Telegraphy (Licence Charges) (Amendment) Regulations 2013" (2013.5).

[9] Ofcom, "Decision to Make the Wireless Telegraphy (Licence Charges) (Amendment) Regulations 2013" (2013.5).

[10] Ofcom, "Applying Spectrum Pricing to the Maritime Sector, and New Arrangements for the Managment of pectrum Used with Radar and Aeronautical Navigation Aids", Statement (2010),http://stakeholders.ofcom.org.uk/consultations/aip_maritime/statement.

[11] Ofcom, "Spectrum Pricing for Terrestrial Broadcasting" (2013), statement, http://stakeholders.ofcom.org.uk/binaries/consultations/aip13/statement/statement.pdf.

[12] http://www.acma.gov.au/~/media/Spectrum%20Transformation%20and%20Government/Report/pdf/ACMA%20Response%20to%20Submissions%20Opportunity%20Cost%20Pricing%20of%20Spectrum%20Public%20Consultation%20on%20Administrative%20Pricing%20for%2-0Spectrum%20Based%20on%20Opportunity%20Cost.PDF.

[13] www.acma.gov.au/Industry/Spectrum/Spectrum-projects/400-MHz-band/latestdevelopments-1.

[14] T. Hazlett, "Property Rights and Wireless License Values" (2008) 51 *Journal of Law and Economics* 563.

[15] J. Poort and M. Kerste, "Setting Licence Fees for Renewing Telecommunication Spectrum Based on an Auction" (2014) 38 *Telecommunications Policy* 1085.

[16] DotEcon, "Award of 800 MHz, 900 MHz and 1800 MHz: Fifth Benchmarking Report", a report for ComReg (2012.3).

[17] ComReg, "Results of the Multi-band Spectrum Auction: Information Notice" (2012.11).

[18] Ofcom, "Annual Licence Fees for 900 MHz and 1800 MHz Spectrum: Consultation" (2013.10); Ofcom, "Annual Licence Fees for 900 MHz and 1800 MHz Spectrum: Further Consultation" (2014.8).

第三部分

频谱共享等其他新型频谱管理方法

8 频谱共享和公用频谱

8.1 公用频谱管理方法

8.1.1 公用频谱的定义

无需执照许可的频段被称为"非授权"或"免授权"频段。此类频段又称为"公用频谱",类似于以前用于放牧的公用土地,允许所有人使用。只要遵守一些接入规则(如最大功率限制),任何人都可使用这些频段。2.4 GHz 频段是最受欢迎的公用频谱,用于部署 Wi-Fi、蓝牙这类应用。

8.1.2 免授权方式的适用场景

频谱管理者注意到,在不用考虑干扰时无需对用户进行授权。此时,无线电频谱供大于求,并且用户能通过自我协调机制避免相互干扰。尽管对很多应用来说干扰都是很重大的问题,但也有一些例外,主要包括以下情形。

- 低功率传输,信号的传输距离不远,产生干扰的可能性不大。
- 高频段(如高于40GHz的频段)带宽大,但因传播特性较差,频谱需求较低。
- 室内等受限制的环境,建筑物外墙能够提供一些屏蔽,使用户不产生相互干扰。
- 固定链路,无线电信号通过窄波束传输,产生干扰的可能性比全向传输低得多。
- 使用频率协调和仲裁技术的应用。随着技术的进步,这类应用将越来越多,本章及后续章节中将进一步阐述各种相关方法。

目前,免授权的方式多用于频段较高(一般高于2GHz)且发射功率较低(一般低于100mW)的情况,因此传输范围较小。这种方式促进了 Wi-Fi、蓝牙、无绳电话、车库遥控器、婴儿监护等数以百计的应用和技术的发展。

8.1.3 公用频谱管理方法

管理公用频谱或者免授权频谱类似于管理一个公园。只要能够规范自己的行为举止,如降低噪声、不打扰他人、不放火、不办派对,任何人都可以进入公园。上述规则有时张贴在公园门口,有时会载入一般法律法规中。

就频谱来说，这种规则包括保持低传输功率、控制邻频发射，有时还限制占空比[1]。通常，这些被称为"礼让规则"[1]，可以类比为在公园里对其他人要有礼貌。

正如我们很难有理有据地决定一个城市应该有多少个公园，免授权频段的大小和数量也是很难确定的。

8.1.4　现有免授权频段

目前的免授权频段是未经规划而偶然确定的。其中，2.4GHz 的工业、科学和医疗（Industrial Scientific Medical，ISM）频段使用最为广泛。这是水分子的谐振频段，常用于微波炉及其他类似的工业设备。这些设备会产生无线电波泄露，因此这一频段最初被认为不适用于无线通信，而被保留用于非通信类工业应用。由于水分子谐振频段在各地都是一致的，因此这一频段在全球范围内都被保留用于科研和学术及相关领域的试验系统部署。在研究中人们注意到，良好的系统设计通常可以消除工业设备产生的干扰。这一发现使得 Wi-Fi 支持者和其他人注意到使用全球一致免授权频段的好处。近期提出了利用 5GHz 频段为 Wi-Fi 扩容的方案，该方案已基本在全球范围内得到了应用，只是在特定国家中有不同的使用限制。

还有一些授权频段中间的保护带，因其不"适合"与任何频段配对等原因，成为了免授权频段。尽管美国已广泛将 900MHz 频段免授权使用，欧洲也使用了 868MHz 等少量免授权频段，但大多数免授权频段都在 2GHz 以上且带宽很窄。

表 8-1 列出了英国现有的免授权频段，其他国家（特别是欧洲国家）的频率分配情况也与此大致相同。

表 8-1　英国免授权频段

频段	应用
9 kHz ~ 30 MHz	短距离感应应用
27 MHz	遥测、遥控和模式控制
40 MHz	遥测、遥控和模式控制
49 MHz	通用低功率器件
173 MHz	报警、遥测、遥控和医疗应用
405 MHz	超低功率医疗植入设备
418 MHz	通用遥测和遥控应用
458 MHz	报警、遥测、遥控和医疗应用
864 MHz	无绳音频应用
868 MHz	报警、遥测和遥控应用
2.4 GHz	通用短距离应用，包括 CCTV、RFID、WLAN、蓝牙

1　占空比是设备实际发送时间的百分比。以每 10s 发送 1s 的设备为例，其占空比为 10%。免授权频段中，通常将占空比限制在 1% ~10% 的范围内。

续表

频段	应用
5.8 GHz	HiperLAN，通用短距离应用，包括道路交通和运输远程信息处理
10.5 GHz	移动检测
24 GHz	移动检测
63 GHz	第二阶段道路交通和运输远程信息处理
76 GHz	车载雷达系统

来源：英国无线电通信局（Radiocommunications Agency）发布的频谱战略文件。

8.1.5　是否一切频段皆可公用

有些人注意到 2.4 GHz 频段上仅 80 MHz 带宽就可以承载大量的数据 [2]。如果用每秒每赫兹每平方千米的比特数（bit/s·Hz·km²）为量纲进行测量，该频段的频谱使用效率会很高，通常会比蜂窝系统或广播系统在技术上更加高效。因此，一些人认为，如果将所有频段都设置为免授权频段，使用效率将会大幅提升，频谱短缺不复存在，也就不再需要频率执照。

虽然 Wi-Fi 在技术上非常高效，但并不能经济、有效地替代蜂窝网络。提供等效覆盖所需的 Wi-Fi 热点数量过高，无法实现。如果采用覆盖范围更大的系统，则会相应地增加干扰的可能性。因此，这些系统仍需使用授权频谱。简而言之，当下并不是所有频段都可以免授权使用。未来技术足够先进时，可以稍微放宽授权的程度和范围，但这可能是几十年后的事了。

8.2　公用频谱的悲剧

8.2.1　顾虑

我们经常将土地和频谱进行类比。开放接入的频谱可类比为现在的公园或过去用于放牧的公共区域（即公地）。

在英国的村庄（类似欧洲的山地国家），牧羊人有时在公地上放羊，羊比牛更易啃伤草皮。每增加一只羊，牧民自身将能获得更多利益，而对公地的损害却由全体牧民承担，这将会导致过度放牧。如果所有牧民都理性地根据自身经济利益做出决定，公地可能被耗尽甚至毁灭，损害所有人的利益。这种现象被称为"公地悲剧"，个人的理性决定将对整个社会造成损害，这发生在许多领域，银行挤兑也包括在内。

因此，通过类比，许多人预言公用频谱或免授权频谱会被个人过度使用，直至干扰水平高到不能进行有效通信，此频段对所有人都不可用。

然而，目前为止还没有发生过这种情况。主要是因为技术本身的设计是为了反映公共利益，而非个人需求，具体如下。

- 技术上往往采用"对话前侦听"（Listen Before Talk），所以不会在他人正在传输时抢占资源。
- 发生干扰时，标准化机构倾向于共同解决问题并适当地更新技术。例如当蓝牙和Wi-Fi发生干扰时，蓝牙检测到Wi-Fi，将重新设置跳频模式进行避让[3]。
- 个人可以自行协调该频段的频谱使用。例如，买到彼此干扰的产品时，他们往往会退货。
- 限制设备的使用范围有助于将干扰转变成个人事务而非公共事务，避免发生"公地悲剧"。

在技术设计中将"群体"置于"个人"之前并采用基于共享的解决方案，其原因并不是出于社会责任，而是希望技术能被广泛使用并取得成功；也可以看作在拥塞时需要公平分配资源而导致的必然结果。

因此，虽然很多人仍然担心免授权频段的广泛使用将导致频谱拥塞，但有充分理由相信这种情况不会发生。

将公用频谱与 Elinor Ostrom 的理论进行类比是很有意义的，后者曾提出了稳定公共资源（Common-Pool Resource，CPR）所需的 8 项"设计原则"[4]：

（1）明确界限（有效排除外部非授权组织）；

（2）根据当地条件制定使用和提供公共资源的规则；

（3）集体协商决策，允许大多数资源使用者参与决策过程；

（4）由部分使用者或相关负责人担任监察员，进行有效监督；

（5）制定标准，分级制裁违规使用资源者；

（6）确立低成本且易行的冲突解决机制；

（7）拥有上级机构承认的社区自治权；

（8）对于大规模公共资源，可用多层嵌套的形式进行组织，基层有小型的本地公共资源管理。

对这些原则稍加修改和延伸，可以加入一些影响自主治理体系成效的额外变量，如有效的沟通、内部的相互信任、互助互惠及整个资源系统的自身特性 [5]。

我们在表 8-2 中列出了 Ostrom 各项原则能在多大程度上用于公用频谱。

表 8-2　　　免授权频谱使用与 Ostrom 原则的类比

Ostrom 原则	频谱使用
明确界限（有效排除外部非授权组织）	相同——通过定义适用的技术来明确
根据当地条件制定使用和提供公共资源的规则	基本相同——根据频段特性制定规则，各国之间也不尽相同
集体协商决策，允许大多数资源使用者参与决策过程	部分相同——授权条件和标准由一些使用者制定，但决策时仍为大多数使用者的利益着想
由部分使用者或相关负责人担任监察员，进行有效监督	部分相同——技术本身考虑了监测（如对话前侦听），监管机构也可以设定使用参数
制定标准，分级制裁违规使用资源者	部分相同——可以对授权许可范围外的使用提起执法诉讼

续表

Ostrom 原则	频谱使用
确立低成本且易行的冲突解决机制	部分相同——已包括在技术本身中
拥有上级机构承认的社区自治权	部分相同——标准化组织和监管机构批准的设备具有自治权
公共资源量较多时，可以多层嵌套的形式进行组织，基层有小型本地公共资源管理	部分相同——例如，建筑物中的频谱使用范围较小且仅在本地

有趣的是，部分原则是一致的，最显著的不同在于监督、自治权、组织管理等功能由通信技术本身而非用户个人实现，可通过制定规则来规范行为。这表明，标准化机构和频谱管理者可以通过合理监管广泛避免"公地悲剧"。

8.2.2　目前的实际情况

实际上，了解免授权频段是否存在拥塞是非常困难的。测试使用情况和拥塞的方法较为复杂，而且测试结果差异较大，例如，机场航站楼的高拥塞度与停车场的低拥塞度差别就很大。拥塞水平在一天中不同的时段也会有很大的差别。导致 Wi-Fi 等系统传输速率缓慢的原因可能并不显而易见，也可能与频谱无关。

迄今为止，大多数测量结果表明 2.4 GHz 频段上的干扰或拥塞并不常见[6]，仅发生在高密度的公共区域，如购物中心和体育场。即使在这些区域，往往可以通过精心部署更高密度的基站来克服上述问题。因此，尽管 Wi-Fi 和蓝牙设备激增，却没有频繁发生"公地悲剧"（但在个别特定情况下会出现问题[7]）。授权频段的拥塞情况与免授权频段类似。

然而，干扰问题不可能永远不出现。使用低频段虽然能够增大覆盖区域，也增加了产生干扰的可能性，这种干扰更多是集总干扰而非单个干扰。随着家庭中的免授权设备越来越多，干扰问题也会越发严重，尤其是部署了多种不同网络的家庭（例如，同时存在家庭自动化网络和休闲娱乐网络）。监管机构需要时刻注意产生干扰的可能性，并尽可能地开展监测、调整频谱使用。调整方法包括在其他频段寻找更多可用频谱、调整后续设备的准入规则。

8.3　各频段的使用限制

8.3.1　限制使用的方法

所有免授权频段都有"准入规则"，通过某种方式对频谱使用设限，以免产生干扰。

最简单的限制方法是降低发射功率。降低发射功率可以减小传输范围，进而缩小可能发生干扰的区域。这意味着受某一传输影响的人会更少，整个频段的容量将有所提升；但其代价是降低了个人的使用体验，例如，Wi-Fi 路由器可能无法覆盖整栋房子，这势必会对房主造成困扰。

另一种限制方法是限定占空比。占空比是设备发射所占的时间比例。通常在一个时隙（例如 10s）内测量占空比，有时占空比会低至 1%，意味着该设备仅在 10s 的 1% 时间内进行传输。这种方法避免了单一设备垄断式地使用频谱；但也使得一些应用变得不可用，降低了频谱的总体利用率。例如，Wi-Fi 路由器需要周期性广播信标信息，在占空比极低时将不能工作。限定占空比的方式常用于只有一两个设备使用一段窄带频谱的情况。

第三种限制方法是限定最大可用带宽。这种方法避免了单一设备使用全频段进行单一传输。综合发射功率、占空比和可用带宽限制，能够限定所有应用能够传输的信息量。

最后一种限制方法是使用各种礼让规则。其中，最常用的是对话前侦听。设备必须监测频率使用情况，只能在频段空闲时进行传输。在某些情况下，也使用这种方式避免对优先授权用户造成干扰，同时保证频段内的干扰维持在较低水平。

原则上，可以根据当前拥塞水平随时间动态调整上述限制方法，但需要制定信令机制和标准方法。

8.3.2　轻授权方式

另一类限制要求进行某种形式的登记 [8、9]，通常称为"轻授权"。一般会为每个有需要的用户提供接入（一般免费）。但是，要对部署情况进行登记备案，以便开展用户间协调。该方法不仅能够减少干扰，还能够提高服务质量的稳定性。使用情况登记有利于监管机构了解频段的活跃程度，有助于为判断频段是否被全部占用或是否需要采取频谱管理措施提供管理信息。

授权用户也可能要求与其共享频谱的免授权用户进行登记。例如，对军用频段上的一些轻授权用户进行登记更易于解决可能发生的问题。

ECC 对轻授权给出了如下定义：

"轻授权"是免授权使用和对频率使用者保护的结合。这种模式具有"先到先服务"的特征，用户须将台站的位置和特性告知监管机构。在用台站数据库中的部分技术参数（位置、频率、功率、天线等）是公开的，为设置新台站提供参考。如果新台站发射机不影响已登记台站（即不超过预定的干扰标准），则可以将新台站录入数据库。然而，仍需制定一种允许新用户质疑已登记台站是否在用的机制。在干扰超过标准时，应存在新用户与现有用户达成一致协议的可能 [10]。

轻授权方式要求将台站的位置和特性录入数据库，因此更适合固定性强的应用，包括：

- 固定链路；
- 卫星系统；
- 有基地电台的网络。

　　这种方式并不适合消费者使用，因为消费者一般不愿意进行登记或协商。

　　轻授权方式适用于因干扰概率较低而无需授权，但无法容忍任何干扰的情况。一个典型的例子是固定链路，每条链路可以分别授权且不易产生相互干扰，但是一些用户认为有必要采取保护措施，避免来自同一地点同一频段另一链路的干扰。

　　若无法将特定地理区域内的数据录入数据库，使用特定部署避开授权用户也是一个好办法（如卫星上行地球站）。但是，需要确定系统已部署在指定位置，不再移动。

　　最简单的轻授权方式是要求用户在对所有人开放的数据库中进行登记（涉密信息仅对通过审查的用户开放）。现有用户希望新用户通过查询数据库以避免对现有应用产生干扰。这也与新用户自身利益相关，因为干扰通常是相互的，部署干扰链路的用户本身也可能受到干扰。

　　更复杂的数据库可以对新登记用户进行检查，并对可能出现的干扰提出建议。这一功能非常有用，因为许多用户自身并不具有进行类似检查的能力。但此功能需要定义传播模型和干扰场景，而且如果仍然产生了干扰，将难以界定责任人。

　　干预力度更大的一种方式是规定一旦新用户产生干扰，必须立刻解决。常见的干扰解决方案是新用户关闭发射设备或调整使用地点和频率。现有用户有责任发现干扰并通知监管机构，监管机构通过系统的登记日期确定其设台的先后顺序（不适用于设台时间滞后于登记时间很久的系统）。确定干扰来源是这一方式的难点所在，但是解决干扰问题往往只需要确定主要干扰。

　　另外一种方式是在特定频段的所有用户间就频率使用和干扰消除的规则达成一致。如果不能达成一致，则可能由监管机构制定条件（通常这一假设足够促进用户自行达成一致）。这种方式通常适用于用户较少（10 个或以下）的情况，否则将会难以协商一致。通常还需要在频带使用初期就确定大多数或所有用户，因为后续用户将不会参与制定规则。这种方法应用在英国“欧洲数字无绳电话（DECT）的保护频带”上 [11]。这一小段频谱曾被预留作为 DECT 和 GSM1800 之间的保护频带。后续研究认为这一保护频带没有必要，并可用于低功率 GSM 传输。后来该频段拍卖给约 8 个用户共享使用，每个用户都可以使用整个频带。然而，在支付了拍卖费用之后，只有一个用户使用该频段，因此其合作规则从未得到实际测试。

　　轻授权方式的演进方向是由设备确定自身位置、查询轻授权数据库、获取关于拟议使用是否会产生干扰的信息，然后进行部署。这种借助于数据库的动态频谱接入机制正是下一章中“白频谱”接入的远景，并且可以预计动态接入将逐渐取代并最终淘汰轻授权。

　　总之，轻授权适合在不易发生拥塞但需要确保系统不会受到干扰导致容量降低的场景下使用，固定链路就属于此类。轻授权包含多种实现方式，有些还在继续使用，有些将逐渐被动态频谱接入方法替代。

8.4   Ofcom免授权框架综述

2007 年，Ofcom 对免授权的使用机制进行了调研 [12]。Ofcom 考虑了免授权频段管理规则中的若干重点问题，以及免授权接入适用的场景，主要包括 4个方面的建议，将在下面各小节中详述。

8.4.1   设置专用频率?

第一个问题是免授权频段是否只能供给特定范围内的应用使用，例如，2.4GHz 频段是否要专门指定用于 Wi-Fi 系统。

为频率指定应用从以下两方面降低了产生干扰的可能性:

- 相同应用的设备间产生的干扰问题会比不同应用少得多，这是因为在通信技术或标准的设计阶段，通常假设干扰来自类似的设备;
- 如果限制了应用，频段上的设备数量将有所减少（以2.4GHz频段为例，如果将其设置为Wi-Fi专用频段，蓝牙设备则被排除在外）。

然而，这也有一些弊端。如果特定应用没有成功就浪费了该段频谱，从而造成频谱使用灵活度较低。即便应用成功，该频段也未必得到了最佳使用。同时，每种应用使用一个频段，既不易找到多个可用频段，也将增大管理的难度。一般来说，推动创新、提升频谱价值的最佳方法是不限制某一频段上可用的应用或技术，让市场而不是监管机构决定最佳使用方式。

因此，管理干扰的规范性措施可能有效但限制了创新，而一般性措施或不采取措施有助于创新但可能无效，二者之间很难取舍。时至今日，免授权频段的干扰问题并不严重，采取"点到为止"式的措施更为合适。因此，Ofcom 得到如下结论:频段不应该设置为某些应用专用。同时，它们也注意到发射功率及时域上的频谱使用差异越大，各应用间的干扰问题也越多。例如，大部分时间都在进行高功率发射的 Wi-Fi 应用不适合与低功率间歇性发射的短距离 RFID标签类应用共享频谱。在上述情况下，RFID 标签信号将完全淹没在 Wi-Fi 信号中。所以 Ofcom 建议将免授权频段分为少量几个（3 个或 4 个）等级。某些频段将用于高功率 / 高占空比设备，另一些频段用于中、低功率设备。频段的数量和带宽都由需求决定，并将适时进行调整。

截至目前，虽然已有若干对应用 / 功率分类的建议，例如欧洲已经规定了RFID 标签的专用频段，但上述提议并没有开始实施的迹象。

8.4.2   礼让规则

Ofcom 建议无论在何种频段内，设备都应该遵守礼让规则，并定义了如下礼让性操作。

- 使用发射功率控制等技术，用尽可能低的功率发射。

- 尽可能减少发射时长，在无需发送信息时停止发射。
- 对拟使用频段进行感知，不在其他用户占用该频段时进行发射，发射时不干扰其他用户。

Ofcom 认为不应对礼让性操作做出更具体的规定。例如，不应坚持使用某种特定的功率控制方法或干扰避让机制。一旦做出规定将会限制创新，且可能不适用于未来的技术。就算在现有应用中对上述特性进行限制也有困难。

Ofcom 认为应由标准化组织或类似机构针对特定技术制定礼让性操作的具体方法。但是，这些机构还应将其提出的方法报监管机构审察，确认这些方法符合制定礼让性规则的初衷。这需要根据具体问题具体决策，不可能事前制定具体的指导方针。然而，在大多数情况下这种审察相对比较简单。

8.4.3 高频段

Ofcom 注意到：高频段因为产生拥塞的可能性更低，而更被青睐进行免授权使用。这里的高频段指的是 40GHz 以上的频段。40 ～ 100GHz 中的很多频段已经划分给现有业务，但并非都可以免授权使用。其中 59 ～ 64 GHz 频段为免授权频段。今后，可能会酌情逐步放宽其他频段的授权条件。

8.4.4 更低功率：UWB和第15部分

Ofcom 认为有一部分功率较低的发射可以在任意频段上免授权使用。美国很早以前就制定了关于这一类"第 15 部分"设备的法规 [13]，只要发射功率在 –41dBm/MHz 以下都可以免授权使用。这一措施的提出最早只是因为很多无线电设备都存在无意发射。例如，计算机主板上的主处理器会在时钟频率上发射无线电信号，设计者再怎么尽力也无法避免这种发射。但是，这种发射的功率已经低到可以接受的程度，因而不需要授权。

利用超宽带（Ultra-Wideband，UWB）传输技术，上述低功率发射就足以进行通信。UWB 技术利用超高传输带宽（有时高达 1GHz）增加有效传输范围（给定范围内传输的信息量取决于带宽和发射功率；反之，给定吞吐量和发射功率则可以通过增加带宽来增大传输范围）。但是，在不同的数据速率要求下，UWB 的覆盖范围仅有 1 ～ 10m。UWB 技术已用于地面探测雷达及类似应用；但是，因一系列原因并没有在商业上取得成功。

Ofcom 对这类设备的限制没有 FCC 那么简单，提出了如图 8-1 所示的发射模板。这个看似复杂的模板是 Ofcom 基于 10.6GHz 以下频段 UWB 与其他现有应用潜在干扰研究成果建立的。只有在高于 6GHz 的情况下该模板中发射限值要求与美国的 –41dBm/MHz 一致。对于 10.6GHz 以上频段，Ofcom 模版中的斜线反映了发射限值随频率升高而减弱的传播特性。这一部分的模板包括两条线，较低一条供射电天文等无源（仅接收）业务使用，较高一条供其他业务使用。

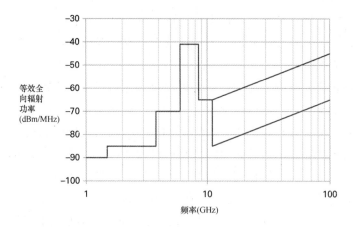

图8-1   Ofcom提出的低功率发射限制要求

8.5   结论

当某一频段的使用不太可能产生拥塞和干扰（即供大于求）时，就没有必要对其用户进行授权。反之，该频段更适合免授权使用或公用，监管机构设置接入规则并允许所有用户使用的频段。规则通常旨在确保用户之间的"礼让"行为，使用户公平地共享频谱。

任何公用物品都面临着因个人利益与整个集团利益冲突导致"公地悲剧"的风险。但这似乎并没有发生在无线电频谱领域，其原因可能是因为相比于个人利益，技术本身更倾向于群体利益。免授权频谱在诸如 Wi-Fi 和蓝牙等方面的应用越来越广泛，但其使用率依然较低。监管机构有必要对使用情况进行监控，做好一旦出现拥塞就采取行动的准备。

进行用户登记是另一种免授权方式，通常被称为"轻授权"。轻授权有许多好处，例如允许设置保护区、增强不产生干扰的确定性、允许用户自行协调。轻授权方式可望逐渐转变为动态频谱接入。

Ofcom 在其免授权机制评估中对免授权频段进行了研究。主要结论包括：频段不应该设置为某些应用专用，可设置为某些相似（在功率、占空比等方面）应用共用；应由标准化组织制定礼让协议；多数 40GHz 以上的频段都应设置为免授权，且无需频谱授权的功率限值更低。

参考文献

[1]   http://stakeholders.ofcom.org.uk/market-data-research/other/technologyresearch/research/exempt/polprot.

[2]   www.reed.com/dpr/locus/OpenSpectrum.

[3]   www.ee.ucl.ac.uk/lcs/previous/LCS192003/125.pdf.

[4]　E. Ostrom, *Governing the Commons: The Evolution of Institutions for Collective Action*, Cambridge University Press, 1990.

[5]　J. Poteete and E. Ostrom, *Working Together: Collective Action, the Commons, and Multiple Methods in Practice*, Princeton University Press, 2010.

[6]　http://stakeholders.ofcom.org.uk/market-dataresearch/other/technology-research/research/exempt/Wi-Fi.

[7]　www.wired.com/2010/06/wireless-woes-rain-fail-on-steve-jobs-keynote.

[8]　ECC, "Light Licensing, Licence-Exempt and Commons", www.erodocdb.dk/Docs/doc98/official/pdf/ECCRep132.pdf.

[9]　E-band Corporation, "Light Licensing", www.e-band.com/get.php?f.848.

[10]　ECC Report 132, www.erodocdb.dk/Docs/doc98/official/pdf/ECCRep132.pdf, section 2.3.2.

[11]　Ofcom, "Proposal for the DECT Guardband", www.ofcom.org.uk/static/archive/ra/topics/pmc/consult/gsm1800/gsm1800condocfinalweb.pdf.

[12]　Ofcom, "Licence-Exemption Framework Review", http://stakeholders.ofcom.org.uk/binaries/consultations/lefr/summary/lefr.pdf.

[13]　FCC, "Title 47: Telecommunication", Chapter 1, Subchapter A, "General," Part 15, "Radio frequency devices".

9 动态频谱接入

9.1 引言

上一章提到了设备间可以基于动态方式共享频谱。例如，在特定的地点和时间内如果主用户没有使用频谱，则次级用户可以机会式地使用频谱。这可被看作轻授权方式的一种拓展：动态频谱用于登记频谱使用的数据库更具有实时性且能够进行共存分析。

之所以需要采用动态接入，是因为虽然频谱匮乏现象明显，但从实际监测情况来看，频谱的使用仍不充分。频谱使用监测是一个相对粗糙的过程，需要安装一个能进行全频段扫描的接收机，并记录频段范围内接收到的能量，没有接收到能量的频段可以认为是空闲频段。该方法存在很多问题，主要有以下几点。

- 由于地域限制，接收机可能无法收到信号。例如，除非接收机的位置靠近基站，否则扫频接收机很难接收到从移动电话到其临近基站的上行链路信号。
- 该频段可能用于诸如射电天文等需要避免人为信号干扰的应用。
- 该频段可能用于卫星传输，除非扫频接收机配备了朝上的碟形天线，否则可能接收不到卫星信号。
- 雷达等业务的信号很难接收，因为它们仅发射短时能量脉冲。发射脉冲时，雷达恰好指向扫频接收机且扫频接收器的扫描频率刚好与雷达频率相同的概率非常低。
- 许多业务要求不得在相邻小区中使用相同频率。一个小区中仅有约25%的频率可以使用，这些频率在相隔较远的不相邻小区中才能重用。因此，尽管75%的频率未被使用，但对于其他功率相近的应用来说依然不可用，否则将会造成干扰。

因此，使用信号功率衡量频谱使用率将不可避免地低估频谱使用率。许多城市的多个测量结果都表明，仅有约 20% 的频谱得到了使用[1]。

如果真的只有 20% 的频谱占用度，频谱使用率存在 5 倍的提升空间，这将极大缓解频谱拥塞。但上述讨论表明，由于频率重用的要求和某些类型信号

---

1 例如，参见 Ofcom 的《Spectrum Framework Review》。

难以接收的问题，预期的使用率也只能在 25% 以下。在此基础上，20% 的测量结果基本属于频谱使用较好的情况。当然，这并不是说频谱使用率没有可提升空间，但提升空间不大且需要仔细探索。

9.2　动态频谱接入方法

动态使用频谱的前提是设备能够确定在其当前位置上频谱是否正被使用，或者更具体地确定发射中的设备是否会对主用户或授权用户造成干扰。针对上述需求已经提出了 3 种不同的实现方式，即基于感知、信标和地理位置的方法。

9.2.1　感知

首先介绍的方法就是感知。准备使用频率的设备对整个频段进行扫描，并记录检测到的不活跃频段，然后假定这些频段是空闲的并能够用于传输。但正如前面提到的，检测频率的使用情况非常困难。终端在受到诸如建筑等物体的遮挡时，对于感知设备是隐藏不可见的，又称"隐藏节点问题"[1]。当隐藏节点发射信号时，信号可能会传播到与之通信的设备，却不能传播到感知设备。感知设备可能错误地假定该频率空闲并将其用于传输，从而导致干扰。

我们以传统电视接收为例审视这个问题，如图 9-1 所示。安装在屋顶的天线能够接收到较弱的电视广播信号。因为接收天线的高度比一般建筑物高且具有方向性，其接收信号的强度足以达到有效电视信号的强度。感知设备可能位于城市建筑物内且使用非定向天线，能够接收到的信号比电视接收机小得多，这将导致其得出电视频道未被占用的结论。如果感知设备（移动终端）随即在该信道上发射信号，发射机可能与电视接收机距离很近，发射信号衰减较少，从而引起严重干扰。

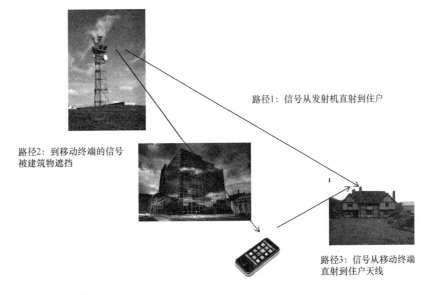

路径1：信号从发射机直射到住户

路径2：到移动终端的信号被建筑物遮挡

路径3：信号从移动终端直射到住户天线

图9-1　隐藏节点问题。来源：Ofcom

提高扫频接收机的灵敏度，使其能够检测到微弱信号是解决这个问题的有效方法，实际上却很难实现。图 9-1 所示的例子中屋顶上接收到的信号强度大约是 –80dBm。大量的测量和建模 [2] 结果表明，感知设备扫描到的接收信号强度有 1% 的可能比屋顶低 35dB 或更多。这时信号强度为 –115dBm，而频带中的底噪约为 –105dBm。检测低于底噪的信号非常困难，需要探测信号中的重复特征并进行相关性计算，以将信号提升到底噪以上；还需要高灵敏度的接收机，并很好地隔离接收机自身电路其他部分产生的噪声。尽管电视信号确实有一些重复特性，但在不同的标准和衍生标准（例如 DVB-T 和 DVB-T2）中的重复特性也不尽相同，且往往不足以达到准确识别信号的程度。

因为存在隐藏节点问题，不太可能设计并制造出灵敏度高且能准确检测频谱占用度的商用动态频谱接入（Dynamic Spectrum Access, DSA）设备。这是美国 FCC [3] 和其他机构在一系列设备试验后得出的结论，英国 Ofcom[4] 在建模并进行行业咨询后也得出了相同结论。因此，对于许多共享业务，仅有感知是不够的。

也有一些例外情况。比如，军事用户在战场上，可能并不过分担心隐藏节点引起的干扰。在这种情况下，感知是一种可行的 DSA 方案，确实也已经应用于军事 DSA 设备。未来还可能出现一些其他干扰容限相对较高的情况。

9.2.2　信标

除感知方案外，还可以使用更为安全的"接收到确认信号后发射"的方案。DSA 设备侦听"信标"，并解码其中的信息用于确定可用信道。这种方案对已授权用户的保护不依赖于 DSA 设备的性能，灵敏度较差的接收机设备无法接收距其较远的信标，因此传输范围也相对较小。

然而，信标也带来了如下的一系列问题：
- 需要为信标本身分配频率；
- 需要有人建立并维护信标网络；
- 信标的传输范围可能无法准确地限定在目标区域内；
- 即使不在全球，也至少应在全国范围内建立一致的协议。

给信标分配的一般是窄带频谱，因为通常信标传输的信息并不多，其所需的带宽也比较小。然而，很难在频段规划内找到像地面数字电视（Digital terrestrial television，DTT）那样由 6 ～ 8MHz 带宽的信道组成的一小段频谱。

目标频段上现有应用的发射塔位置一般是部署信标台的最佳地点，虽然两者有可能共享基础设施，但是建立并维护一个网络的开销依然高昂。如果 DSA 使用免授权频段则无法收取相关费用，将会出现经费问题。

最大问题可能是标示的准确性。DSA 设备在一切能够接收到信标的地点进行通信，所以信标覆盖的范围应该与频率可用的范围一致。但是，约束覆盖范围存在困难，且不同灵敏度的接收机能够收到信标的区域也不尽相同。授权用户对避免干扰的要求通常很高，因此倾向于使信标的覆盖区域小于目标区域，即使信标确实传输到了目标区域外或使用了灵敏度较高的接收机，DSA 设备依然有可能在允许通信的范围内。这就意味着，对普通 DSA 设备和传播条件来说，允许通信的实际范围小于理想范围。如果 DSA 设备的覆盖范围特别小、形状奇特或者经常变化，使用信标方案将导致这些被认为空闲的频谱不能充分使用。

20 世纪末，欧盟赞助了一系列研究项目 [2] 对信标进行了很多研究，称之为"认知导频信道"，有很多出版物可供参考。但由于存在上述问题，除欧盟的研究外，信标的概念并没有得到推广，看起来信标似乎不可能成为 DSA 解决方案的重要构成部分。

9.2.3 地理位置

这种方案完全不依赖于 DSA 设备进行决策。相反，所有空闲频谱的决策都是通过中央式的数据库完成的。该数据库存储了足够丰富的信息，一旦给定 DSA 设备的位置和特征信息，它就能确定哪些频谱是可用的。这种方案被称为地理位置数据库。首先，DSA 设备确定自身位置，可以通过 GPS 确定，对于固定设备来说可以事先输入位置。然后，DSA 设备通过"常规"传输信道，如现有回传链路、蜂窝数据信道等将这些信息发送给数据库（这一阶段还无法使用动态接入）。数据库也通过"常规"传输信道将当前位置的可用频率回传给 DSA 设备。设备确定所使用的频率，然后开始在该频率上通信。

数据库需要能够获取授权频谱使用的细节，如发射机位置或已知的覆盖区域。数据库还应知道授权用户对来自 DSA 设备干扰的敏感程度。一般情况下，监管机构会提供一系列用于判断频谱可用性的规则。

这一方式避免了感知和信标方式中的所有问题，还带来了如下好处：
- 所有设备均在数据库的控制下，因此当发生干扰时，可由监管机构或相关组织来改变设备的接入行为；
- 方便通知设备未来可接入频段的变更情况；
- 可以实施多种预先规划和设备控制方法，避免DSA设备间的过度干扰；
- 可以基于数据库的请求总量，估计频段的利用率水平。
  然而，它依然存在如下不足：
- 设备自身应具有定位（或被定位）功能，还需使用额外链路与数据库通信；
- 需要专门的组织机构来建设和运维数据库；
- 数据库中的记录可能并不能完全反映无线电通信中面临的实际情况，可能会导致"落地"问题（虽然一旦发现问题就可以立即更正）。

由于上述不足，地理位置数据库的用户更可能是建有基站的公司，因为它们具备已知的位置信息和永久的回传链路。该网络的终端设备可以"傻瓜式"地直接操作，而不需要定位或联络数据库。

2　参考 COGEU 等项目 [5]。

地理位置数据库是目前看起来唯一可行的方案，至少在这种情况下，授权用户得到了很严格的干扰保护。因此，目前全球范围内允许使用 DSA 的监管机构都采取了这一方案[3]。

9.3　授权共享接入

在许可的频段上可以基于授权或免授权方式进行动态接入（接入方式一致，区别在于接入的是授权频段还是免授权频段的空闲频谱）。我们将在本节介绍基于共享的授权接入，也称为授权共享接入（Licensed Shared Access，LSA）[4]。下一节将要介绍免授权共享接入（一般称为"白频谱"接入）。

9.3.1　LSA的概念

LSA 的概念是允许有限数量的次级用户基于授权方式使用频谱。有些情况下只有一个次级用户。目前，在某些移动宽带业务的区域协调一致频段上存在难以"驱逐"的现有用户，LSA 是使移动宽带运营商能够接入这些频段的首选机制。其目的是颁发类似于 800MHz 频段上的独占式使用执照，但应符合与现有用户共享频谱的条件。在现有用户为军事或航空等政府用户时，这一方式尤其有用。目前考虑使用 LSA 的频段有 2.3GHz 和 3.4 ～ 3.8GHz 频段。

LSA 的运营方式与白频谱非常类似。监管机构在与现有用户进行协商后制定接入准则，以便地理位置数据库在给定位置为共享用户提供频谱接入授权。不同之处在于，监管机构将以拍卖等方式授权有限数量的用户接入目标频段。

LSA 由多家主流蜂窝制造商共同提出，目前在欧盟层面上进行讨论[5]。

9.3.2　使用授权方式的原因

基于何种方式进行动态接入还由主用户本身的特性决定。例如，如果主用户频繁使用频谱，共享的机会就比较有限，不太可能用于部署重要网络，更适合不太看重投资回报率的地区性应用。在这种情况下，免授权方式将会更受青睐。如果授权的应用较为敏感（例如军方），主用户会更倾向于用户间交互密切的授权方式。若移动宽带业务协调一致的频段上已经存在了非宽带用户，且移动宽带运营商倾向于使用授权方式接入该频段，LSA 应是更理想的方案。

LSA 可能在权限分配方面存在问题。监管机构对主用户的未来规划所知甚少，不清楚它们是否会扩建网络。因此，给出的所有拍卖指南都含糊其辞，竞标者需要承担一定风险。

3　动态频谱联盟：www.dynamicspectrumalliance.org，是了解世界各地监管方面进展很好的信息源。

4　有时也称作许可共享接入（Authorized Shared Access，ASA）。

5　请参考欧盟无线电频谱政策小组（Radio Spectrum Policy Program, RSPG）对 LSA 的意见 [6]。

总体来说，我们建议具体问题具体分析，并按如下条目来确定使用授权方式还是免授权方式。

- 可共享的频谱总量——如果是在有限区域使用或临时使用，则倾向免授权接入。
- 授权用户对频谱未来使用的确定性——如果不确定，则倾向免授权接入。
- 授权用户控制免授权使用的严格程度——如果程度高，则倾向LSA。
- 平衡相关频段上授权和免授频谱的数量——如果仅有少量免授权频谱可用，则倾向免授权接入。
- 大多数潜在次级用户表现出的偏好。
- 已授权用户直接授权次级用户使用频谱的能力（例如，通过交易或租赁）——如果能力强，就可以直接留给市场决定。

这一领域还需要进一步研究和试验。现在看来，随着 DSA 受欢迎程度的逐渐提高，如果将其用于除电视白频谱以外的其他频段，越来越多的用户将会尝试这种授权方式。幸运的是，数据库方案使这种演进成为可能，而且在需要时，还可以在常规数据库的顶层增加价格机制。

9.3.3 现状

在 2015 年撰写本书时，LSA 尚处于立项阶段，并未实施。我们还不清楚是否有足够的利益来驱动 LSA 的实施。

9.4 免授权共享接入

9.4.1 免授权接入的概念

在免授权接入方式中，只要不对授权用户产生干扰，所有用户都可以共享其频段。通常利用地理数据库的方式确保避免干扰。只要遵守接入准则，免授权用户的数量和频谱的用途是不受限制的。这一方式最初是针对电视频段（在 470 ～ 790MHz）提出的，常被称为"白频谱"接入。对于免授权用户来说，除了存在特定时间或地点没有可用频率的风险外，这些频段和一般的免授权频段没有什么区别。

9.4.2 优势和劣势

与其他方案相比，免授权接入因不需要通过竞争和拍卖确定频段使用者而更加简单易行。也没有必要清退现有用户，只需制定共享规则使其免受干扰即可。与其他国家的协调一致也相对容易，因为所有国家都可以为白频谱接入开放一段频谱——甚至当频段并不完全一致时，数据库也能够全面地为设备提供关于该国家可用信道的建议。

免授权频谱接入还可发挥免授权频段的一些公认优势，例如激发创新的能力、引入新业务的速度和尝试大量不同应用的能力。

9.4.3 干扰管理

授权用户被干扰的原因主要有以下两种。

（1）DSA 设备的辐射落到授权用户使用的频段内。通常是 DSA 设备的带外发射落到了授权用户的带内。

（2）DSA 设备的辐射位于授权用户使用的频段外，但因授权用户设备不能将其完全滤除而产生干扰。通常是 DSA 设备的带内发射落到了授权用户的邻近信道。

实际干扰将是这两种干扰的叠加。举例来说，一个 DSA 设备在信道 $n+2$ 上的带外发射（DSA 设备工作在信道 n）可能会对工作在与其间隔 2 个信道的电视接收机产生干扰。同时，尽管间隔两个信道，滤波特性较差的电视接收机可能仍然无法消除 DSA 的带内发射，从而引起干扰。具体哪种干扰起主要作用，取决于 DSA 设备发射机滤波器的性能和电视接收机（或其他授权设备）滤波器的性能。给定 DSA 设备位置，如果数据库掌握了：（1）授权设备接收机可能的位置；（2）授权设备正在使用的频率以及这些频率上的接收功率；（3）授权设备接收机的性能；（4）DSA 设备发射机的发射模板；数据库就能够确定 DSA 设备在不产生干扰的前提下能够使用的最大发射功率。

可以通过预测授权业务信号强度，估计能够成功接收授权业务信号的等高线，进而确定授权用户接收机的地理位置。一般来说，这是通过传播模型工具进行计算得出的。

可从授权用户那里得到在用的电视频率。在某些情况下（例如电视广播），在用频率非常固定，而在另外一些使用了跳频等技术的网络中，在用频率可能以亚秒级单位发生变化。

授权用户接收机性能可以从规范中得到，当然，实际干扰测试中的结果更加准确。发射机的发射模板可以从设备制造商、标准或者测量中得到。

实际干扰功率由下式得出：

$$I = P_{\mathrm{IB}} \times PL + \sum\nolimits_{\text{all other frequencies}} P_{\mathrm{OB}}(f) \times PL \times FA(f)$$

其中，P_{IB} 是落在接收机在用频带内的发射功率，P_{OB} 是在用频带外的频率 f 上的发射功率。实际上，主要的带外影响来自发射设备使用的频带，上式可简化为：

$$I = P_{\mathrm{IB}} \times PL + P_{\mathrm{OB}} \times PL \times FA$$

路径损耗的组成如下：

$$PL = G_{\mathrm{TX}} + G_{\mathrm{RX}} - CL - SL$$

其中，G_{TX} 是发射天线在接收机方向上的增益，G_{RX} 是接收天线在发射机方向上的增益，*CL* 是线缆损耗等类似的损耗（例如，可能是使用同轴电缆将屋顶上的电视天线信号引入屋内造成的损耗），*SL* 是信号损耗。信号损耗的强度和建模方法已在 2.3 节中详述。

上述信息完备后，就可以确定白频谱在特定地点的可用性，方法如下：先根据 DSA 设备发射机的指定发射功率绘制其覆盖区域的等高线，由于区域外的信号强度已经低到不会对授权用户产生干扰，然后逐个确认此区域内所有"像素点"上的频谱可用性。确认方法是通过测试被测信道上下相邻的一系列信道是否会因 DSA 设备带外发射以及授权用户接收机非理想的邻道选择性而被干扰。如果有干扰，则将被测信道从搜索过程中剔除。所有剩余白频谱信道在 DSA 指定发射功率下都是可用的。

可用信道数量还能进一步增加，可以通过：（1）降低 DSA 设备的发射功率以减小可能引起干扰的范围；（2）减小 DSA 设备的带外发射以减小落入授权用户带内的信号功率。值得注意的是，仅在 DSA 设备带内发射成为主要干扰前，降低带外发射功率才会有效。例如，在典型电视保护干扰比下，一旦 DSA 设备发射机在载波相邻信道（"*n*+1"）上的带外发射功率降低到 50dBc（比有用信号低 50dB），干扰的主要组成部分就是加扰 DSA 设备的带内信号，进一步降低带外发射功率也无法增加可用白频谱。

9.4.4 避免免授权用户间的干扰

即使已经避免了对授权用户的干扰，但仍存在多个 DSA 用户在同一地点接入频谱，从而引起相互干扰的风险。这是所有免授权频段（如 2.4GHz 频段）都普遍存在的问题，但新型接入技术的出现为控制或避免干扰带来了新的可能。免授权频段管理的可选方法如下。

（1）与其他免授权频段相同，让用户自己处理干扰。

（2）发布接入该频段时所必须遵守的行为准则，包括要求使用功率控制、设置最大占空比等规则。

（3）限制特定频段仅供某种技术或应用使用，能够缓解共存问题，但是频段利用率可能较低。

（4）借助数据库管理频谱。

对于第一种方法，用户可以自主选择干扰处理措施。它们可以选取对干扰具有鲁棒性的无线电技术，如跳频、强力纠错。在某些情况下，不同的标准化组织会共同协作以减少设备间的干扰。例如，在认为蓝牙设备会对 Wi-Fi 设备造成干扰时就是这么做的。修订了蓝牙规范，使得蓝牙设备在检测到 Wi-Fi 信号时会调整自身的跳频模式以避免对其造成直接干扰。这种方案将监管机构的干预降到了最低，效果非常好。该方法在不约束频谱用途的前提下限制了一般情况下的干扰，且无需监管机构参与。如果要修改干扰处理方法，必须在实施前明确修改方法带来的好处。

对于第二种方法，Ofcom 考虑过制定行为准则 [7]，但是很难在保证规则有效与不限制技术和方法的创新之间保持平衡。Ofcom 的最终结论是采用"礼让规则"，为避免干扰提供原则上的指导，主要包括：

- 尽可能地使用功率控制，最小化辐射功率；
- 避免连续发射，其他用户才能有机会接入信道；
- 按照功率和占空比将相似的应用归类，因为相似应用之间能够更好地共存。

最后一点涉及前述的第三种方法——限制特定频段仅供某种技术或应用使用。例如，诸如电视白频谱等特定的 DSA 频段可能仅供机器类通信（Machine-to-Machine，M2M）的应用使用。这种方法提高了 M2M 系统的接入可靠性，但阻止了其他系统的接入。当无法确定最佳应用时，监管机构的决策可能会面临风险且困难重重。或许更好的做法是允许多种应用接入 DSA 频段，然后鼓励最佳应用迁移到授权频段并永久使用。

最后一种免授权频谱管理方法首次使用了数据库。例如，使用数据库记录在短时间内收到的同一地区的多个用频请求，为避免发生拥塞，数据库会拒绝其中一些请求。或者，在一个信道接受的用频请求数量达到特定值后，再考虑使用下一个信道。然而，这些方式都不够精准，因为数据库对每个用频请求的频谱使用程度以及现实中的拥塞情况所知甚少。

这种基于数据库方法的最大优点之一是可以随时修改管理策略而无需召回设备。因此，监管机构可以在起始阶段采取相对开放的策略以观察涌现出了哪些应用；此后，如果 DSA 设备间产生了干扰问题，可以适时实施更加严格的管理策略。这种"边走边看"的方法是一种有力的新型频谱管理方法。

9.5   共享接入的优缺点

优点：
- 接入免费或收费较低，且无需授权；
- 可以使用优质频段。

缺点：
- 通常无法确保接入成功；
- 可能受到授权用户和其他非授权用户干扰；
- 可能无法形成多国家协调一致频段；
- 需要地理位置信息和与数据库通信的额外信道（目前所有的实例中都是如此），将增加设备成本和复杂性。

因此，在选取最适合使用共享接入方式的无线应用时，会面临两难困境：一方面，DSA（目前）是免授权的，但普遍认为无线网络需要授权频谱；因此 DSA 并不适合用于网状系统部署。另一方面，因需要地理位置信息和额外的通信信道，又需要用到基于网状系统的解决方案，现有基站已经完全可以满足这些功能的需求。那么如何解决这个矛盾呢？

一般来说，对地理位置信息的需求导致共享接入更适用于网状系统，至少在目前已实施的案例中是这样的。其原因是一切发起无线通信的"主设备"都需要自我定位，然后通过非白频谱接入数据库。对使用类似蓝牙式点对点链路的应用来说，这类主设备——可能是一个简单的用户设备——需要 GPS（在室内时可能无法使用）和蜂窝数据链路才能使用。这会大幅增加设备成本。对 Wi-Fi 类应用来说，使用白频谱是可行的。Wi-Fi 设备需要自我定位，可以由使用者发布自身位置或通过制造商在设备中内嵌 GPS 来实现，但还需要回传链路。然而，最简单的方式还是部署网状系统：基站的位置固定且安装者了解位置信息，回传链路也是永久可用的，可以轻松查询数据库。

方框 9-1　博弈论、公用频谱、动态频谱接入

很多研究致力于将博弈论用于动态频谱接入。博弈论常用于研究影响彼此决策的决策者间行为。很明显，期望接入频谱的企业或机构正属于此类。博弈分为两种：合作式博弈和非合作式博弈。协议或承诺具有约束性和强制性的博弈为合作式，博弈如果不具上述特征则为非合作式博弈。

表 9-1 从主用户（primary users，PUs）和次级用户（secondary users，SUs）的角度阐述了合作式博弈和非合作式博弈的区别[6]。因此，次级用户对于白频谱的机会式接入与对授权频谱接入完全不同。

表 9-1　频谱接入方式分类

	非合作式	合作式
主用户	免授权	授权频谱交易
次级用户	白频谱	授权频谱接入

纳什均衡（Nash equilibrium）是博弈论中的一个重要概念，指每个决策者都不愿改变其策略时的配置结果。策略可以是"单一的"（确定的），也可以是"混合的"（概率性的）。

研究人员已经提出了大量模型，可以用于确定不同情况下决策者的最优行为方式。例如，有些人研究了在理性情况下企业应如何自发组织形成次级用户联盟进行协作，以共享感知信息进而提高传输容量[7]。

虽然这一研究还没有在动态频谱接入管理方面取得重大突破，目前仍在使用更加直接且更依赖监管的管理方法；但是引发了对架构中各种已有问题的严密思考。

目前，我们推荐基于网络系统的应用使用 DSA 接入方式，包括家庭固定宽带、移动宽带、M2M，可能还包括军事应用。

6　参见 [8]。
7　关于这个例子和其他例子的相关信息，可以参考 [9]。

　　如果某一 DSA 频段上的所有或大部分应用都是基于网络系统的，可能需要不同网络运营商进行协商，以防止免授权 DSA 用户间相互干扰。这既有助于提升 DSA 频段的容量，也可以在频段使用负荷较重时降低免授权用户间相互干扰增多的风险。

9.6　例1：电视白频谱

9.6.1　为何选取电视频段

　　UHF 电视频段是首次实施使用白频谱接入的最佳候选频段[8]，主要原因如下。

- **存在大量白频谱**。电视频段大概从470MHz一直延展到790MHz，频谱资源约320MHz；有些地区已知的空闲频谱超过100MHz。
- **优质频段**。在这些频段上，信号传播距离远，是很多应用的理想频段。
- **静态的授权使用方式**。这些频段大多用于电视发射，其发射机位置固定且发射频率和功率鲜有改变，因此输入数据库的信息多数是不变的（用于节目制作的频率较为动态，将在下一章中详述）。
- **授权用户没有白频谱所有权**。蜂窝网络频率执照的持有者可在全国范围内独占式地使用其授权频谱，因此频段上的所有白频谱也属于它们。但是，大多数国家的电视频率执照将信道授权给单个发射机使用，这些发射机信道间的空闲信道并没有授权给任何人使用，监管机构很容易将其设置为白频谱。

　　除了上述有利因素，在电视频段上实现共享还要面对下面一些难题。

- **设备单向接收的特性**。电视机并不发射信号，因此不可能被检测到，非常难以感知。
- **超高功率传输**。电视发射塔工作在100kW以上，可能会对DSA设备造成干扰。
- **频段搬移计划**。电视频段正被大幅压缩，800MHz频段、700MHz频段上的数字红利将逐步被拍卖。

9.6.2　广播业务相关的共享事宜

　　为确定是否存在明显干扰，需要确定电视接收机的载干比（carrier-to-interference，C/I）。其中载波（carrier）是有用的电视信号，干扰（interference）是来源于 DSA 设备的信号。载波信号强度与电视发射机和接收机天线距离等因素相关。干扰信号由两部分组成，带内部分是广播信号所在频带上的信号，带外部分是广播信号相邻频带上的信号。带内部分直接进入电视解调电路中，带外部分在经过电视接收机滤波器后有所衰减，衰减程度因厂商不同而有所差别。这两部分干扰信号的强度取决于 DSA 设备的发射功率及其与电视接收机间的传输损耗。最后，电视能够容忍一定强度的干扰，其干扰容限取决于载波信号功

8　本节改编自 [10]。

率、干扰信号的波形和电视信号的编码方式。

因此，有很多需要考虑的参数。总体来说，应包括下列参数：

（1）电视天线端的有用电视信号（即载波信号）的功率；

（2）天线增益和信号到达电视接收机前的线路损耗；

（3）DSA 设备的发射功率；

（4）DSA 设备的发射模板，能够反映其带内和带外功率；

（5）DSA 设备的波形；

（6）DSA 设备和电视天线之间的传输损耗；

（7）电视接收机滤波器滤除带外干扰的能力；

（8）各种特定电视"模式"（调制和编码方式的组合）所需满足的 C/I、接收功率和干扰波形类型。

一些参数（参数 7、参数 8）因电视而异，另一些参数（参数 1、参数 2）因家庭而异，还有一些参数（参数 1、参数 6）只能根据静态模型进行预测。对干扰水平进行明确的评估并非易事。本节的剩余部分将对每个参数进行讨论。

9.6.2.1　天线端电视信号功率

电视信号功率取决于发射功率及发射机与家用天线间的传输损耗。一般来说，发射功率是已知且固定的。传输损耗由发射机与接收机间的距离及地形决定，可通过诸如"Hata 模型"之类的传播模型进行预估 [11]。传播模型属于一个复杂的研究领域，足以用一本书来介绍 [12]。这里需要注意的是传播模型只是对实际情况的一种近似估计。出于建模目的，模型中一般将整个国家分解为"像素点"。一个像素点可能是一个 100m×100m 的方格。然后对像素点中的平均信号功率进行预测。因为模型和地形细节（如接收机前方的大树）的不准确性，像素点中的信号功率会与预测值有所不同。一般认为信号功率符合 σ 约为 5dB 的对数正态分布[9]。电视信号功率也随时间变化，还可能会受到天气情况的影响。当在发射机上方存在高压时，会发生所谓的"对流层波导"效应，使得无线电信号通过"隧道"在大气中传输，到达比一般情况下要远得多的地方，造成电视接收机受到远方同频电视发射机干扰这一特殊问题。

基于上述原因，电视接收情况通常是按特定的时间和地点依概率给出的。因此，一个像素点可能会声称在 99% 的地点和 50% 的时间概率下 C/I 为 10dB。这就意味着该像素点中 99% 的接收机至少在 50% 的时间内 C/I 不低于 10dB。

这就导致了 DSA 干扰情况估计的复杂性，因为不能简单地说会对像素点造成干扰或不会造成干扰。干扰会导致像素点中能够接收到电视信号的用户比例降低，可能从 99% 降至 98%。在这种情况下，可以认为地点概率被低估了 1%。如果这一像素点中只有 10 个用户，可能不会受到什么影响，也可能会有 1 个用户受到干扰。

9　对数正态分布具有如下特征：99% 的数据都落在平均值 ±3σ 的范围内。因此，基本上所有接收机都应该能够识别出比平均功率低 15dB 的信号。

因此，考虑到概率模型，看似简单的电视信号功率估计实际上相当复杂。

9.6.2.2　天线和线缆增益

室外的电视信号与室内输入到电视机的信号并不相同。很多电视用户都在屋顶安装了带有增益的定向天线。只要天线朝向正确，就能够提升电视接收的性能。然后信号经过一根连接天线和电视机的线缆后会有所衰减。为便于建模，一般假设电视天线增益约为 12dB，线缆损耗约为 3dB，共有 9dB 的增益。

这已是简化后的结果。一般来说，电视用户仅安装了刚好满足观看需求的天线。因此在电视信号较强的地方，往往使用性能不佳的天线（或根本不使用天线）。即使安装了性能良好的天线，随时间的推移，其性能也逐渐降低。在信号较弱的区域这可能会导致画面丢失，需要对天线进行校正；在信号较强的区域可能不会注意到这个问题。英国对一栋政府公寓进行的调查 [13] 表明，天线增益从 30dB 到 –30dB 不等。电视信号功率和天线增益明显呈负相关关系。最终的结果是到达电视机的信号强度会越来越接近最低值——这是一个非常重要的结论，后面会再次提及。

9.6.2.3　DSA设备的发射功率和发射模板

这一参数比较直观。给定设备型号的发射特性一般来说是固定的，并且可以由制造商或型号核准机构提供。但是不同 DSA 设备（如一个 M2M 设备和一个 Wi-Fi 路由器）的参数是不同的。因此，实施 DSA 的最佳方式是获取每种类型设备的特性，并据此分配相应的频率。英国的 Ofcom 提议采用这种方法，但是美国的 FCC 并没有采用这种方法，而是视作所有设备均具有相同特性并对指标做出了明确规定。

9.6.2.4　DSA设备的波形

在早期 DSA 设备对电视接收机的干扰测试中，将干扰信号建模为一个常量或是“连续波”（Continuous Wave，CW）信号。该信号最易于生成，且被认为足以用来研究干扰带来的影响。

在后续阶段，使用了实际的 DSA 设备信号。典型的 DSA 设备不会进行连续发射。反之，它会在发送完信息后停止发射直至发送下一信息。即使在发射过程中，信号也可能具有“突发性”，因为现代的多数通信技术都以某种时分的形式使用资源，以便于在多个设备间分配接入系统的机会。更典型的干扰是“开 - 关 - 开 - 关”类型的信号，常被描述为“突发”信号而不是“连续”信号。

最初认为突发信号对电视接收机的影响并没有连续信号那么大，因为突发信号的间隔中没有能量，其能量低于连续信号。然而，测量结果表明，实际上突发信号对电视接收机的影响更大 [10]。更糟糕的是对不同厂家生产的电视机来说，两种信号对有些电视接收机的影响差异不大，而对另一些电视接收机的影响

10　参见 Bute Trial Report[14] 中的图 4.1。

差 10 ～ 20dB。

　　上述现象与电视机中自动增益控制（Automatic Gain Control，AGC）系统的实现方式有关。AGC 系统遇到强干扰信号时，常常通过阶梯式地减少接收机放大器的增益来避免过饱和。这个阶梯式的变化使接收机的其余部分不稳定，可能需要几分之一秒来重新校准。如果干扰源是常量，这种方式完全没有问题。在干扰源为突发信号时，AGC 系统一直增加或减少增益，使接收机的其余部分一直处于不稳定状态，会不断影响电视画面。制造商可以重新设计电视接收机，以更小的阶梯调整增益或根据长期平均干扰进行调整，事实上有很多制造商已经开展了相关工作。然而，这并不能改进目前已经部署的数以百万计的电视机。

　　另一方面，突发信号只是问题的一部分，而不是问题的全部。电视接收机的测试往往在实验室里开展，我们将一个信道上的"模拟"电视多路信号和另一个信道上的 DSA 设备信号注入接收机。在这种情况下，突发信号占设备接收到的总信号能量的 90%，对 AGC 系统有很大影响。但在典型的实际部署中，电视接收机可能会收到 4 ～ 6 个电视多路信号和一系列其他干扰信号——来自附近的基站和多个 DSA 设备。这时，突发信号可能仅占设备接收到的总信号能量的 10%，对 AGC 系统的影响就小得多。这是一个仍在研究中的领域，但整个研究过程表明了干扰的复杂性和进行严谨的实际测试的必要性。

9.6.2.5　设备和电视天线间的传输损耗

　　并非所有的 DSA 设备发射信号都能够到达电视天线接收端。信号会根据 DSA 设备与电视天线距离的增加或存在障碍物等因素而减弱。还可能因为电视天线方向没有指向 DSA 设备或是与电视信号极化方式不同而有所衰减[11]。

　　需要考虑以下两种情况。

- 共信道发射，一般情况下仅在DSA设备与电视接收机相隔有一定距离时发生。
- 邻信道发射和带外发射影响，将在DSA设备与电视接收机距离足够近的时候发生。

　　一般来说，无法得知 DSA 设备和电视接收机的详细位置。如前所述，使用像素点建模的方式更加易行。像素点的大小因模型而异且会不时地变化，目前多数使用 100m×100m 大小。DSA 设备上报自身位置时，数据库能够判断其是否与电视接收机位于同一像素点中。

　　对于共信道发射的情况，允许 DSA 设备与一定距离以外的电视接收机使用相同信道。在给定的电视接收机保护要求下，两个设备肯定不会位于同一个像素点中，而应该相距几千米到十几千米。在这种情况下，可以使用 Hata 等标准传播模型预测两个设备间的传播损耗。为保守起见，在干扰测试前，可以将传播损耗的预测值降低几个标准偏差（例如 3σ），使干扰信号更强。虽然这种保守做法能够确保干扰概率很低，但也不应过于保守。

11　一般情况下，电视信号是水平极化方式的信号（除转播站外）。DSA 信号则有些随机，但有很多基站使用垂直极化。因此，至少可以认为基站和电视接收机间存在极化差别。

实际上，白频谱的可用性主要由邻信道发射和带外影响——而非共信道发射——决定，主要是因为存在以下两种现象。

- DSA设备的带外发射——一般比有用信号低约50dB——就像衰减了很多的共信道干扰一样落入电视信道内。

- 电视接收机不能完全滤除DSA设备的有用信号，一些电视频段相邻信道上的信号会成为干扰信号。

从理论上来说，上述两种现象产生的干扰幅度相当，而且电视机接收到的是两者的组合。这种干扰信号比共信道干扰信号的强度弱得多，使得DSA设备与电视接收机往往可位于同一像素点内。此时，不能使用一般的传播模型，因为两个设备可能仅相距数米。需要以"最小耦合损耗"（minimum coupling loss, MCL）假设来替代。MCL是DSA设备信号的最小减少量，此时DSA设备和电视天线间的地形与距离使得干扰信号衰减量最小。因为邻信道发射的影响占主导，而且数据库是基于MCL假设的最恶劣场景，所以确定MCL就变得非常重要。

9.6.2.6　电视的C/I要求

电视不仅需明确其接收信道上的 C/I 要求，还需要明确上下相邻多个信道（一般为上下9个信道）上的 C/I 要求。接收信道上的 C/I 值通常为正数，电视信号应比干扰信号强；在多个相邻信道上的 C/I 值为负数，接收信道上的电视信号比相邻信道上的干扰信号弱。C/I 值会为负数的原因在于，电视信号在经过电视机内滤波器后落在相邻信道内的信号非常弱。这一组 C/I 值常被称作"电视保护比"。

然而，如前所述，有很多因素影响着这些保护比的取值，包括：

- 电视信号强度——在电视信号较强时通常需要更大的保护比；

- 干扰信号波形类型是突发型还是连续型；

- 电视接收机滤波器的性能。

电视接收机间的差异是一个很大的问题。DSA数据库并不掌握所有地点正在使用的电视接收机类型，因此可能需要对接收机进行最坏假设，即将其假设为对突发型干扰最敏感且/或滤波器最差的类型。这会为保护要求引入额外的保守性。

随着电视接收机类型的日新月异，上述因素也会发生变化。我们期望电视接收机的抗干扰性能会得到很大提升，但实际情况并非总是如此，在那些能使制造商降低电视造价的新型低成本解决方案中更加不可能[12]。因此，最好对接收机的最低性能进行标准化，监管机构近些年也在考虑制定相关标准，但是这些标准难于实施或不适合实施[13]。

目前已经开展了很多关于电视保护比要求的测试，这里提供一些例子[14]。我们给出了4种不同的电视接收机在4个不同电视信号接收功率下所需的 C/I 值，

12　例如，逐渐引入基于硅技术而非离散RF组件的接收器，虽然大幅降低了成本，但同时恶化了接收器性能。

13　涉及电视接收机对设计时未知的非电视波形的抗干扰能力，尤其难以实施或不适合实施。

14　基于Ofcom授权ERA所做的测试[15]。

电视信号接收功率的范围从保持正常接收所需的最低功率（−70dBm）到最高功率（−20dBm）。在这些图中，有时一些曲线可能会重合而不容易从图上看出，也没有必要对特定接收机进行连线，问题的关键是这些点分布的密集程度。

图 9-2 给出了 4 个不同电视接收机（编号为 1 ～ 4）在同频 LTE 发射机干扰下的工作情况，LTE 发射机处于"满载"状态，发射连续信号。在这种情况下，电视信号比 LTE 信号功率高 15 ～ 20dB 时电视接收机能够成功接收。4 台不同的接收机和不同的接收功率下 C/I 要求差异不大，这也与通常的预期一致。

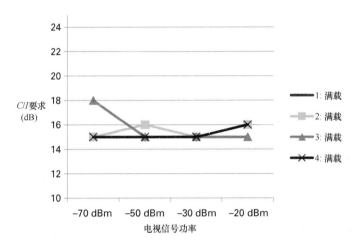

图9-2　　　免受满载同频LTE发射机干扰所需的电视保护比。来源[10]

图 9-3 与图 9-2 类似，不同之处在于不但给出了 LTE 发射机处于满载状态（用实线表示）时的情况，还给出了 LTE 发射机处于未满载状态或基站处于空闲状态时，即发射突发信号时（用虚线表示）的情况。在空闲情况下，需要约 5dB 的额外 C/I。

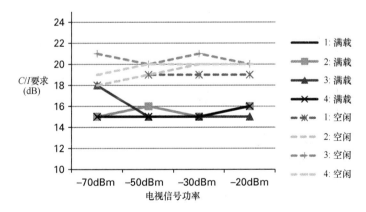

图9-3　　　免受满载和空载（空闲）同频LTE发射机干扰所需的电视保护比。来源[10]

图 9-4 给出了 LTE 发射机与电视接收机频率间隔约 3 个信道（18MHz）时的情况。这种情况下 LTE 信号可以比电视信号强，因为电视接收机能过滤掉大部分 LTE 信号。如图所示，尽管 C/I 在数值上存在 10dB 的差异，不同电视接

收机的性能曲线走势仍较为类似。更重要的是，在不同电视信号接收功率下的 *C/I* 差异非常大。

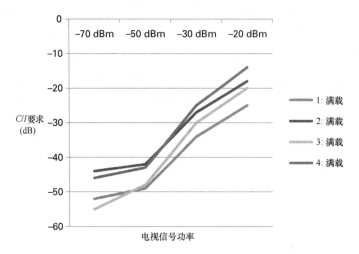

图9-4　　免受相隔18MHz满载LTE发射机干扰所需的电视保护比。来源[10]

　　在电视接收信号功率较低的情况下，电视接收机能够容忍比电视信号高50dB 左右的干扰；但在电视接收信号功率较高的情况下，只能容忍约比电视信号高 20dB 左右的干扰。这可能是因为 LTE 信号使电视接收机前端开始趋于过饱和，引发了其接收链路的非线性效应。最直接的影响是，随着电视信号强度的进一步增大，干扰水平却必须维持在基本相同的水平。

　　图 9-5 所示是在图 9-4 的基础上增加了突发干扰的情况。这引起了一些出乎意料的结果。所有接收机的性能都比连续干扰恶化了至少 10dB，而接收机 4 尤其糟糕，至少恶化了 25dB。

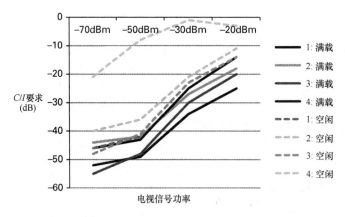

图9-5　　免受相隔18MHz满载和空载（空闲）LTE发射机干扰所需的电视保护比。来源[10]

　　如果监管机构想要保护最坏情况下性能最差的接收机，在相隔 18MHz 的频率隔离下需要的 *C/I* 约为 −1dB。如果想要保护最好情况下性能最佳的接收机，需要的 *C/I* 约为 −55dB。这种巨大的差异使得监管机构在进行决策时异常艰难。

如前所述，如果假设电视接收机使用"性能刚好达标"的天线，其信号强度基本保持在最低值；同时，由于实际存在很多其他干扰信号，突发干扰问题不那么突出。此时，只需要考虑电视信号接收功率在 −70dBm 左右的情况。这样一来就缩小了问题的考虑范围，让监管机构更易于决策。

9.6.2.7　最小耦合损耗（MCL）

MCL 是 DSA 设备和电视接收机之间的最小衰减值。为确定这一损耗，首先必须预估最坏的设备位置分布情况，即 DSA 设备与电视接收机距离最近的时候。这种预估需要一些判断力，例如，距离最近的情况可能是 DSA 设备与电视天线靠得近在咫尺。但对部署在房顶的电视天线来说，这种情况可能性极小。同位置上的接近程度一样，电视天线的方向也对 MCL 有很大影响。例如，DSA 设备可能在楼上房间里而电视天线在楼顶，两者仅相距几米。但是，这种情况下信号衰减会很大。不仅因为信号需要穿过屋顶，还因为电视天线在 DSA 设备信号的到达方向上有很大的负增益。

现实中可能出现的最坏情况是，目标接收机所在房屋的道路正对面有一座比它略高的房屋。如果接收机的天线朝向对面房屋楼上阳台的位置且 DSA 设备直接正对目标接收机，此时的隔离距离仅为路宽（约为 6m）且天线满增益接收。这种情况下的路径损耗可能只有 32dB，因此 DSA 设备的信号衰减不大，可能造成干扰。如果允许电视天线方向随机变化，MCL 将服从参数为（49,8）的对数正态分布[15]。但实际中这种情况发生的可能性有多大呢？如果不采取其他措施，即使没有 DSA 设备，电视接收机也很可能因为信号被道路对面房屋遮挡而无法正常工作。

9.6.2.8　室内电视

是否需要保护室内接收（即使用位于电视机顶部天线接收）是电视接收机保护中的一个关键问题。室内接收中的一些参数与前面提到的有所不同，包括：

- 天线的增益更低且不具有方向性；
- DSA设备更靠近电视天线，MCL的计算完全不同；
- 电视接收机信号强度常常接近最低值，更容易受到干扰信号影响。

在最坏情况下，保护室内电视将导致绝大多数的白频谱都不可用。这是因为 MCL 很低时，即使一个功率很低的 DSA 信号都可能对其造成干扰。实际上，监管机构已试图采取多种措施来降低这种影响。

一些监管机构并不保护室内接收[16]。它们认为，电视频段使用许可只考虑为使用屋顶天线的接收提供覆盖，如果电视观众恰好能够使用室内天线接收电视信号，也只是偶然情况，不能指望受到保护。

还有一些监管机构认为计算 MCL 时不应该考虑 DSA 设备和室内电视接收机在同一房间甚至同一建筑内的情况。因为这两种设备都受同一个人控制，可以通过关闭其中一个设备或是将两者分开的方法来自行开展"干扰管理"。（事

15　即这组服从对数正态分布的数据均值为 49dB，方差为 8dB。

16　参见 [16] 中的 5:13 段。

实上，人们可能并不清楚干扰是哪个 DSA 设备引发的。）在这种情况下，将依据 DSA 设备位于相邻建筑中的情况计算 MCL，一般情况下有 10m 的隔离距离，信号穿过建筑物墙壁时还会产生穿透损耗。很多计算结果表明这种情况下的 MCL 值与前面使用室外天线情况相近。

9.6.3　现状

在本书撰写期间，只有少数白频段得到了应用。虽然还没有发生明显干扰，但相应的部署密度也还不足以得出任何结论。然而，LTE 系统中的类似经验表明，联合利用多种风险规避因素可能会明显导致过度保护。

9.7　例2：美国3.5GHz频段

9.7.1　美国方案

美国 FCC 在 2013 年提出了一些关于 3.5 GHz 频段使用的新建议，该频段目前主要由政府（国防）用户使用 [17]。建议的出发点是，覆盖范围在 100m 左右的微小区对定向室内覆盖或室外局部覆盖非常重要，其覆盖区域包括家庭、办公室、体育场、购物中心、医院和大城市的户外区域。FCC 指出，对消费者、企业用户和服务提供商来说，微小区的部署相对容易且成本较低，因此适合使用与全权授权不同的制度。

FCC 认为 3.5GHz 频段非常适合用于部署微小区。频段较高并不是问题，因为微小区要求的覆盖范围较小，且这一频段存在足够的可用带宽。该频段的现有应用包括美国国防部（Department of Defense，DoD）大功率雷达，以及用非联邦卫星固定业务（Fixed Satellite Service，FSS）地球站的接收、空对地操作和馈线链路。这些应用的存在导致 3.5GHz 频段的"禁用区"非常大，覆盖约 60% 的美国人口，因此该频段不是特别适合用于部署广域宏蜂窝。

FCC 提出了如下的 3 层服务接入架构：

（1）现有接入；

（2）优先接入；

（3）一般授权接入（General Authorized Access，GAA）。

优先接入层的用户在特定目标位置使用部分 3.5GHz 频段部署关键的、对服务质量有要求的微小区。用户可能包括医院、公共事业单位、州和地方政府，以及需要在特定地理区域内保证可靠、优先宽带接入的其他用户。

为避免在不保证服务质量的地区提供有服务质量要求的业务，只允许在现有用户不会产生有害干扰且 GAA 用户不会干扰现有用户的区域内提供优先接入。优先接入用户需要进行登记，并要求同一区域内的低层用户和其他优先接入用户不对其产生干扰。图 9-6 已对这一方式进行了图解。

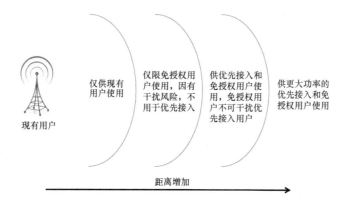

图9-6　3.5GHz频段共享安排

　　FCC 提出了频谱接入系统（spectrum access system，SAS）用于进行层内和层间管理。SAS 将动态数据库与地理信息相结合，同时利用基于现有电视白频谱数据库建立的技术协调手段，从地理位置、时间和频率等多个维度进行接入管理。用于 3.5GHz 频段的 SAS 可以解决一些新问题，但可能还需要新一代的动态数据库技术。FCC 认为建立这样的数据库需要进行详细规划和测试。

　　这种 3 层服务接入架构的主要特征有：

- 利用数据库跟踪用户，防止其进入特定地理区域，保护高层用户不受底层用户干扰；
- 与白频谱相似，能够共享接入授权频段；
- 将用户分为多个层，试图同时满足一系列对频率使用类型和可用性要求都不同的用户；
- 规定用于部置"微小区"。

　　其创新性在于将"LSA"和"白频谱"结合到一起，即允许相同时间内在同一频段上进行授权共享接入和非授权共享接入。

9.8　例3：政府机构频谱共享

　　监管机构已经开始尝试与政府用户或军事用户共享频谱。实际上，很多监管机构发现在过去的几十年中政府用户一直都在共享频谱。例如，在 2.4GHz 免授权频段上与军事用户共享频谱，部分欧洲国家在 5GHz 频段上与军用雷达共享频谱。早期蜂窝用户与军事用户共享一些频段，蜂窝用户在密集城区使用频谱而军事用户在其他区域使用，直到军事用户最终迁移到其他频段上。

　　美国总统科技顾问委员会（President's Council of Advisors on Science and Technology，PCAST）在 2012 年发布了一份有影响力的报告 [18]，强烈建议将白频谱接入技术用于政府频谱。该报告建议立即确定 1000MHz 频谱用于基于 3

层共享方案的共享接入，其中第 3 层以轻授权的方式使用频谱。报告认为这是目前接入政府频谱的唯一可行方案，同时也将为无线技术和服务创新提供一片沃土。虽然这一方案受到了普遍欢迎，但并非所有人都同意上述结论，一些意见认为应继续施压进行频谱清退，同时寻求一些替代方案。

尽管报告中的理念并不都是全新的，许多是已有观点，但报告发表的时机很好，非常契合当下面临的问题和频谱使用方式的变化趋势。但是，只有将报告中的理念"制度化"才能得以实施。例如，NTIA 在 2012 年就建立了频谱共享的测试平台，但是进展甚微。因此，除非采用其他方法，否则即使另建一个测试平台也是没有用的 [17]。《国家宽带计划》（*National Broadband Plan*）[19] 中阐述过共享问题，但没有得到实施。其原因并非缺乏政治决心，而是因为个人无权实施这一理念。决策权被分散成多个投票权，不赞成该理念的人反而能阻止其推进。

政府与产业界的通力合作可能会克服部分问题，并就政府在用系统的相关议题和数据形成更广泛的理解。

成功引入这些概念需要得到政府内部人员，特别是 NTIA 内部人员的一致支持。现有使用者并没有多少动力与他人共享频谱。因为共享将增加其工作的复杂性、成本和延时，而且不会带来明显的利益。在商界，最广泛的激励就是利润。商业用户会在利润的激励下共享或出售其并未充分利用的频谱，因为这会为它们带来收入的增长。不难理解，这一激励对政府用户来说不会有太大的作用。通常，就算政府部门的收入确实有所增加，这部分收入也会通过直接上缴或降低随后几年预算的方式被财政部门据为己有。刚开始在英国尝试实行"激励定价"时成败参半。直接使用货币支付不太可能成功。PCAST 报告中建议使用其他类型的"人造货币"作为替代。政府机构外的其他机构对政府雇员目前面临的压力和激励所知甚少，也没有合适的方法解决这些问题并决定合适的频谱共享方式。

一种可能用于释放政府频谱的方法是让政府关闭其原有系统转而使用商业系统。但实际上能够替换的系统都已经被替换，而另一些系统（如军用雷达）鲜有可行的商业替代方案。因此，貌似无法快速完成频谱释放。此外，外部机构并不完全了解联邦频谱的使用情况。加强政府和商业用户间的交流能克服这一问题。这种交流不仅可以促进双方达成共识，而且有助于确定频谱共享所需的关键数据。这也适用于 FCC 和 NTIA 间的讨论，这些讨论往往不向其他商业机构公开。将这些讨论进一步公开化非常重要，能在一定程度上促进机构间就某些问题达成共识。PCAST 提出的数据库将存储大部分相关信息，可能是机构间互动并达成共识的良好开端。然而，在对数据库的建议中缺少诸如将频谱用于其他应用的经济价值等信息，这些信息恰恰是做出明智决策的关键。

更灵活的授权方式有助于创新性观点的提出，尤其是存在不同频谱接入方式的情况下。多年来已经就增加授权方式的灵活性开展了大量工作，PCAST 团

---

17 NTIA 正在试图研发一种测试设施，以便于对关心的干扰问题进行快速测试。该设施可能包括一系列能够用于快速实际测试的屏蔽室、试验场地和可搬移设备。

队也认真地研究过这一领域。例如，在一些情况下可以同时使用感知方式和数据库方式，特别是在由于运营或安全原因使得数据库难以更新的情况下。在需要进行点对点通信但又无法接入数据库时，也可以单独使用感知方式，或与预存的上一版本的数据库同时使用。这种灵活的授权方式有利于在研究中产生新的观点和解决方案，法规不应对这一方式设置阻碍。

Ofcom 也在关注共享政府频率，虽然截至本书撰写时尚未发布任何具体规划，但对在这一领域进行深入探索表现出了热情。Ofcom 工作人员在会议上表示，电视白频谱接入可能是在政府频谱上部署数据库接入的"试验"。预计世界各地的其他监管机构也将会随之效仿。

9.9　总结：亟需增强灵活性

频谱管理已经发展演进了一个多世纪。随着频谱使用的增加，与时俱进地更新或改变频谱管理方式变得越来越困难。可以将其简单地类比为"碎片整理"——计算机周期性地将文件重新合并到连续的块中或是进行磁盘清理。频谱使用非常分散，"碎片整理"非常有价值，但由于涉及数百万用户的迁移，多数迁移需要更换新设备，因此频谱的"碎片整理"难以实现。同时，频率执照是在各种条款下颁发的，一般有效期为 10 年或 20 年，不能在到期之前变更。

这使得频谱管理改革十分复杂，但并不能消除改革的愿望和（长远的）必要性。因此，值得考虑的问题是频谱管理的终极目标是什么，如何才能实现这一目标。

近年来，频谱工作的主要关注点是共享。这是两方面原因导致的必然结果：关键频段频谱需求急剧增长，包括最有价值的频段在内的大量频谱使用不充分。一直以来，频谱只是在有限的地理维度或大块的时间维度（如每周）上进行共享。但现在新型实时共享技术已经可以控制不同用户根据拥塞情况变化动态地做出响应，这在 10 年前是根本不可能做到的。监管机构，特别是国家级监管机构，正试图通过穿插（overlay）和叠加（underlay）部署、"白频谱"、授权频谱接入等方法实现类似功能。公共部门频谱的用户是政府或公共机构，原则上最适合实行改革（见第 12 章），但也不能低估公共部门用户对频谱的需求及其保守性。

在上述情况下，增加灵活性的途径在于减少用户对独占式频谱使用的期望。只有在特殊情况下，某一机构才可以完全拥有并使用授权频谱。正常情况下，应该依据用户权利等级分级接入，高级别用户优先接入；也可能只设置一个用户等级，基于"先来先服务"原则接入（受限于监管机构对每个组织机构使用规模的限制）；也可以是上述两种方式的组合。

这为在不同频段和应用上实施共享提供了多种选择。在某些情况下，某个运营商可能具有优先接入权，但仍允许其他用户在其附近工作。应在频率执照中反映出这一点，包括已达成一致的干扰水平和干扰问题的解决机制。

上述程度的共享可以通过当前已有的基于地理位置数据库的接入技术实现。这一方法应该成为所有设备的默认接入方式。不过点对点设备通常只连接到相邻设备而不连接到网络，可能只能在条件允许的时间内间歇性地查询数据库。

在这种架构下，现有授权用户接入的可靠性会有所降低。然而，可以通过制定接入规则满足用户对优先级的要求。频谱接入价格将取决于相应的接入权利。频率监管机构或竞争拍卖可以将频段配置按用户权限类型分类，接受用户对不同等级接入的出价并进行比较，根据产生最大收益的用户出价方案分配频段接入权。如前面 5.6 节所述，在相关频段的拍卖过程中可以参考免授权接入的出价意愿，还可设置独占式接入所占的带宽比例上限。这很像一些频谱奖励政策中的"退频补贴"，鼓励现有用户清退频谱供新用户使用，不同之处在于清退出的频谱将用于共享。一旦具备实施条件，频段使用者之间可以通过谈判在可行的前提下用频谱接入权换取赔偿金之类的补偿。

我们可以预见，在一段时间内将有多种频谱接入模式共存，但会强烈倾向于共享使用，以增加频谱利用率并降低频谱价格。在某些频段可能出现 Eli Noam 几年前提出的频谱接入现货市场 [20]。他预测用户将以"现收现付"的方式获得频谱，而不是获得"退频补贴"。现货和期货市场将会进一步发展。这种模式正逐渐变得可行，因为自从 Noam 的建议首次提出以来，技术专家和经济学家在解决干扰问题方面取得了很大进展，提出了不同于独占式使用的解决方案。

我们可以看一个类似的例子：全球电力批发市场成功地将电力零售商及其客户与各种类型的发电厂联系到一起，通过特殊的权衡调度方式瞬间实现供需平衡。对频谱来说，按接入时间灵活程度分类的多个市场可以共存。全批发式移动无线网络中的权限管理将成为这种业务的雏形 [21]。

然而，并没有必要对管理方式的演变进行过多的规定，只要确保提高频谱使用率的激励措施得到落实，确保有市场竞争力的频谱用户没有被阻止进入市场即可。

现在我们可以采取什么措施加快这一演进过程呢？这需要多级频谱监管中的不同机构分别采取行动，在此我们只能简单介绍一些思路。

频谱的重新分类将是重要的第一步。频谱应该按照功率和占空比分类，以代替传统"固定""移动"和"广播"这种分类方式。简单地说应该有高功率频段、中等功率频段和低功率频段 18。ITU 和其他超国家（supranational）管理机构如果改用这一分类方法，将会起到很大的促进作用。

改变独占式频谱使用方式可能是一个渐进的过程，随着数据库或其他机制的技术水平提高，在保护用户权益、避免干扰、履行契约或实现监管优先级等方面的可靠性也会随之增加，从而加速这一进程。一些应用在一段时间内可能仍将保持独占式使用，但可以在其他被重新拍卖或清退并重新规划的频段上逐步引入共享方案。对于一些有效期较长或永久有效的频率执照，其冗长的有效

18　可以参考 Ofcom 发布的 Licence Exempt Framework Review 进行进一步探讨。

期不足以激励产业研究开发相应的技术。

　　另一种方法是制定消除独占式使用的时间表，可以为每种重要业务（例如广播、蜂窝）制定不同的时间期限，在几年内分阶段执行。Ofcom 和其他监管机构在引入频谱交易时使用了这种方法。如果在各国间就时间和阶段达成共识，将有助于刺激设备市场。消除独占式使用的进程一旦开始，更多的频谱接入机会将导致残存的独占式执照商业利益的降低。

　　在这种架构下，现有授权用户的接入可靠性会有所降低。然而，可以通过制定接入规则尽量满足其优先接入的要求，而且可以预期设备演进能够支持更灵活的频谱接入方式。

　　结束独占式使用或许是增强频谱使用灵活性最重要的措施，但不是唯一措施。在制定监管措施、频谱使用权限以及频谱接入权决策整体流程时，都应同时重点考虑接收机性能和发射机性能——更准确地说监管机构应当综合考虑发射机和接收机参数。

　　我们预期在这一过程中，全频段范围内将涌现出很多免授权和轻授权应用，并会有各种各样不同的方法用于激励创新。当某一频段内的应用已经成熟且需要更高的接入可靠性时，可能需要将该频段从免授权变为轻授权。

　　后续章节将会更详细地就这些领域展开讨论，包括与政府用户的共享、关于频谱使用权限的规范和接收机标准。

参考文献

[1]　A. Tsertou and D. I. Laurenson, "Revisiting the Hidden Terminal Problem in a CSMA/CA Wireless Network" (July 2008) 7(7) *IEEE Transactions on Mobile Computing* 817.

[2]　http://stakeholders.ofcom.org.uk/binaries/spectrum/spectrum-policyarea/projects/ddr/eracog.pdf.

[3]　http://hraunfoss.fcc.gov/edocs_public/attachmatch/FCC-10-174A1.pdf.

[4]　Ofcom, "Statement on Licence Exempting Cognitive Devices Using Interleaved Spectrum" (July 1, 2009), http://stakeholders.ofcom.org.uk/consultations/cognitive/statement.

[5]　www.ict-cogeu.eu.

[6]　RSPG opinion on LSA, RSPG13–529 rev1.

[7]　http://stakeholders.ofcom.org.uk/consultations/lefr/statement.

[8]　M. Weiss, "Dynamic Spectrum Access" (2013) 37 *Telecommunications Policy* 193.

[9]　B. Benmammar, A. Amraoui, and F. Krief, "A Survey on Dynamic Spectrum Access Techniques in Cognitive Radio Networks" (2013) 5 *International Journal of Communications Networks and Information Security* 71.

[10] W. Webb, *Dynamic White Space Spectrum Access* (2013), www.webbsearch. co.uk/publications.

[11] http://en.wikipedia.org/wiki/COST_Hata_model.

[12] C. Haslett, *Essentials of Radio Wave Propagation*, Cambridge University Press, 2008.

[13] http://stakeholders.ofcom.org.uk/binaries/research/tv-research/aerials_ research.pdf.

[14] www.wirelesswhitespace.org/media/28341/tsb100912_bute_ws_report_ v01_00.pdf.

[15] http://stakeholders.ofcom.org.uk/binaries/consultations/949731/annexes/ DTTCoexistence.pdf.

[16] Ofcom, "TV White Spaces: Approach to Coexistence" (2013.9), http:// stakeholders.ofcom.org.uk/binaries/consultations/white-space-coexistence/ summary/whitespaces.pdf.

[17] FCC 14–49, "Further Notice of Proposed Rulemaking (3650 MHz Band)", www.fcc.gov/document/proposes-creation-new-citizens-broadband-radio- service-35-ghz.

[18] "Realizing the Full Potential of Government-Held Spectrum to Spur Economic Growth", www.whitehouse.gov/sites/default/files/microsites/ ostp/pcast_spectrum_report_final_july_20_2012.pdf.

[19] FCC, "Connecting America: The National Broadband Plan", 76, www.fcc. gov/nationalbroadband-plan.

[20] E. Noam, "Today's Orthodoxy, Tomorrow's Anachronism: Taking the Next Step to Open Spectrum Access" (1998) 41S2 *Journal of Law and Economics* 765.

[21] E. Flores-Roux, "Mexico's Shared Spectrum Model", http://broadbandasia. info/wp-content/uploads/2014/04/EFloresRoux-Mexicos-shared-spectrum- model-March-2014-2.pdf.

10　控制干扰

管理授权、规范接收机

10.1　引言

在前面的章节中，我们可以看到频谱管理的一个关键作用就是控制干扰。在第 2 章中，我们研究了干扰是如何发生的，并在章末指出了提高干扰监管水平所面临的困难。

基于对干扰的理解，我们在本章中将研究如何进行频谱授权以更好地定义和控制干扰级别，进而实现市场机制，例如在不影响附近频谱使用者的情况下改变频谱使用。这自然引发了对是否需要进一步规范接收机在有干扰环境下性能的考察。

10.2　频谱使用的权限

10.2.1　简介

如果各频段频谱使用情况固定，监管机构可根据具体的用途和技术来确定传输功率和保护带宽等各项参数。这是过去一个多世纪以来所使用的方法。然而，随着频谱使用的变更（例如从广播变为宽带移动）越来越多，这种假设已不成立。当频谱使用发生变化时，干扰水平和模式都可能有很大改变，有可能会对现有用户产生干扰。如果这些现有用户不确定它们将来（有时可能是 10 ～ 20 年后）可能遭受的干扰水平，那么它们可能不会在昂贵的基础设施上投资。因此，解决这一问题的方案既要允许频谱使用改变，同时也需要提供明确的干扰水平。

授权用户实际受到的干扰取决于相邻基站的发射功率及它们之间的距离。一个由少数相对高功率站点组成的网络（如广播网络）可能仅对少量区域造成干扰，但每个干扰区域面积很大。反之，一个由大量中低功率站点组成的网络（如蜂窝网络）会在更多的区域内造成干扰，但是每个干扰区域面积较小。

有若干方案可以解决干扰问题。

- 假设基站密度基本不变，简单地规定发射机的最大功率。但是，这可能是无效假设，会给邻近网络的部署增加风险。
- 要求在部署每个接收机时都得征得邻近用户的同意。这一方案能够确保邻近用户掌握干扰的变化情况，但比较官僚且有约束性，在实施上有一定难度。
- 根据可能发生一定水平干扰的区域数量和面积制定干扰限制。这一方案无需确定具体的干扰区域，允许进行概率性的设计假设。

上述方法都存在缺点，但是我们更倾向于使用最后一种方法。在这种情况下，运营商会被告知在 $Y\%$ 以上的时间内 $Z\%$ 以上的地理区域内不能造成超过 X dBm/ 单位带宽限值的干扰。为验证情况是否如此，可以在既定单位区域内（如 $5km^2$ 内）和相当长时间范围内进行海量测量以采集变量。为节省成本和时间，实践中常常使用建模来代替实际测量。

相邻接收机可以使用这种方法确定自身受到的带外干扰和带内干扰。

但是，对授权用户来说，设置这样一组限制与现在使用的限制发射机最大功率的方法完全不同。目前，一般只在频段用途（如用于固定业务还是移动业务）或技术体制方面对授权用户加以限制，但在这些限制及发射机最大功率限制内，授权用户可以按自己意愿部署任意多的基站。如果按照新方法进行重新授权，将不会对频段用途和技术体制加以限制。但是，若要部署基站更密集的网络，就只能降低每个基站的平均传输功率（实际中往往正是这样）。

10.2.2　确定干扰

由于授权用户知道自身可承受的干扰水平，因此测定超标干扰的过程就是先测量接收到的干扰分布情况，再确定相邻用户对其产生的干扰是否超过允许范围。可以使用标准的测量设备测定。实际操作中可能会遇到干扰随时间、地点变化带来的困难，需要进行长期监测。

一旦授权用户确定有超标干扰，可以上报监管机构解决；另一种解决方案是在授权用户自愿的情况下直接与产生干扰的用户沟通解决。这与目前正在使用的方法类似。在澳大利亚，直接与产生干扰的用户沟通解决是最常用的方法。

干扰分为非法干扰和合法干扰两种类型。非法干扰不能通过直接磋商解决，监管机构必须采取相应的执法流程。受害方也可以同时在民事法庭进行个人法律诉讼。

合法干扰更加复杂。一般反映为监管机构错误地将频谱所有权赋予了相邻的授权用户。这种情况下，监管机构需要修改频率执照的相应条款。

10.2.3　英国频谱使用权限

英国详细地研究了频谱所有权，也称为频谱使用权限（Spectrum Usage Rights，SURs）[1]，得到了一系列关于执照条款的提议，转载部分如下。

为控制进入相邻地理区域内的发射，可以使用以下方式："在 [定义的边界] 上及其外部高于局部地形 H m 以上的集总……功率通量密度（Power Flux Density, PFD）在多于 P% 的时间内不能超过 X_1 dBW/m^2·[参考带宽]"。为控制进入授权用户自身以外其他频段上的发射（对相邻用户来说是带内干扰），可使用以下方式："在高于地平面 H m 以上的任意 A km^2 区域内，带外（Out-Of-Band, OOB）功率通量密度在多于 Y% 的时间内和 Z% 的地域上都不能超过 X_2 dBW/m^2·MHz"。为控制授权用户在自身频段上的发射（可能因相邻用户接收机的滤波器不理想造成该频段上的干扰），可以使用相同的方式："在高于地平面 H m 以上的任意 A km^2 区域内，带外带内功率通量密度在多于 Y% 的时间内和 Z% 的地域上都不能超过 X_3 dBW/m^2·MHz"。Ofcom 还给出了上述建议中指标的可能值，见表 10-1。

表 10-1　　频谱使用权限及其可能值

在地理区域边界上及其外部高于局部地形 H m 以上的总体带内功率通量密度在多于 P% 的时间内不能超过 X_1 dBW/m^2·[参考带宽]	X_1=（根据相邻区域内业务的灵敏度及国际共识确定） $H=30$ P% $= 10$%
在高于地平面 H m 以上任意 Akm^2 区域内任意点上，带外功率通量密度在多于 Y% 的时间内和 Z% 的地域上都不能超过 X_2 dBW/m^2·MHz	$H=30$ X_2=（根据业务及最可能使用技术的标准"模板"确定，可能从频带边缘开始分段赋值） Y% $= 10$% Z% $= 50$% $A= 3$
在高于地平面 H m 以上任意 Akm^2 区域内任意点上带内功率通量密度在多于 Y% 的时间内和 Z% 的地域上都不能超过 X_3 dBW/m^2·MHz	$H=30$ X_3=（根据业务及最可能使用技术的最大功率确定） Y% $= 10$% Z% $= 50$% $A= 3$

10.2.3.1　实例

为说明上面提出的一些问题，我们考虑这样一个例子。由于引入了数字电视，广播公司不再需要在 UHF 频段上已为其分配的全部频谱。它们决定将部分频谱交易给正在寻找低频段频谱以改善郊区覆盖的蜂窝网运营商。这一频段上原有的频谱使用权限对蜂窝网运营商来说可能并不理想，因为这种方案将设立少数高功率站点，而运营商更青睐低功率多站点的方式。在购买频率执照前，蜂窝网运营商将希望和它们的新邻居（可能同时也是频谱卖家）进行商议。我们假设相邻用户愿意讨论关于频谱使用权限的更改，否则蜂窝网运营商可能不愿意继续收购频谱。

可以将上下行分开考虑，如果使用 TDD 模式则上下行实际上在同一频段内。

下行。大国的蜂窝系统包括数千个基站，而电视系统通常只有几十或几百个发射台。因此，蜂窝系统使用的发射功率通常比电视系统的低得多，但是蜂窝系统的用户可能比电视系统的用户更靠近基站。这里存在两种潜在干扰，即蜂窝系统对广播系统的干扰和广播系统对蜂窝系统的干扰。

- 蜂窝系统对广播系统的干扰可能发生在蜂窝基站靠近电视机的情况下。最坏的情况是电视接收机位于其发射机覆盖区边缘，蜂窝网基站紧邻电视接收机且与电视天线在一条直线上。在这种情况下，来自蜂窝网基站的带内和带外发射都有可能成为干扰。如果蜂窝系统的基站数量远多于广播系统，频谱使用权限中可能会规定接替的蜂窝网运营商使用较低功率发射。发射功率将降低至足以保证不引起显著干扰的水平，但也可能会使蜂窝网运营商无法经济地部署网络。蜂窝网运营商和广播公司会希望研究不产生干扰的蜂窝系统发射功率最大值，并对频谱使用权限做出相应修改。或者，它们将对部署场景达成共识，以最小化出现这种情况的可能性。

- 广播系统对蜂窝系统的干扰可能发生在蜂窝用户靠近电视发射塔并因此收到大功率信号的情况下。因为电视发射塔较少，且一般位置较为偏僻，所以很少发生这种情况。蜂窝网运营商必须接受这种干扰，这是购买频谱执照的条件之一。这会在一定程度上降低频谱执照对蜂窝运营商的价值，因为它们将无法在靠近电视发射塔的区域内提供覆盖。蜂窝网运营商也可以与广播运营商协商，要求它们降低发射功率，但实际上不大可能实现，因为降低发射功率将造成覆盖损失，使得广播运营商不能履行其普遍服务的义务。

上行。有蜂窝网用户对电视用户的干扰和电视发射机对蜂窝系统基站接收机的干扰。

蜂窝系统对广播系统的干扰可能发生在蜂窝网的手机用户距电视天线很近的情况下。但因为大部分电视天线都部署在房顶上，这种情况很少发生。最可能发生问题的情况是蜂窝手机和电视机位于同一房间内，且电视天线安装于电视机顶端。在蜂窝用户密度很大时超过频谱使用权限中规定的干扰门限概率较高，使用蜂窝网络进行传输非常困难。因此，蜂窝用户只能使用很低的功率进行发射，很可能导致蜂窝系统难以盈利。

因此，蜂窝网运营商希望通过协商提高功率限值。需对蜂窝手机设置带内和带外限值，以最小化产生上述干扰的可能性。不过，这里需要进行一些判断。如果设置的限值能确保不产生明显的干扰，甚至手机紧挨着电视天线的时候都没有明显干扰，那么这些限值可能过于严格，蜂窝系统可能已经不能正常工作了。可以将限值设置为仅确保手机与电视天线相距 1m 以上时基本不产生明显干扰。也可以通过设置保护带的方式为两种业务提供频率隔离，进一步增加隔离度。

广播系统对蜂窝系统的干扰可能是最严重的一种干扰。在这种情况下，蜂窝网基站在试图接收来自蜂窝手机的低功率信号时，接收到了电视基站发出的信号。因为两种基站可能都部署在山上，两者之间的传播条件比较好，所以蜂窝网基站接收到的干扰信号比较强。考虑到广播公司有义务提供普遍服务这一实际情况,蜂窝网运营商有很大的可能必须接受这种电视信号功率的抬升。为缓解这一问题,在设计蜂窝网络时,应将其基站部署在离已知广播电视塔尽可能远的地方,或者加装滤波器以缓解这一情况。

上述讨论说明有可能发生 4 种干扰,A 系统对 B 系统及 B 系统对 A 系统分别产生的上行和下行干扰。

对这些情况进行研究后,蜂窝网运营商会与相邻区域内的广播公司开展协商,提出关于修改频谱使用权限的提案。蜂窝网运营商可能会在经济方面对广播公司进行补偿,或在其他方面有所妥协。一旦协商达成一致,蜂窝网运营商确定部署网络的类型并构建商业用例。这将有助于它们确定可支付的频谱价格,如果可行则继续频谱收购。

10.2.4 频谱使用权限简介

到目前为止,Ofcom 只颁布了一个频段(1452 ～ 1492MHz 的"L 频段")的频谱使用权限。除此之外,频谱使用权限的引入受到了来自授权用户的抵制,他们认为频谱使用权限比较复杂而且没有经过测试。虽然事实如此,但改变频谱使用带来的干扰风险正在不断增加。美国也在研究类似的方法(见下文),我们预计在未来 10 年,世界各地将逐步引入频谱使用权限或其他类似的基于干扰的授权条件。

10.2.5 有害干扰声明阈值

在美国,已经提出了一种称为"有害干扰声明阈值"(harm claim thresholds)的类似方法 [2]。作者提出 FCC 应确定带内和带外干扰信号强度阈值,只有在干扰超过该强度阈值时,系统才可以声称遭受有害干扰。这一方法的目的是消除授权用户对干扰规避相关权利的不确定性,并为它们提供关于接收机性能设计的明确指导。该建议要求监管机构修改频谱执照,以在授权用户声明有害干扰之前就规定需要容忍的干扰信号强度。如果授权用户因选购抗干扰性能不达标的接收机而受到干扰,则不能像现在那样向监管机构要求保护。

该方法需要建立受授权频率的带内和带外相邻信号影响的"场强分布"[1]。在高于指定百分比的地区和时间内干扰信号功率都超过该阈值时,受影响的运营商才可以向相邻用户声明干扰。可以根据相邻频段的使用情况——尤其是预期的未来部署和其他参数——来设置阈值。因此,不同频段甚至不同运营商之间的阈值都可以不同。

这种方法目前还只是提案,但随着棘手的干扰案例不断在美国发生,将会出现强烈的激励来实施这类解决方案。

---

1 包括用功率衡量的无线电信号最大允许电平,相当于频谱使用权限中定义的干扰。

10.3　接收机标准

10.3.1　简介

前面 2.5.2 小节中已经提及接收机性能的问题，并指出接收机性能是确定是否受到干扰的关键之一。低性能接收机将大幅降低频谱使用效率，但市场力量使制造商更倾向于制造低性能接收机。因此，有些观点认为监管机构或其他组织应该制定关于接收机性能指标的标准，并对不符合标准的情况采取适当措施。然而，经过数十年的争论，监管机构尚未采取行动。这大概是因为：（1）它们没有必要的立法工具；（2）尚不清楚什么样的措施最适当。本节将讨论这些问题，并提出一些可能的解决方案。

10.3.2　问题举例

有很多因发射机性能低而限制频谱使用甚至无法引入新业务的例子，例如以下几个。

- 无线通信服务（Wireless Communications Service，WCS）中的移动设备将对传统卫星数字音频广播服务（Satellite Digital Audio Radio Service，SDARS，也称为SiriusXM）的接收机产生过饱和干扰，需制定严格的技术规则，并在SDARS频段的两侧分别分配5MHz保护带[2]。
- 3650～3700MHz频段正在从政府频谱转变为商业频谱，很多工作在C频段3700～4200MHz的地球站接收机对该频段内的信号比较敏感，该频段可能在转变用途后面临无法使用的风险[4]。
- 在20MHz的时分双工（Time Division Duplex，TDD）模式的AWS-3频段（2155～2175 MHz）无法使用，因为工作在其低端邻频AWS-1 F段（2145～2155 MHz）的蜂窝手机都设计为能够在整个AWS-3频段上使用，这虽然符合国际划分但不符合美国的国内划分，因此无法滤除由于附近AWS-3手机发射产生的干扰[5]。
- 2110～2155 MHz的AWS-1下行链路与2025～2110 MHz的广播辅助业务（Broadcast Auxiliary Service，BAS）相邻。AWS-1授权用户作为新用户，应该消除对BAS的一切有害干扰。由于BAS设备没有设计陡降滤波器，一旦发现AWS-1对BAS造成有害干扰，就要求AWS-1授权用户为BAS设备支付设计、购买并安装新滤波器的费用[3]。
- 电视接收机性能是免授权设备接入电视白频谱的重要问题。电视机滤波器的滚降是限制电视白频谱设备在白频谱上发射功率的关键因素，因此也影响了这些设备的潜在应用。

2　有关此主题的 FCC 演示文稿，请参阅 [3]。
3　有关此主题的 FCC 演示文稿，请参阅 [6]。

- 在英国,2.7GHz频段上的低性能雷达接收机使在2.5～2.7GHz频段上引入移动业务的进程延缓了至少5年,政府花费了数百万英镑用于为雷达加装新滤波器[7]。
- 在800MHz频段的频谱重新分配中,与相邻信道和互调特性相关的接收机性能是避免Nextel和公共安全业务在交叉信道上相互干扰的主要因素[8]。
- LightSquared提议将地面辅助网络(Ancillary Terrestrial Component,ATC)基站用作地面-卫星混合业务的一部分。该提议引起了对高端相邻频段上的GPS业务因接收机过饱和产生潜在有害干扰的重大担忧,即GPS设备因无法有效地滤除在LightSquared授权频段上的发射功率而造成性能下降[4]。

由于美国往往最先提出新业务,因此大多数干扰案例都与美国相关。显然,在很多案例中接收机性能都是关键因素,并且随着越来越多的用户在同一频段扎堆出现,这种案例的数量也有增多的趋势。

10.3.3　利益相关组织

制定接收机规范面临的问题之一是利益相关组织很多,包括:

(1)各种现有或潜在的无线业务提供商(例如广播公司);

(2)接收机设备制造商(例如电视机制造商);

(3)终端用户——通常指购买并拥有接收机设备的用户(例如观众)。

它们的利益并不一致,甚至可能毫不相关(例如,广播公司和观众在经济和监管方面的关系并不大)。

以数字电视或蜂窝手机接收机为例,供应链通常由少数大型国际供应商(一般情况下由5个供应商占据80%的全球市场)和大量的运营商(一般情况下每个国家有2～5个运营商,总共有数百个)构成。因此,在设备设计方面,制造商比运营商更有话语权。甚至在一个运营商明确不推荐使用某个制造商产品的情况下,制造商的市场份额也不会受到太大影响。

在某些情况下,可能存在由多个运营商组成的国际集团,例如Vodafone在很多国家都有频率执照。然而,任何一个运营商往往都只是一个或多个制造商的小客户。因此,单个运营商强制要求制造商提供更高性能接收机的能力很有限。只有运营商联合行动,设备制造商才有可能做出回应。

联合行动是完全有可能的,当前已有的组织(例如GSMA)就有这样的能力,但联合行动的需求往往限制了预期目的的达成。

如果接收机无法正常工作,制造商可能会为避免名声受损而增加改善接收机性能的动力;但是在运营商可以通过协商提高相互抗干扰水平的情形下,制造商显然会缺乏这样的动力。

电视领域中的薄弱环节在于广播公司往往无法控制观众的购买决策,也很难向观众传达自己对接收机质量的意见。观众几乎不了解接收机滤波器及其应

4　FCC关于LightSquared暂停原有业务的弃权声明,参阅[9]。

对相邻频带频谱使用潜在变化的能力，认为所有电视机都能很好地接收信号，并依此做出购买决定。在这种情况下，即使运营商希望解决这个问题，能够使用的手段也很有限。

10.3.4 "大而不倒"

有一些服务因为政策或社会的原因不会关闭，电视接收机就是一个典型例子。许多人不能接受因为相邻频段中频谱使用的变化导致他们不得不更换电视机，寻求该问题的替代解决方案可能会造成政治压力。当然，如果制造商认识到这一点，那它们就没有动力改进接收机，因为它们非常确定无论接收机的性能如何，相邻业务都会进行相应调整以适应其性能。

这就是"大而不倒"问题。其后果是损害其他业务使用相邻频带的能力。这就意味着，长远来说终端用户不会购买更昂贵的接收机，因为永远没有这个必要。

10.3.5 规范接收机的方法

我们已经提出了一些控制接收机性能的方法：

（1）交给市场力量；

（2）监管机构参与"幕后"工作；

（3）直接监管手段。

第一种方法中提到的市场力量迄今为止没有发挥作用，也很难相信今后会有所改变。PCAST 报告确实建议应将接收机请求保护的外部效应包含在共享接入权限的拍卖范围中，提供一定程度的经济激励以最小化接收机保护对其他用户的限制。这一方法能否实施、是否真的有效目前还远不明确。

第二种方法包含监管机构使用它们的幕后影响力，最有可能在标准化活动中使用。许多标准会规定接收机可以正常工作的信号功率（即最小灵敏度）并测试设备能否在这个功率下正常工作。很多被测设备的灵敏度会大大优于标准值，但监管机构不能据此判断所有设备的灵敏度都能达标，而且未来的设备也可能不达标。一些诸如数字视频广播组织（DVB Group）之类的实体，提出关于接收机性能指标的建议，并为满足建议指标的电视机颁发"核准标签"。然而，这些指标不是为频谱管理而制定的，而是为了优化商业运营，因此可能并不够好。

更好的方法是要求标准化组织考虑可能在相邻频段上部署的其他业务，并在适当的时候（即完成成本 - 收益分析后）规定能够适应这种业务的接收机性能。目前，标准化组织尚不具备进行这种分析的专业背景，因此可能需要更多监管机构参与标准化过程。但关键问题在于监管机构资源有限，无法参加无数的标准会议并提供经过深思熟虑的建议。这也不是一个有保障的解决方案，标准化组织可能同意监管部门输入信息，但它们没有义务采纳监管机构的建议。然而，制定更好的标准似乎是一个可用的手段，而监管机构应该发挥更大的作用，最好可以采取一致行动。

另一类幕后工作或许是对质量差的接收机进行"点名批评",从而警告公众不要购买特定品牌的接收机,同时鼓励制造商进行改良。这一方法是否有效取决于监管机构向消费者广泛传播技术相关信息的能力。但是,如果制造商认为监管机构影响了它们的业务,有可能会对监管机构提起诉讼,因此采取"点名批评"必须非常谨慎。目前,监管机构都认为这种方法过于冒险,可能超出了它们的义务范围。同样,所有监管机构的一致行动可以克服一部分上述问题,并且足以使制造商真正认识到这些问题。

最后一种方法是直接手段,例如将接收机应达到的性能指标告知授权用户,并在此基础上在相邻频段上引入新业务。监管机构往往尽量避免使用这种方法,因为可能会阻碍频谱市场的运转,但在某些情况下可能还是必要的。可通过评估接收机实际可达到的性能设定执照许可条件,而不依据最低性能要求设定;或者也可以随着接收机性能的大幅提升(尽管不清楚是否会一直提升)而逐渐修改许可条件。然而,如上所述,除非制造商关注这一条件并采取相应行动,否则这种方法可能仍无法克服前述问题。它还要求监管机构考虑接收机实际上可能达到的性能,监管机构可能还没有做好相关应对准备。

另一种方式是监管机构可以采取直接手段规定接收机的特性。这可能要求所有在该国销售的特定类型接收机都符合比先前更好的指标。这种方法有许多变式。例如,开始阶段可以只应用在替换周期较长的高级设备上,接收机附加成本的增加不太明显,然后在经济规模扩大时逐渐扩展应用在其他接收机上。在实施这种干预前应进行详细评估,以表明干预是有价值的,且较为适当。

10.3.6 如何确定指标

所有这些解决方法中,关键的一个假设是能够确定"正确"的接收机性能指标。然而,这远不是一项简单的工作。如果指标设置过低(性能很差的接收机也能用),则这种方式几乎不起作用,甚至可能会鼓励生产更差的接收机。如果指标设置过高(接收机必须性能优异),将为消费者或其他接收机购买者增加不必要的成本。如果用于确定指标的时间太长,可能会错过提升接收器性能的技术变革。如果在全国范围内设定指标,可能会导致制造商不为相对较小的市场供货或是要求较高的溢价。但是,如果在全球范围内设定指标,可能很难找到一个适合所有国家的指标,研究和协商的时间可能过长,导致在指标达成一致时技术已经过时。

这些问题都相当棘手。不过,监管机构还面临诸如执照许可条件设置等其他同样具有挑战性的问题。对这些问题没法给出简单的回答,但经过专家对该领域的深入研究,肯定会得到比目前更好、足够接近最优值的指标。

另外,值得注意的是,频谱使用权限依托设计中固有的干扰功率声明提供直接的解决方案。然而,仍需谨慎设置频谱使用权限中的干扰功率。当前,频谱使用权限还没有得到应用。

10.3.7　相关研究

已经在这一领域开展了一些相关的研究工作。TTP 公司为 Ofcom 进行的研究表明 [10]，采用更好的滤波器使接收机性能提高 $3\sim6\text{dB}$，增加的额外设备成本为 $1\sim2$ 美元。对电视机等很多设备来说，这是切实提高频谱效率需要花费的最小成本。

TPP 最近在一项名为"80dB DTT ACS: 是否可行，代价几何？"[11] 的研究中，调研了可使 DTT 接收机的邻道选择性（Adjacent Channel Selectivity，ACS）达到 80dB 的方法，这一指标可让 ACS 性能不再成为接收机受扰的主要因素。TTP 注意到现有的同类最佳接收机基本上能达到这一指标，但仍有很多性能较差的接收机。虽然提高性能的方法有很多，但成本压力驱使厂商更倾向于性能较低的解决方案。TTP 指出，目前按国家标准进行自愿测试的方法不能提供同类最佳性能，而引入强制性标准的难度较大，但在欧洲层面是有可能实现的。它们认为使用自行规定的协议相对来说更加合适，但是否有效还有待确定。

它们总结道："在理想情况下，DTT 性能问题应该在法律的支持下通过制定相关标准来解决，这些标准应让制造商很难规避，同时让消费者易于理解。"但目前还远远不能达到这一目标。

欧盟委员会（EC）也研究了这个问题。无线电频谱政策计划（Radio Spectrum Policy Programme，RSPP）先前做出了变更。根据 RSPP 第 3k 条规定，接收机的抗干扰性能应该得到提升，以促进频谱的有效利用[5]。此外，2013 年 6 月，无线电频谱政策小组（Radio Spectrum Policy Group，RSPG）发布了"关于欧洲应对宽带无线频谱需求增长的战略挑战的意见"[12]。文件中提出可以通过更严格的接收机规范来提高频谱效率。

该意见的第 4d 条建议表示，"需要明确欧盟在提高频谱效率方面的政策，这是制造能够避免有害干扰的电视机的基本要求"。同样，2013 年 7 月，RSPG 通过了关于干扰管理的报告 [13]，关注点包括：

- 在现有 ETSI 和 CENELEC 流程以及欧盟制度架构下，研究能够促进改善接收机标准的方法，并显示欧洲机构在这方面的作用；
- 通过最佳实例分析，检验欧盟频谱政策（特别是无线电和电信终端设备指令（R&TTE）和电磁兼容指令（EMC Directives））在改进接收机标准方面可以发挥的作用。

10.3.8　总结

监管机构已经认识到了制定接收机标准的好处，但因为这一领域中仍存在难题，目前尚未开展行动。然而，随着各业务间的捆绑更加紧密以及共享被逐步提上日程，监管机构面临的压力也越来越大。自我规范、市场力量和现有的

5　2012 年 3 月 14 日，欧洲议会和理事会（European Parliament and the Council）第 243/2012/EU 号决议，确立了多年度无线电频谱政策方案。

标准化活动似乎已经不够用了，因此最终可能需要监管机构对标准制定进行直接干预。干预的形式尚不明确。我们建议由监管机构（最好是多国监管机构一起）牵头，明确每个频段的接收机应达到什么样的性能。这一方式很可能从美国开始实行，因为那里国内市场足够大，能够支持"单独行动"的方法。这可能足够说服标准化机构和制造商；如果不能，监管机构需要准备采用法律工具或推进授权决策这类不受政治家和大众欢迎的方式。

参考文献

[1] http://stakeholders.ofcom.org.uk/consultations/sur.

[2] J. Vries and P. J. Weisner, "Unlocking Spectrum Value through Improved Allocation, Assignment, and Adjudication of Spectrum Rights", the Hamilton Project, discussion paper, 2014-1.

[3] http://transition.fcc.gov/bureaus/oet/receiver-workshop1/Session4/SESSION-4-6-Schaubach-WCS.pdf.

[4] Comsearch, "Estimating the Required Separation Distances to Avoid Interference from Part 90 3650–3700 MHz Band Transmitters into C-Band Earth Stations", www.comsearch.com/files/TP-102516-EN_LR_3650-3700_MHz_Interference_into_CBand_ES.pdf.

[5] T-Mobile, "AWS-3 to AWS-1 Interference", http://apps.fcc.gov/ecfs/document/view?id=6520035723.

[6] http://transition.fcc.gov/bureaus/oet/receiver-workshop1/Session4/Session-4-4-NAB-Victor-Tawil.pdf.

[7] Ofcom, "Notice of Coordination Procedure Required under Spectrum Access Licences for the 2.6 GHz Band: Coordination with Aeronautical Radionavigation Radar in the 2.7 GHz Band" (2013.3).

[8] http://transition.fcc.gov/pshs/public-safety-spectrum/800-MHz.

[9] www.fcc.gov/document/spokesperson-statement-ntia-letter-lightsquared-and-gps.

[10] Ofcom, "Study of Current and Future Receiver Performance", http://stakeholders.ofcom.org.uk/market-data-research/other/technology-research/research/spectrumliberalisation/receiver.

[11] https://stakeholders.ofcom.org.uk/binaries/spectrum/UHF700MHz/DTT_RX_study_stakeholder_presentation_20131125_released_20131122.pdf.

[12] RSPG13–511 Rev 1.

[13] RSPG13–527 Rev 1 final.

第四部分

案例研究与结论

11 UHF 频段的争夺

11.1 问题所在

鲜有为争夺贫瘠的土地而发动的领土战争，除非此地有着重要的军事或象征意义，频谱之争亦是如此。考虑到当今的技术，最佳频段是 3GHz 以下的频谱，其中最好的部分为 UHF 电视频段或略高的频段，即 400 ~ 800MHz 频段。

鉴于其传播特性，这段频谱尤其适用于地面广播和移动通信。无线电信号在这些频率上可以传播几十千米，且接收机不需要比手持设备还大的天线。对于广播而言，部署相对较少的高塔站点就能够向全国大部分地区（如覆盖整个英国只需约 100 个站点）提供广播业务。对于移动通信，在该频段上的传播距离比其他频率要远，这对于覆盖农村地区和获得更好的室内深度覆盖非常重要。

广播和移动通信都可以使用其他方式提供服务。广播可使用其他频段或非无线途径（如光纤）进行传输。卫星广播电视使用的 12GHz 频段比 UHF 频段的价值低得多。同轴电缆与光纤越来越多地用于在人口密度大的城市进行电视节目分发。

移动通信在较高频段还有很多可用频谱，特别是 1800MHz、2.1GHz、2.6GHz 等频段。也可通过有线传输与末端 Wi-Fi 相结合的方式提供固定/移动语音和数据业务。但是，拍卖数据显示高频段的频谱价格相对较低（详见第 5 章）。电信监管机构仍将固定/移动语音和数据业务划分为不同的经济市场（可能越来越不具有说服力），因为从用户的角度来说两种业务不足以相互替代、相互限制。

以上情况或许会有所改变。预计在 2020—2025 年期间会实现 5G 移动通信。目前关于 5G 移动通信频段的讨论通常围绕使用更高频段展开，候选频段高达 60GHz。适当地改动电视机安装底座，完全可能实现由地面传输向电缆或卫星传输的转变。广播和移动通信可通过使用同一传输技术实现融合。但目前，二者在 UHF 频段的竞争仍然非常激烈。

这一情况突显了干扰问题的重要性。正如下文所述，地面电视的传输通过"高塔、高功率"（High-Tower High-Power，HTHP）实现。在同频或邻频，发射机可能会相互干扰。因此，必须在国际层面上规划频谱指配，且国内频谱使用如有重要变化（如引入数字地面广播），必须谨慎地开展协调。这是影响广播业务频谱指配的核心因素，也将影响相邻移动业务的频谱管理。

从频谱管理的角度出发，UHF 频段的利益冲突另有原因。看上去似乎可以通过一种快速、简便的方式解决冲突：为何不对有争议的频谱进行一轮或多轮拍卖？任何行业中一个公司给出的报价由客户购买其服务的意愿决定。因此，成功拍得频谱的公司由愿意为服务支付最高价格的客户支持。

问题在于除了从客户那里获得的直接价值，还有其他方面的收益。例如，移动语音和数据业务对经济的贡献不完全源于来自客户的收益。又如，某一产品的在线客户数有利于其增强行业竞争力，使所有客户受益。这一观点由以下数据支持，即语音和数据业务的普及率提高 10%（如从 30% 提高到 40%）会使 GDP 增长 1.5%[1]，除直接购买业务的客户及与其有财务关联的人外，也会使其他人受益。

关于广播也有类似的结论，且历史更为悠久。尤其是公共广播服务具有更加广泛的社会效益，能够教育和培养民众、打击分裂、促进民族团结等。

UHF 频段的频率划分问题一直广受争议。因此，这一频段为频谱管理提供了一个典型的案例，说明了很多问题。本章首先分别给出广播和移动通信在 UHF 频段的立场，然后讨论如何解决。

11.2 广播、数字转换及当前趋势

音频和电视广播都依靠增加传送机制扩大覆盖范围，使用地面广播、卫星广播或使用非无线方式通过电缆、铜缆或光纤网络在互联网上传送。本章主要关注电视广播，因为它比音频广播使用更多的频谱（约多 20 倍）。在传送机制方面，主要关注地面广播，因为卫星广播几乎不存在频谱方面的压力，互联网传送方式广泛采用的有线解决方案不在本书范围内。然而，这些备选方案对于后续讨论非常重要。原则上，若能劝服用户，即可实现从地面广播到其他方式的转换。

电视广播的历史可追溯到约 90 年前[2]。在这段时间里发生了很多变化，但不变的是使用少量高塔覆盖大范围区域的理念。典型的广播发射塔高达 100 ~ 200m，发射功率达 100kW 甚至更高。与之形成鲜明对比的是蜂窝基站，一般只有 10 ~ 20m 高，发射功率也不足 100W。因此，广播有时被称为"高塔、高功率"（HTHP）。使用约 100 个发射塔就可以覆盖英国的大部分国土，要使用 1000 多个蜂窝基站才能达到同等覆盖。除这 100 个 HTHP 发射塔外，还配有约 10 倍数量的中继站。这些中继站的发射功率较低，专门用于填补覆盖盲区，例如深谷[3]。但是，通常只针对屋顶的方向性天线进行覆盖规划。这意味着，无法

1　见第 13.3 节。

2　1923 年英国广播公司开始运营，由收音机制造商共有。1926 年，英国广播公司改为公有。

3　从总体上讲，英国的地面广播网络覆盖了 98.5% 的家庭。

保证室内覆盖，且只有在距发射塔较近时才能保证移动性覆盖。广播网络只将信息单向地从发射塔发送至电视机，而不接收相反方向的信息。

利用低频段和高发射塔，电视信号就能传播很远。通常可以在距离发射机50km处成功接收电视信号，在100km以外仍然存在一些信号能量。若在这种情况下进行频率复用，则可能产生干扰。这意味着，很多国家的电视发射频率需要进行国际协调——例如欧洲地区的协议包括从爱尔兰到俄罗斯的43个国家[4]。同时，由于相邻的传输区域不能使用相同的频率，这也意味着频谱使用效率的下降。图着色理论告诉我们，每个电视频道在整个区域上的传输都需要4个不同的频率，有时实际使用的频率会更多[5]。

上述因素使广播用频难以改变。频率的改变需要征得几十个甚至更多国家的同意。这一过程通常需要数年。改变发射机的位置需要各家庭用户重新调整天线方向。即使是同一发射机，改变其频率可能也需要家庭用户使用不同的天线，因为UHF电视频段的低端和高端使用不同的电视天线。因此，观众需要重新检查所有的接收设备。

在过去的许多年里，电视信号的传输格式发生了改变。最初的信号是黑白的，行分辨率为405。全球各广播公司都改为彩色电视，分辨率也得到提高（除美国和日本外的其他国家行分辨率约为625），这一变化在1954年始于美国并在20世纪六七十年代推广到越来越多的国家。下一个主要的变革是模拟向数字的转换，这一变革仍在进行中。视频信息的数字传输比模拟传输的效率高得多。这是因为，电视画面由一系列的静止画面组成，通常每秒发送25次。除非场景发生变化，否则连续的画面几乎是相同的。模拟传输不加区别地发送每张静止画面，而数字系统将每张画面的不同之处进行编码，而非整个画面。通常只包含十分之一或更少的信息。因此，引入数字传输后，一个模拟频道的带宽可容纳6～8个数字频道，带来如下3个益处：

- 更多的频道/选择，有些国家的频道数量从约4个增加到近40个；
- 高清广播（见下文）；
- 某些频谱可为他用——这就是通常所说的"数字红利。"

电视清晰度也提高了。高清传输的分辨率约为标清传输的两倍（行分辨率通常为1080）。现在甚至出现了更高清的4K行分辨率电视，如超高清电视（UHDTV）[6]。但是，更高的分辨率需要发送更多的信息——约为标清的两到三倍。这会使可用的信道数量减少。在为了使没有高清接收装置的观众仍可收看电视内容，而需要同时传输标清和高清格式的情况下（这一过程被称为"同时播放"）尤甚。广播公司也已经试验过3D格式（3D电视），但因尚未被广泛接受而大范围停播。

---

4 最新的协议为GE06，因于2006年在日内瓦达成而得名。细节详见[1]。
5 图着色理论是著名的理论，它认为可以使用4种颜色对同一页上任意排列的各图形进行涂色，实现相邻图形不重色。
6 2014年6月，在巴西举办的国际足球联盟世界杯首次完全由索尼进行超高清拍摄。欧洲广播联盟（European Broadcasting Union, EBU）通过SES公司的NSS-7和SES-6卫星以超高清的形式向北美洲、南美洲、欧洲和亚洲的观众转播国际足球联盟世界杯赛事。

过去多年中，不断重复地试验了移动广播（使用移动设备接收电视）。20世纪 80 年代，引入了可搬移设备；21 世纪初，接着试验了基于移动电话的广播接收。移动电视解决方案通常与标准广播电视非常类似，不同之处在于降低了对手持设备的功率要求。这类系统已在全球部署，但迄今为止都失败了（有高额度政府补贴的韩国除外）。这似乎是由一系列原因导致的，包括：

- 在街道上，手持装置的信号接收不连续；
- 需要在手持设备上添加额外的器件，而制造商一般不愿意这么做；
- 尚无清晰的企业案例；
- 用户在移动时通常不想"收看"，而想要观看保存的播客或类似节目。

有些人仍然相信，随着平板电脑和大屏智能手机的激增，移动广播终会找到自己的定位。

11.2.1   数字转换

频谱效率和更优的画面质量是由模拟广播向数字广播转换的双重动力。但是，只有地面模拟广播关闭后，才会得到主要的频谱红利。而这需要经过一段时间的"同时播放"或同时以模拟和数字形式传输地面广播信号才能实现，在这期间所有的或绝大部分的家庭都需要配备能够接收数字广播信号的新电视机或机顶盒。与模拟接收相比，数字接收能使观众收到更多的频道。但在很多国家中，这一进程由为满足特定标准的晚期用户或家庭提供机顶盒补助来协助完成。释放并在大多数情况下拍卖数字红利频谱的前景，促使多国政府继续推进数字转换。

世界各地使用的数字广播标准各不相同，其中最为普遍的是欧洲及其他地区使用的地面数字视频广播（DVB-T）。DVB 系统在一个 8MHz 带宽（与先前模拟广播带宽相同）的无线信道上多路传输数个数字电视频道。多路传输的频道数量取决于多个因素，包括理想的传输质量（如标清或是高清）和所需的接收信号强度（进行较长距离传输时，多路传输的能力会下降）。通常可以进行约 5 个频道的多路传输。最近引入的增强版 DVB-T2，多路传输能力进一步增强。结合更先进的视频解码器，可使多路传输的频道数增加到两倍。然而，这些都需要新的接收设备。

11.2.2   广播的发展趋势及对频谱管理的影响

在数字转换的过程中及模拟广播关闭后，传统模拟网络通常在免费电视接收中占据主要地位。但是，3 个未来趋势清晰可见。首先，付费电视的市场份额增加，广播电视信号必须加密。其次，随着更多免费频道可供观众选择，传统模拟频道的市场占有率逐渐下降。最后，传统的"线性"频道（节目按照预告播放）的收视率已经下降，但并非急剧下降。年轻观众不再那么着迷于这种消费方式，而是越来越依赖于"非线性"的定制视频。他们通常在社交媒体上获得这些视频，并通过非传统的广播传送网络将视频发至智能手机或平板电脑观看。

　　随着这些趋势的不断增强，使用 UHF 频段传输广播的需求将逐渐减弱。在很多国家中，频谱管理机构已经将部分 UHF 广播频段重耕，用于移动通信。下一节将讨论未来广播传输的候选技术。

11.3　候选广播技术

11.3.1　引言

　　考虑到 UHF 频段的将来发展，有很多技术可选。这些候选技术可大体上分为：

- 使用较少的频谱继续开展广播业务；
- 通过某种方式将广播网和蜂窝网络融合；
- 停止所有的UHF广播，使用其他传送机制。

我们在此考虑前两项。

11.3.2　使用较少频谱

　　广播一定水平的电视内容（在给定数量的频道上传输一定分辨率的内容）所需的频谱数量与下面两个因素相关：（1）每个频道所需的频谱总量；（2）为避免在相邻区域的有害干扰所需的复用频谱数量。每个频道所需的频谱总量取决于内容在传输前的压缩程度及传输系统的效率。总体来讲，在接近发射机当前配置所能达到的理论限值时，无从谈起传输系统的进一步改善。然而，在内容压缩方面还可能有所收获。表 11-1 展示了压缩方式的演进过程，使得传输相同内容所需的带宽逐渐减少。

表 11-1　　视频编码的趋势

标准	年份	Mbit/s·标清频道
MPEG-1/H.261	1993	35
MPEG-2/H.262	1995	25
MPEG-4/H.264	2004	12
HEVC/H.265	2013	4

　　如果这一趋势得以延续，10 年后所需的带宽或将减半。这将使所用频谱减半，抑或有更多的频道进行高清广播，或是二者相结合。但是，数字显示，引入新版压缩算法（如 MPEG-2、MPEG-4）时，压缩效果才会得到改善。新版压缩算法在几年内效果明显，但随后效果逐渐消失直至出现新算法。新算法几乎无一例外地需要更新接收设备。这是因为新算法处理的数据通常比之前的算法更多，原有的设备没有足够的存储或处理能力。更新设备是主要问题所在，观众需要更换电视机和辅助设备，如个人视频录像机（PVRs）。这个过程需要花费多年才能完成。通常在此期间，传输都以新旧两种形式同时进行（同时播

放）。这比原有的压缩机制效率还低。因此，除非在此期间广播公司有一些"空闲"的频谱可以借用，否则贸然改变将会带来很多问题。

第二个方法是减少所需频谱复用的数量。回想一下，通常需要的频谱量大约为一个小区必需频谱的 4 倍，因为相邻的小区需要使用不同的频率。这就是所谓的多频网络（MFN），现在广泛使用这种方法。电视标准确实允许所有发射机使用相同频率，称为单频网络（SFN）。单频网络必须精确地在同一时间传输完全相同的内容。完成每个"比特"的传输后，会留下一个间隙，以便于更远处发射机发射的信号能够到达。接下来才可以传输下一个比特。这种间隙在一定程度上会降低效率（10% ～ 15%），但与无需频率复用所节省的频谱相比数值并不大。单频网络存在的问题是所有的发射机需要广播相同内容，这在边境地区难以实现，因为各国广播的内容不同。即使在一个国家的内部，电视内容与广告往往也存在地区差异。欧洲很多国家有十几个邻国，使用单频网络的优势微乎其微，最多只能在国家的中心地区发挥作用。单频网络在美国也不可行，因为不同城市广播的内容不同。因此，单频网络大有发展前途的同时，似乎又不太可能在大多数国家推广。

因此，若不减少频道的数量，节约用于地面数字电视（DTT）的频谱数量规模有限，且需要几十年才能实现。

11.3.3　融合平台

另一种途径是试图将广播和蜂窝网络整合到同一"平台"。这样不但可以提高传输效率，也能促进两种业务的融合，并且可能改善移动广播的前景。

多年以来，蜂窝系统一直寻求建立一种广播模式。其初衷是，在一个蜂窝小区内有多个用户都在收看相同视频流，无需将数据分别发送给每个用户，而是让他们一起"收听"同一广播频道。这将大大降低蜂窝小区的负荷，为运营商节省成本。在 3G 标准中已有相关的实现方法，但需要预留频谱。大多数运营商并没有足够的频谱去这样做，因此支持者不多。但在 4G/LTE 规范中，有一种更好的解决办法，即"演进的多媒体广播组播业务"（eMBMS）[2]。这种方案能够更灵活、动态地为一个蜂窝小区内的广播频道分配资源。撰写本书时，这种方案已经在澳大利亚进行了早期试验。

有些人对平台的可用性存在疑问，是否所有的广播都能从 DTT 平台（这里指广播发射塔和 DVB 技术）转移到移动运营商的平台[7]。在这种情况下，可能关闭已有的高塔高功率（HTHP）站点（虽然也可能会留作音频广播使用），使用移动电话的低塔低功率（LTLP）站点传输电视节目。其主要优势为：

- 降低运营成本；

7　见 [3] 中欧盟关于该领域研究的新闻稿。其中，科洛斯委员说："年轻人收看电视的习惯已经跟我们那个年代不同了。规则需要与时俱进，提供更多更好的电视和更多更好的宽带网络。目前的频谱指配将无法支持未来的消费者习惯，这些消费者习惯是基于通过宽带网络和 IPTV 实现的海量音视频消费。"

- 更好地实现广播与宽带网络融合，并允许互动，轻松切换收看电视广播或视频流等；
- 提高频谱效率。

我们将只关注最后一项优势——可以说前两项优势远未得到证实。LTLP方式能否大幅提高频谱效率？一般来说，目前DTT候选技术中的LTE与DVB-T2的效率几乎一样。然而，也有一些例外情况，如LTE蜂窝小区较大的情形，我们将在后面讨论这个话题。LTLP的最大优势在于能够使用单频网络，而单频网络的主要问题存在于边界地区。简单地说，一个蜂窝小区会对周边两倍半径的地区产生干扰。因此，一个半径为50km的HTHP蜂窝小区不能进行频率复用的地区会再延伸50km，进而覆盖邻国。但半径为5km的LTLP蜂窝小区不能进行频率复用的区域大大减少。这意味着，单频网络的运营不再局限于国家的中心地区，而可以扩展到大部分地区。这有可能将频谱需求降低至1/4，即从目前约320MHz降低到约80MHz。

然而，LTE eMBMS系统的效率取决于蜂窝小区的半径[4]。这是因为eMBMS需要保证蜂窝小区内的所有用户都能接收到广播，即使是位于蜂窝小区边缘的用户。随着蜂窝小区的不断扩大，蜂窝小区边缘的信号质量将会降低，需要低阶调制和更好的纠错机制。粗略估计，在站间距（ISD）大于5km（蜂窝小区半径约为2.5km）时，eMBMS的效率将降到比DTT低；而在站间距大于10km时，其效率可能降至DTT的1/6至1/10。这导致即使eMBMS能够使用单频网络，但其总频谱效率也会低于DTT。对旨在利用UHF频段频谱扩大蜂窝小区范围、改善经济前景的移动运营商来说，可以将站间距标准设置为10km，尤其是在城区以外。

转而使用eMBMS系统可能给观众带来很多麻烦。他们需要新的接收设备，或许还必须调整屋顶天线使其朝向最近的移动通信发射塔。并没有明显的动机促使观众做出改变。另外一种途径是，蜂窝运营商使用DVB-T而非LTE eMBMS进行发射。这将减少对新接收设备的需求（虽然仍需调整天线），但会限制融合的可能性。

所有这些选项都将需要新的商业布局。全国的所有运营商不可能都广播整套电视频道；相反，可能只有一个运营商会这样做。它们将需要向所有运营商的所有客户提供这种服务，这将会引起竞争问题，此外还并需要保证它们至少会广播公共服务频道（PSB）。

11.3.4　结论

传送电视内容所用的技术和电视频段未来将会使用的技术皆有多种选择。但更换目前的平台及收看设备存在过渡问题，难以解决且面临着海量的国际协调问题。这将导致过渡进程缓慢且存在实际的风险，即可能被其他技术取代或被视为过时的平台而被放弃。

11.4   移动数据、国家宽带规划和频谱管理

现在我们来看一下最想使用 UHF 频段的应用——移动宽带。在推广宽带网络方面，大多数国家都雄心勃勃，从国家宽带规划可见一斑。这一政策得到了 ITU 和 UNESCO 成立的宽带委员会的支持。该委员会认为，有效地利用宽带网络、业务和应用可为解决我们当下的关键问题提供变革性的方案，包括消除贫困、营养不良，保持所有人的健康生活，减少来自使用和消耗自然资源的经济增长 [5]。该委员会称，欲实现这些宏伟目标，宽带网络和信息通信技术必须惠及所有人，尤其是被社会排斥、住在偏远地区或对环境和经济因素极为敏感的人群。宽带通信的主要特征为，它是一项多用途技术，几乎影响着生产和消费的各个方面，包括提供卫生和教育等社会服务。

很多发展中国家没有或只有有限的固定网络，因此别无选择而只能依赖移动（或更广义的无线）宽带。但是，随着智能手机与平板电脑使用的增加，发达国家正越来越倾向于使用移动宽带。欧盟委员会（针对欧盟成员）、OECD（针对其成员国）和宽带委员会（针对所有国家）定期收集固定和移动宽带网络发展的数据。

通常，实现这些宏伟目标主要依赖于私人资本，较贫穷和偏远地区则需要公共资本予以补贴，因为从商业角度来说，在这些地区进行私人投资并不可行。移动语音的全球发展经验表明会有私人资本投入，但需要较好的投资环境，将国家整体经济不稳定和缺乏安全保障引发的风险，以及不可预测的政策干预和缺乏监管预定性引发的监管风险降至最低。

在频谱管理方面，可通过以下措施实现降低风险的目标，如阐明频谱执照的期限及执照到期后的安排，由国家管理当局（NRA）公布频谱战略和未来频谱红利时间表，恰当地选择拍卖规则，正确施行干扰避免规定等。

政府可考虑将部分拍卖所得用于扩展覆盖区域。这可以通过将其作为颁发执照的一个条件来实现，如在某一特定地区语音或数据业务覆盖至少 80% 的家庭。若必须遵守这一限制，拍卖收益很可能将会减少。对于不同国家或一个国家的不同区域，覆盖要求可能不同。这些要求应符合该国的实际情况，满足国家需求并足以弥补其牺牲收益带来的损失。各国政府可以简单地增加一项义务使网络首先覆盖农村地区，如德国 800MHz 执照的拍卖；或更加具体，如瑞典在 800MHz 执照拍卖中规定的一项覆盖义务是为若干缺乏其他形式宽带连接的宽带"盲区"提供至少 1Mbit/s 或更优的服务 [6]。需要确定的是将覆盖要求附加到一个还是多个执照中，添加到一个执照中可能会在非商业地区产生价格垄断，需要某种形式的价格控制。

覆盖要求的制定、监测和施行将会面临一系列问题。政府或监管机构必须确保有投资和运营资本用于提供特定的覆盖，为保证覆盖的确定性，需要监测运营商的覆盖范围并惩罚没有达到覆盖要求的运营商。这一点非常重要，因为

政府期望以低价供应频谱为代价换取更广的覆盖。因此，必须制定可靠的计划处理不遵守要求的情况。这一计划必须考虑到这样一种可能，即运营商出价时可能打算在遇到融资困难时不负责额外的覆盖要求。因此，有必要在执照中设定相应的补救措施，允许监管机构要求获得执照的运营商放弃执照，将执照卖给第三方，有时还将潜在买方需要的附属投资一起卖出。

实现宽带计划的另一关键要求是将可用频谱分配给授权用户或用作公用频谱。政府有时会人为地制造频谱匮乏的假象以抬高频谱价格，以得到大额拍卖收益。这种做法非常短视，因为频谱匮乏的假象将抬高服务价格，降低服务购买率，削弱了宽带系统在提高收入及经济税收方面的优势。但是，根据第 3 章中关于频谱拍卖的观点，利用频谱拍卖从某一频段的稀缺性中获益——如与 2.6GHz 频谱相比，运营商获得 700MHz 或 800MHz 频段的频谱可节约的成本——并不会抬高对服务价格的期望，其影响在于将部分由稀缺性带来的收益从取得执照的运营商转移给政府。

11.5　智能手机与数据处理

"移动数据爆炸"造成了频谱管理中一个非常有趣的案例研究，这一案例研究仍在继续。在过去的许多年里，手机通信系统的使用情况变化缓慢，定期拍卖就能够满足需求。运营商做出了数据使用量将显著增长这一假设，该假设促成了 3G 技术的引入及 2000 年左右频谱拍卖的高价成交。在 21 世纪前 10 年的大部分时间里，公众似乎对此兴趣不大。史蒂夫·乔布斯在 2007 年 1 月 9 日发布了苹果手机，一切随之而变。移动数据量突然上涨的原因是能够轻松使用触摸屏，而不是因为苹果手机大量使用网络资源。短短几个月，网络就出现了阻塞；在一年内，数据通信需求明显大幅增加。

图 11-1 中从 2007 年到 2011 年这一个 4 年周期内的数字诠释了移动数据流量如何从 2007 年的几乎为零，在 3 年内增长到与语音流量相当的水平并使总网络负荷翻一番，在其后的一年内基本又翻一番。这一趋势预计会持续下去，如图 11-2 所示（注意：1EB=1000PB）。

思科及其他机构 [7] 预测：2017 年后移动数据流量每年都将实现 66% 的增长，使 2017 年的流量比 2012 年增加 13 倍，比 2009 年增加 100 倍，比 2008 年增加 1000 倍。

移动通信流量的大幅增长使运营商忙于满足用户需求，或至少通过提高价格或限量供应来抑制需求。一般来讲，可以通过以下 3 种方式提高网络容量：

- 提高技术效率；
- 增加频谱；
- 减小蜂窝尺寸。

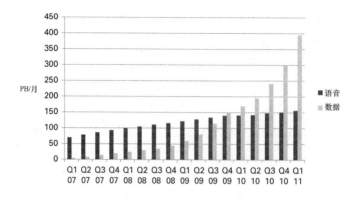

图11-1   2007—2011年全球移动语音和数据流量。来源：网络数据

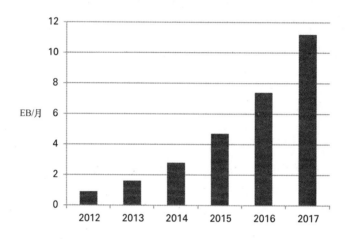

图11-2   全球移动通信流量增长预测。来源：网络数据

目前，除非再引进新技术，否则不太可能提高技术效率（引进 4G 后就面临这种情况）。运营商在尽可能快地建成额外的微小区，但也在向各国监管机构寻求帮助，迫切要求增配频谱。

政府或监管机构过去能够满足这一要求，将其视为提高宽带普及率、促进创新的一种方式，并表示出它们正在推动一种非常受欢迎的业务。各国首脑都在呼吁大量增加移动宽带可用频谱数量。例如，美国总统 [8] 表示到 2020 年要增加 500MHz 频谱供应，其他国家也有类似的呼吁。在寻找可用频谱方面，制定鼓励创新的政策尚未成为监管机构的首要考虑——只应对之前的创新需求就够了。

找到可用频谱并将其用于新目的总会出现很多问题，且因频谱拥塞越发严重而愈演愈烈。要达到总统的要求对所有人来说都充满着挑战。在 2012 年的一次演讲中 [9]，FCC 的主席阐明了 FCC 如何通过一系列政策在相关频段上实现到 2015 年释放 300MHz 频谱的中期目标，包括：

（1）2013 年拍卖 75MHz 的高级无线服务（AWS）频谱；

（2）取消共计 70MHz 频谱的使用限制，包括 40MHz 的移动卫星频谱和 30MHz 的无线通信服务（WCS）频段；使用激励拍卖释放 UHF 频段的更多频谱，虽然不确定数量——可能有 100MHz；

（3）利用频谱共享提供更多的频谱接入，主要在电视白频谱上——数量难以确定。

这是否能够真正释放 300MHz 频谱尚有争议。很多所讨论的频段正在被"调整"而非"释放"，其结果尚不明朗，后两项政策尤甚。这些频段大多尚未使用——需要很多年才能完成频谱指配、设备生产、手持终端普及的过程。因此，实际上，在从 4G 拍卖中获得更多频谱之前，移动运营商必须通过微小区与流量限制相结合的措施来应对数据爆炸。

事实上，其中多数政策可视为所有相关方的故作姿态。政府可以说，它们已经确立了严格的目标并采取了激励行动；监管机构可以说，它们很迅速地采取行动满足了重要的需求；但实际上，除已有规划外，没什么其他变化。然而，这却使人们的心态发生了变化——认为移动运营商的胃口将永无休止，不管腾退出什么样的频谱都将立即被它们纳入囊中，有时甚至会损害其他频率用户的利益。此外，正如在前一章所述，移动运营商有着迫切的频谱需求这一假设，引发了关于 UHF 频段未来前景的争论。

当然，这一问题还有另外一种很少讨论的应对措施：运营商可以提高数据接入的价格来实现供需平衡。然而，似乎多数运营商坚信，在收取一定金额的费用后，就应该满足用户的需求，而不管其需求增长得有多快。这很难产生商业效益。数据成本有可能会随时间而上涨，尤其是使用率高的应用。

11.6　解决非经济评估问题

在直接解决 UHF 困境之前，值得进一步讨论的是评估频谱使用的外部或间接影响的问题。一个高效的频谱管理体系包括了寻找一种在同频段上部署 A 和 B 应用达到相同边际收益的划分。边际收益既包括用户通过争得频谱直接得到的私有收益，又包括外部收益。外部收益主要指经济收益，也包括社会或政治收益；可能包括通过改善一国的网络连接能力形成更具竞争力的市场进而提高总经济效率，或由于进行公共服务广播而加强了社会团结。

这些外部收益并非来自频谱的使用，而是来自其提供的相关服务。根据这一思路，广播或宽带网络（与更多的所有类型业务一起——例如教育或公共交通）有可能领取某种形式的补贴；同样地，对于产生外部损失的业务，有理由对其收取额外的费用。

但是要从上述观点中得到有力的论据来支持补贴用于生产服务的频谱需要一系列的中间步骤。首先，考虑向广播公司或移动通信公司提供频谱访问权限以补贴预期产出似乎是不好的，因为它会鼓励这些公司浪费投入[8]。相比于补贴用于生产的某项投入，补贴产生收益的产出明显好得多。

其次，还不明确当业务的外部利益被归因于补贴的投入时应该怎么做。例如，假设公共服务广播每年产生 10 亿美元的外部收益，需要决定未来要依靠地面还是卫星广播作为传输机制——这一决定取决于相关频段上其他潜在用户提出的竞争条件。在这些 UHF 频段竞争者中进行甄选时，频谱监管机构必须决定是否应该将广播的外部收益归因于该频段或其他频谱相关的投入抑或是非频谱投入。然而，在找到高效的划分方案之前，频谱监管机构难以回答这个问题，这也是它们正在努力寻找的答案。

现在假设障碍已经被清除，已经从支付意愿的数据中评估出业务给客户带来的标准直接经济收益。我们又应如何评估外部收益呢？首先，需记住的是理想的评估方式将使其与直接收益的货币价值相称；其次，我们需要避免重复计算。

事实上，2009 年，作为《数字红利观察》[11] 的一部分，Ofcom 开展了一项类似的实践，提出了与广播相关的外部收益。

它确定了"普遍社会价值"包括以下方面 [12]：

（1）接纳性和包容性；

（2）生活质量；

（3）公民的受教育程度；

（4）民主知情权；

（5）文化理解；

（6）归属感。

这些方面清楚地展现了评估中的主要困难。这些益处通常在为其直接消费者带来的私营收益之上，使消费者之外的其他人受益；换句话说，它们是外部影响。理想的情况是从观察到的行为或偏好中发现消费者对这些益处进行评价的证据。但是，公民的"文化理解"（价值所追求的成效之一）水平等无法直接从任何市场中购买，因此不可能观察到这些证据。一种替代的方法是使用所谓的意向调查，包括向样本人群询问他们如何评价调查者所描述的益处。另外一种方法是采用审议的方法，例如成立一个"公民陪审团"，收集各个候选方案的信息并得出合理的结论。

在《数字红利观察》中，Ofcom 考察了一个频段上的不同应用是否会产生不同水平的普遍社会价值，从而使各备选应用的总价值排名不同，基本已经得出结论，认为这是不可能的。

英国政府在 2014 年的《频谱战略》中承诺将在频谱管理政策方面继续更全面地对该问题进行进一步研究。

---

8   这一原则可简单描述为"不要与资本投入混为一谈"。P. Diamond 与 J. Mirrless 在税收投入的例子中有力地展现了这一原则 [10]。为理解这一原则的机理，设想一下，我们选择通过为移动运营商提供免费电力来补贴移动通信，移动通信价格可能会降低，但电力消费必将上升，且牺牲了生产效率。

2.21 ……可以通过多种方式定义和评估频谱价值。如在最终用途（如拯救生命）或文化影响（如增加社会连接性）或道德文化使命（如国家有优先使用权）方面。在很多情况下，已经存在这类评估方法……在制定更为准确的评估方法时，考虑将社会的、更本质的因素或是难以衡量的对社会福利（如生活满足感）的影响作为评价标准非常有用……

……

2.23 规划频谱的使用，包括将不同应用的公共价值进行排序……我们需要找到在社会、经济、金融、技术和政治因素中权衡的方法……[13]

在下一节，我们假设可以从财务方面对各变量进行评估，并通过形象化的案例展示如何使用这种评估来高效划分频谱。

11.7 探索700MHz频段的高效划分方案

本节简要描述了一种可能解决 700MHz 频段划分中广播和移动业务之间频谱需求矛盾的方法。虽然该方法并非意在实际可行，所考虑的不同情形确实以有趣的方式得出了不同的结论。

首先，我们假设对于移动和广播业务有合适的频段可以代替 700MHz 频段。实际上，这也基本符合事实。接着，我们讨论下述假设如何影响划分结果：

（1）从技术上讲，广播业务没有合适的替代频段；

（2）在其他替代频段上部署广播业务并不经济可行。

最后，我们讨论在任何情况下基于拍卖的频谱指配系统有望带来高效分配方案。

11.7.1 场景分析

在第一个场景中，我们假设可以使用 700MHz 或 2.3GHz 频段提供（增量）移动业务。同样地，可以使用 700MHz 频段提供地面广播业务或使用 10GHz 频段提供卫星广播业务。简单地说，我们假设 2.3GHz 和 10GHz 频段都不能挪作他用[9]。这意味着，有如下两种可选的指配方案。

- 指配1：移动业务使用700MHz频段，广播业务使用10GHz频段。
- 指配2：广播业务使用700MHz频段，移动业务使用2.3GHz频段。

  为了实现这一场景，我们最初假设：

- 在两种指配方案中，即使没有补贴，两种业务都是经济可行的；
- 两种业务的产出不受频谱指配的影响，因此，我们关注的是高效地得到固定产出的能力。

---

9 如果替代频段目前已被使用，将有必要拓展到前文涉及定价的章节（7.5 节）中设立的框架，以进一步考虑不同目的频段的不同应用之间的相互依赖关系。

每种业务为其用户带来收益，为非用户带来外部收益，并产生供应成本。每种业务的社会价值为用户收益（消费者盈余）与非用户的外部收益之和，减去提供业务的成本[10]。表 11-2 和表 11-3 展示了两种指配中每种业务的假定成本、用户收益、外部收益及社会价值。从中我们可以看到：

- 两种业务使用 700MHz 频谱的成本较使用次优替代频段的成本低（如使用 700MHz 能降低网络成本）；

- 因为产出是固定的，在两种指配中每种业务的用户收益不变，移动业务的用户收益比广播业务要高；

- 在两种指配中，每种业务的外部收益不变，广播业务的外部收益比移动业务要高。

表 11-2   指配 1 的社会价值

指配 1	移动（700MHz）	广播（10GHz）	总和
A. 成本	100	120	220
B. 用户收益（总量）	400	200	600
C. 外部收益	200	500	700
社会价值（−A+B+C）	500	580	1080

表 11-3   指配 2 的社会价值

指配 2	移动（2.3GHz）	广播（700MHz）	总和
A. 成本	200	80	280
B. 用户收益（总量）	400	200	600
C. 外部收益	200	500	700
社会价值（−A+B+C）	400	620	1020

在这些假设下，广播业务使用 700MHz 频谱产生的社会价值比移动业务高，因为它产生了巨大的外部收益。然而，将 700MHz 频段指配给移动业务、将 10GHz 频段指配给广播业务的效率会更高，因为在指配 1 中两种业务产生的总社会价值（即 1080）比指配 2 中的（即 1020）高。其原因是：与指配 2 相比，指配 1 使广播与移动业务的总成本减少了 60（即 280–220），而两种指配中总用户收益及外部收益是相同的。

这证明了那条重要的原则，即应从相关频段"机会成本"评估候选频谱划分方案，可以通过使用次优频段可能带来的成本上升（见第 7 章）度量机会成本。如表 11-4 所示，移动业务在 700MHz 频段的机会成本（200–100）比广播业务的（120–80）要高，高出的部分反映了二者在成本节约方面的差异。机会成本起着决定作用，因为不管是广播业务还是移动业务，改变频率不会带来用户或外部收益的变化。

若有此类差异，应将其插入表 11-4 的 B 和 C 行之间，且通过比较加入该行后新的"社会价值"决定高效的划分方案。

---

10 若将生产者盈余也包括在内，结果也不受影响。将在 12.2 节中进一步讨论。

表 11-4   每种业务 **700MHz** 频段的价值增量

700MHz 频段的价值增量	移动（2.3GHz）	广播（10GHz）
A. 机会成本	100	40
B. 用户收益	0	0
C. 外部收益	0	0
社会价值（A+B+C）	100	40

11.7.2　广播业务没有合适的替代频谱

下一步，假设广播业务找不到合适的频段替代 700MHz 频段，此时指配 1 中没有合适的替代频谱。在这一场景下，将 700MHz 频段指配给移动业务完全遏制了广播业务，使其成本与收益降为零。

针对这种假设，表 11-5 的最右一列反映了将 700MHz 频段指配给广播业务增加的成本和收益。将 700MHz 频段指配给移动业务只是节约了成本。而将其指配给广播业务虽然带来了成本上升，但也会带来巨大收益。

表 11-5   每种业务 **700MHz** 频段的价值增量

700MHz 频段的价值增量	移动（700MHz）	广播（700MHz）
A. 成本	100	−80
B. 用户收益	0	200
C. 外部收益	0	500
社会价值（A+B+C）	100	620

11.7.3　广播业务使用10GHz频段并不经济可行

回到最初的例子，假设广播业务的收入不足以支付使用 10GHz 频段带来的业务成本增加。若不通过某种方式解决这一问题，广播业务使用 10GHz 频段并不经济可行，不会使用 10GHz 频段提供广播业务。

可通过适当的补贴对这一市场失灵情况进行补救，增加广播收入，确保使用 10GHz 频谱经济可行。将 700MHz 频段指配给移动业务，将 10GHz 频段指配给广播业务将实现频谱效率最大化。

若无法获得这一补贴，则次优的结果是将 700MHz 频段指配给广播业务。实际上，为了补贴广播业务，使频谱效率降低。若可通过其他方法在一定程度上重现广播业务使用 700MHz 频段带来的收益，则必须评估"低效"使用 700MHz 频段带来的社会成本增加与将 700MHz 全频段用于广播业务带来的收益损失之间的平衡。

11.7.4　700MHz频段的拍卖能否带来高效分配方案

表 11-4 表明，在最初的方案中，与两业务都使用替代方案相比，将 700MHz 频段分配给移动运营商比分配给广播公司获得的收益将更多。它们的支付意愿比广播公司高，因此能够在在第二价格拍卖中胜出。

如果广播公司使用 700MHz 频段比使用 10GHz 频段能够提供更多的外部收益，而移动运营商能提供的外部收益没有类似差异，拍卖可能效率低下。顾名思义，运营商的支付意愿并不反映其外部收益的水平或变化。如果广播公司的外部收益因使用 700MHz 而非 10GHz 频段进行广播发生变化，即使在拍卖中有人出价更高，我们推断广播公司也可能会高效地使用 700MHz 频段。

11.7.5　结论

这一分析表明，从各种业务的成本和评估结果中得出频谱指配方案需要经过一个复杂的"转化"过程。实质上，这是因为在分配频率这一投入时统筹考虑了成本和需求。两者的相对重要性取决于：（1）是否有其他的替代方案能够开展该业务；（2）替代方案在多大程度上能够产生相同的客户收益和外部收益；（3）当业务市场出现市场失灵时，政策的制定者或监管机构干预这些业务市场（最优途径）而非投入市场（次优途径）的能力。

分析显示，若候选业务有能产生相同产出和外部效益的替代方案，且至少有一种替代方案经济可行，竞争性拍卖将会产生高效的结果。

关于成本，需要关注的一个例子是 Ofcom 在英国将 700MHz 频段改用作移动业务时所做的成本 – 收益分析。对于广播业务及其他与移动通信一同竞争该频段的业务，这一分析将它们的产出保持恒定。这表明与其他替代方案相比，这些业务重新打包使用 470 ~ 694MHz 或其他频段频谱的成本少于移动业务使用 700MHz 频段拓展业务降低的成本与改善楼宇和农村覆盖产生的收益之和 [14]。由于产出的变化只能相对有限地改变业务质量，大多数计算都围绕着成本展开。但是，不能总是通过这种方式局限地解决频谱划分问题。

11.8　对于UHF频段的争夺：各种方案

地面广播需要进行无线接入——基于当前广播塔和接收天线的部署情况，必须使用 UHF 频段（大体上为 400 ~ 800MHz 区间）。广播公司希望得到更多频谱用于传送更多、更高清的内容。然而，移动电话业务提供商对于该频段也有迫切的竞争性需求。这是因为，所用频率越低，移动网络信号的传输距离也越远。粗略地讲，频率高一倍将使传输距离减半。一个蜂窝小区的覆盖范围与小区半径的平方成正比，距离减半意味着需要 4 倍数量的蜂窝小区才能实现相同的覆盖。与近期释放的某些移动频谱（如 2.6GHz）相比，使用 600MHz 电视频段只需要 1/16 数量的蜂窝小区。但由于天线尺寸、人为噪声的影响，并不全然如此；此外，在很多情况下出于容量原因需要更多的蜂窝小区。然而，对移动运营商来说，使用 UHF 频段的低端频率能带来明显的收益。频谱拍卖的结果很好地表明了这一点：700MHz 或 800MHz 频段上每兆赫频谱产生的收入比 1800MHz 或 2.6GHz 频段高出许多倍。

因此，有很多运营商想获得 UHF 频段，包括以下几种。

- 移动运营商。它们倾向于组合使用低频和高频，低频（如UHF频段）用于经济地实现农村地区覆盖，高频用于支持城市地区的扩容需求。目前，与低频相比，移动运营商已经拥有较多的高频频谱。它们旨在提高低频频谱的比例，用于扩大覆盖。这也有助于某些政府实现为大多数人口提供宽带覆盖的目标（见第13章）。移动数据量的快速增加加剧了它们对频谱的需求（见11.5节）。

- 公共保护和救灾（PPDR）——应急业务。很多公安、消防与急救行业的用户已在400MHz或800MHz的UHF频段上部署了相关系统。这些通常是语音系统，用户希望升级系统以更高的数据速率传输内容。为实现这一目标，它们需要更多频谱。若能获得与其目前系统相邻的频段，它们可以继续使用原有发射塔。在美国，向民众解释进行电视广播数字化转换的一个原因是为PPDR释放频谱，以更好地应对诸如"9·11"恐怖袭击这样的紧急情况。美国计划进行的600MHz频谱拍卖，将使用4.9节讨论的"激励拍卖"，意在获得足够的收入，资助建设应急业务宽带网络。如果能够保证应急业务的用户在发生重大紧急事件时得到优先接入权，应急业务也可以借助使用商业网络。很多国家或地区正在研究这一方案。

- 用于机器类通信（M2M）系统中传感器到控制系统间的回传链路。通常，传感器需要具有较低的成本，能够使用单节电池运行多年。要实现这一目标，它们需要较低的发射功率，这通常会导致传输距离较短，但UHF频段优越的传播特性可以弥补这一点，并使其部署变得更加切合实际。预计Weightless及其类似技术将获得UHF电视频谱，虽然无法将其作为专用频段而只能以次要地位使用。

在过去的多年中，电视频段有逐渐减少的趋势。在欧洲，电视频段曾扩展至 868MHz。在数字转换期间，792～868MHz 的"800MHz"频段被清理出来进行拍卖，用于移动通信。现在该频段已是全球 4G 频段之一。

在美国，广播电视频段的使用方式则有所不同。在数字转换期间，该频段700MHz 的部分被清理出来，拍卖给了移动运营商。很多移动运营商正在该频段部署 4G 网络。设备的普及，尤其是手机的普及，促使其他国家考虑是否也应清理 700MHz 频段。2012 年的世界无线电通信大会上提出了这一问题 [15]，会上达成了协议，在全球的 700MHz 频段上部署移动业务。但是，并未规定监管机构有义务对广播频段进行清频，很多监管机构将其视为应该开始考虑该频段前景的标志，可能将电视广播限制在 470～700MHz 频段。很多监管机构正在研究这样做的影响，并发布了关于 700MHz 频段前景的研究结果。

可以理解广播公司将这视为潜在趋势，它们使用的频谱被压缩得越来越少。它们恰当地指出，如果在某种程度上没有足够的频谱能够经济地开展业务，它们也可能关闭所有的地面广播业务。在很多光纤和卫星接收已经非常普及的国家（例如德国），这在政治上是说得过去的，在商业上是合理的。但是，在其他国家（如英国，超过半数的家庭仍依赖 DTT），这一计划将遭到极为强烈的反对。如果某些广播仍然使用该频段，则仍有必要进行国际协调，每个国家做出独立选择的能力是有限的，情况将会变得非常复杂。

　　美国正试图利用市场的力量找到面对这种复杂情况的方法。像德国一样，美国对 DTT 的依赖程度相对较小，只有约 10% 的家庭将其作为主要业务使用。2015 年，它们正在计划一次新的"激励拍卖"。已经在 4.9 节中详细描述了如何使用拍卖机制决定将多少频谱留给电视广播，将多少频谱转给移动运营商。其他监管机构会密切关注这一过程，既观察这种途径能否奏效，又观察移动运营商对 700MHz 以下的频谱的需求是否很高。

11.9　可能的结果

　　我们可假设多种不同的结果，例如：

- 保持现状，在可预见的未来仍将剩下的频段（470～790MHz）留给广播使用（值得注意的是，很多国家已承诺将692～790MHz频段用于给移动业务）；
- 截然相反的结果，广播退出该频段，整个频段供移动宽带或其他新业务（如M2M）使用；
- 折中结果，广播业务释放出一些额外的频谱，广播业务和移动业务共同使用该频段；
- 融合使用，使用单一的网络通过灵活、动态的方式传输移动和广播内容。

　　根据本国地面广播的使用情况及对广播业务和移动业务价值的认知，不同国家想要得到的结果可能不同。同样地，全球规模经济倾向于使大部分国家或地区采用类似的频谱使用方案，在边境上对这些频段进行频率规划的复杂性将促使邻国采用类似的频谱使用方案。

　　很多关键因素将对结果产生影响，包括：

- 移动数据需求是否持续增长及运营商如何满足这一需求；
- 未来的收看形式是否会发生变化；
- 政府在移动宽带等领域的侧重点。

　　这些因素的影响并非总是非常明显的。例如，移动数据需求的持续快速增长更需要使用其他方法扩大容量而不是增加额外的频谱，因为增加频谱只能将容量提高几十个百分点，部署大量的微小区则更加有效。高频段更适合部署微小区，因为在这种情况下不需要发挥 UHF 频段在传输距离方面的优势。因此，与 700MHz 频段相比，运营商可能对 3.5GHz 频段更感兴趣。同样地，对于高清和超高清电视接收的需求增长将使得 UHF 频段不足以传送其内容，观众可能会转移到卫星等其他平台，降低了对 UHF 频段的频谱需求。最复杂的情况可能是：移动宽带稳步增长，需要更多频谱满足需求；同时，广播接收需求略为下降，关闭地面广播传输的理由不够充分。

很多人认为，既然 800MHz 频段上部署的业务已经从广播业务转为移动业务，这一变化也显而易见地可以发生在 700MHz 频段，接着发生在 600MHz 频段，只是时间问题而已，此后 500MHz 频段也将会经历相同的发展历程。但是，欧盟委员会近期的工作表明，移动运营商对 700MHz 以下频率的兴趣可能相对较低[11]。目前，运营商似乎认为它们已经获得了足够的UHF频谱，额外低频频谱的边际收益将会非常小。相反，它们正利用自己的管理团队进行游说，以获得更多的高频频谱。广播公司似乎下定决心在剩下的频段上继续开展业务，目前公众对线性电视广播的需求仍然非常大。政府没有兴趣强行改变公众的观看习惯。因此，保持现状似乎是最有可能的结果，至少未来 10 年如此。

11.10　对频谱管理的启示

本章描述的问题可能是当前频谱管理中最尖锐的问题。它包含了所有的主要冲突，包括移动数据需求增长的速度、地面广播的长期前景、宽带的外部经济价值、广播的外部社会价值、广播和移动通信的技术进步，甚至还包括未来将各业务融合到单一平台的可能性等。

不可能通过一种放之四海而皆准的方式解决这些冲突。然而，我们能够从案例中得出关于频谱管理发展方向的一些结论。

首先，各国将使用不同的工具解决这一问题。通过成本 – 收益分析或监管影响评估，多数国家重拾了"命令与控制"这一方法。只在很少的情况下会借助市场方法，如频谱交易或业务中立的拍卖。这一方法最好的例子是美国提出的 600MHz 频段的"激励拍卖"。

在某种程度上，"命令与控制"方式比频谱交易或拍卖等经济工具更加重要，主要体现在：

- 快速避免频谱拥挤不堪的需求；
- 协调各国频谱过渡使用的需要；
- 市场划分及指配过程的复杂性；
- 外部影响具有多样性，将其全面纳入拍卖机制存在问题；
- 决策的政治本质及被期望发挥积极作用的程度；
- 广播与移动阵营之间矛盾的尖锐程度；
- 政府对拍卖收入最大化的期望。

将来其他复杂且充满争议的频谱决策是否还将默认沿用"命令与控制"的方法，在现在很难探知。

11　见 [16] 中 Plum Consulting 公司的研究。

参考文献

[1] www.itu.int/ITU-R/terrestrial/broadcast/plans/ge06.

[2] http://en.wikipedia.org/wiki/Multimedia_Broascast_Muticast_Service.

[3] http://europa.eu/rapid/press-release_IP-14-14_en.htm.

[4] TG6 (13) 026 by IRT，available from the ECC website.

[5] Broadband COmmission,"The State fo Broadband 2014: Broadband for All",ITU/UNESCO (2014).

[6] J.Stewart,"Mobile Broadband Coverage: Balancing Costs and Obligations", www.analysymason.com/About-Us/News/Newsletter/Mobile-broadband-coverage-balancing-costs-and-obligations.

[7] www.cisco.com/c/en/us/solutions/collateral/service-provider/visual-networking-index-vni/white_paper_c11-520862.thml.

[8] www.whitehouse.gov/the-press-office/presidential-memorandum-unleashing-wireless-broadband-revolution.

[9] J. Genachowski,"Winning the Global Bandwidth Race: Opportunities and Challengs for Mobile Broadband",University of Pennsylvania (2012.10.4), www.fcc.gov/document/chairman-genachowski-winning-global-bandwidth-race.

[10] P. Diamond and J. Mirrless,"Optimal Taxation and Public Production" (1971) 61 *Americal Economic Review* 8 and 261.

[11] http://stakeholders.ofcom.org.uk/consultations/ddr.

[12] Ofcom,"Digital Dividend Review"(2007.12), Annex 7, 19, http://stakeholders.ofcom.org/binaries/consultations/ddr/annexes/ddr_annexed.pdf.

[13] UK Government,"Spectrum Strategy"(2014).

[14] Ofcom,"Consultation on Future Use of the 700MHz Band: Cost−Benefit Analysis of Changing Its Use to Mobile Services"(2014.5).

[15] ITU website, e.g. www.itu.int/ITU-R/index.asp?category=conferences&rlink=wrc-12& lang=en.

[16] http://ec.europa.eu/digital-agenda/en/news/challenges-and-opportunities-broadcast-broadband-convergence-and-its-impact-spectrum-and.

12 公共部门的频谱使用

12.1 引言

  在大多数国家，大量的频谱（约一半）被公共部门使用。对所有频段的频谱来说是这样的，对最有价值的 300MHz ~ 3GHz 频段范围内的频谱也是如此。公共部门的频谱主要用途包括航空和水上运输、通信、雷达等。大多数用途都与国防相关。

  频谱使用方案对地理位置及人均收入并不非常敏感，因此各国可使用类似的方案。国防相关的频段带宽占公共部门全部带宽的一半以上，这种情况非常普遍。图 12-1 展现了典型欧洲国家商业频谱和公共部门频谱使用情况的统计分析[1]。

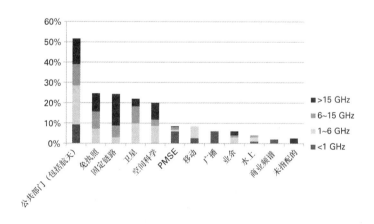

图12-1 英国的频谱使用情况。来源：[1]

  历史上，国防类应用比民用应用具有更高的频谱使用优先权，其他公共部门也是如此，但优先权稍低。与商业用户不同，公共部门用户通常无需遵守执照要求或缴纳执照费用。在频谱资源充足的时期（即近期通信业务频谱需求增长之前），往往将大量的频谱分配给了公共部门。

---

1 注意到商业与公共部门频谱使用之间的界线并非那么鲜明。例如，在大多数国家通常由公共部门的一个机构向商用航空业提供空中交通管制服务。同样地，公共部门（公安、消防、急救）的应急通信业务也可由商业网络提供。

在英国，一项对频谱使用情况监测的研究表明，公共部门的有些频段（包括 1.0 ～ 1.8GHz）使用率较低，这与移动频段（如 900MHz、1800MHz、2300MHz）的高使用率形成了鲜明对比。

这一现象与这些应用的价值无关。但是，注意到较低的利用率及公共部门缺乏对频段有效利用的激励，至少提出了需要进一步研究的问题。

本章广泛地利用了前面章节中已进行过的分析，特别是对频谱稀缺性及其后果（第 3 章）、频谱定价及评估（第 7 章）和频谱共享（第 8 章）的分析。首先，我们讨论公共部门的特殊性如何影响频谱使用与频谱管理。接着，我们再回顾一系列可能提高频谱使用效率的方式。

12.2   商业和公共部门在频谱使用上的差异

本书的一个重要主题是移动通信对频谱需求的快速上涨给频谱管理中传统的"命令与控制"机制带来的压力。我们已指出过，频谱充足时期这种行政上的平衡举措是令人满意的，但随着频率划分失策的后果不断显现，这一举措也就不再适用。

公共部门和商业频谱也是这样。公共部门需要频谱对一项新技术加以利用时，其需求非常迫切。但是，由于在历史上公共部门的频谱管理者受到优待，频谱发展的惯常方向可能是从公共部门流向商业部门。公共部门徒然地对频谱资源紧抓不放，对公民及经济的影响将会非常严重。

人们曾普遍认为，频谱管理的"命令与控制"机制非常"适合"公共部门，现在仍是这样。然而，这里存在很多问题。公共部门需要多项投入用于提供服务，包括土地和其他自然资源、劳动力、能源、资本设备及材料。除了显著的例外（例如很多国家仍然在招募新兵），在现代市场经济中，并不能通过行政手段配置投入用于公共生产。相反，公共部门通过与商业公司的竞争获得这些投入。

因此，公共部门可以使用与商业频谱相同的经济和市场工具，这些工具详见第 3 章。但是，两者间有两项主要差异。首先，专用或公共部门可能会极力反对归还频谱，或开始付费使用频谱。某些公共部门机构（如国防部）因所提供服务的本质及其相对容易和随意获得频谱的情况，异常强烈地认为自己享有继续持有现有频谱的权利。对这种根深蒂固的观念进行直接抨击往往并不奏效。因此，以战略手段分阶段解决这一问题可能会更好：首先，宣传关于目标频段的商业使用价值的信息；然后，说服用户如果能谨慎地进行频谱管理改革，将不会威胁公共用户的核心利益；接下来，进一步指出这一改革将使相关公共部门用户有更多机会在其目标频段上获得额外频谱。寻求国家财政部的支持也大有裨益，财政部应该有兴趣利用未充分使用的公共部门频谱推动整个国家的经济增长。

其次，公共部门与商业部门的激励机制不同——公共部门内部的激励机制也存在着差异。商业公司几乎一直在生产可以在市场上出售的产出。如果成本超过了收入，它们有降低成本的压力。换句话说，它们有严格的预算限制：不能持续亏钱。因此，有理由预见如果一个商业公司需要为获取频谱支付不菲的价格（即不是较低的行政收费），它将尽量节约这项投入。

虽然不像商业公司那么严格，但是出售市场化产出的公共部门公司（例如公共水资源或能源公司）也可能有财务预算，因此，仍然有节约频谱的动机。而有些公共部门用户（如国防部）的产出并不在市场上出售，而是免费提供给所有居民。它将获得财政部的拨款资助，拨款金额足以支付其成本。

若这一机构使用频谱，它可能会与财政部协商预算。这一协商可能发生在如下两个背景下。

（A）在 A 国，频谱用户提交未来一段时间内的投入列表及其价格。财政部详细检查所列内容，形成预算。预算可能要经过议会批准，它列出了需要购买的投入。频谱使用部门购买并使用特定的投入以生产其产出。

（B）另一方面，B 国使用不同的机制。财政部同意在一定时期（如 3～5年）内某部门的总产出目标，与该部门就实现这一产出的总预算进行协商。此后，由相关部门通过最佳途径执行预算获得确定的产出。

在 A 国，频谱价格的上升对频谱使用效率可能影响甚微，因为这只增加了财政部分配给频谱使用部门的预算。此外，若该部门节约了频谱，通常不能将节约的成本重新用于获得其他投入。在这种情况下，没有动力去响应价格变化。在 B 国，情况恰相反，若该部门在频谱使用方面节约了成本，可将节约的成本用于其他投入的采购。在这种情况下，有动力应对价格变化。

应该明确的是，鼓励非市场化的公共部门高效使用频谱这一问题并不局限于频谱，对所有生产非市场化产出的公共部门来说，它普遍适用于所有投入的使用和所有产出的生产。总体来说，A 国使用的机制符合公共部门传统的预算惯例。B 国使用的机制受到所谓"新型公共管理"[2]拥护者的推荐，旨在提高整个公共部门的管理效率。如下文所述，与另一方法相比，这一机制似乎很完善或更适合通过激励恰当地鼓励频谱用户实现频谱效率的提高。

然而，若 B 国使用的机制不切实际，下文讨论的某些方法仍然可用，尤其是频率重耕和使用情况审计。

12.3 公共部门频谱使用的改革方案

本节将讨论一系列可改善公共部门频谱使用的工具。其中很多工具与传统方法相同或是传统方法的延伸。其他工具与普遍使用的以市场或价格为基础的改革相同，有时可加以改进以适应公共部门用户的特殊情况。图 12-2 中公共部门改革的"阶梯"逐级描述了频谱监管机构或政府可能考虑的一系列传统型或改革型措施（不一定按照所示顺序），可将其作为提高公共部门频谱使用效率的方案。这主要基于英国的经验。

图12-2   公共部门频谱改革的阶梯

第一梯级：发放重耕补贴。重耕是改变频段用途的过程[2]。在目前的背景下，它意味着从公共部门用户手中获取频谱，并将其指配给商业用户。如果这些本来指配给公共部门用户的频段已不再使用，从技术角度上考虑，重耕相对简单。但是，如果该频段仍然在用（并且必须被腾退）或计划未来使用，情况就会复杂得多。在上述两种情况下，可能都需要做出某种形式的补偿。

频谱重耕的程序在法国尤其顺畅。一个频段已被确认为重耕的候选频段时，会进行精细的成本评估，监管机构及会放弃或获得该频段的各相关单位都将参与其中。获得部委授权后，频谱监管机构（法国国家频率管理局）从用于重新配置的基金中批准费用支出。该基金接收来自公共部门和获得该频段的商业机构的资金。

法国议会现在已经建立了一个特设账户，该账户自2009年开始使用，用于向放弃频率的机构支付资金，很多情况下从后续拍卖的收入中收回这部分资金。目前已经释放给宽带移动的频谱大部分来自国防部。国防部腾出了1800MHz频段、2.1GHz频段的大部分频谱、E-GSM频谱、2.6GHz频段和800MHz频段的一半频谱。2011年，国防部获得了12亿欧元收入——2.6GHz频段拍卖的全部收入，2012年因释放部分800MHz频段额外获得了18亿欧元收入[3]。

法国政府也有意使用该基金推动700MHz频段的顺利释放。在这种情况下，并不是由国防部释放频谱，所有的频谱都来自广播频段。而广播频谱和政府频谱都使用相似的集中式管理方法。

---

2   这一过程可通过二次交易实现，无需任何监管机构参与。然而，这里讨论的给重耕发放补贴并没有考虑这一方式。

美国也制定了非常有趣的市场导向的程序，并已经应用过一次。2004 年，美国国会通过了《商业频谱增强法案》，该法案创立了频谱重新分配基金，从拍卖收入中出资向美国联邦政府机构支付选用新指配频率或替代技术产生的成本。其基本思路是，若预期的拍卖收入超过了预期的转让成本，才能发生转让。可将预期的转让成本作为拍卖中的"保留价格"。若未达到该价格，则不能成交。

第一个此类拍卖是 1710 ～ 1755MHz 频段的拍卖，该频段曾为包括国防部在内的 12 个联邦机构所用。如果成交，拍卖收入的一部分将用于支付频谱重新分配的成本。随后公开的信息表明，这些成本超过了预期成本的 50%。但是，拍卖收入是预期成本的 4 倍 [4]。美国已经考虑在 1755 ～ 1850MHz 频段上使用类似的程序。

第二梯级：将频谱价值评估用于公共部门采购。 假设因为公共部门频谱是免费的，且因用户不理解其价值而没有得到有效利用。对所使用频谱的总价值进行评估，如国防用途的频段，可向政府部门及法律制定者表明公共部门频谱是沉睡的数十亿美元的资产。这对鼓励频谱的经济型使用有着教育意义。

第 7 章已表明有多种方法可用来评估频谱价值并确定其行政价格。这些方法适用于所有频率。最初，频谱用户可以不以这些价格支付费用，但这些价格可用于协助做出其他决策。这种方式中使用的价格称为"影子价格"——在做出投资决策时使用的价格，但并不是实际收取的费用。

例如，如果政府要从两种使用不同频段的武器系统中进行选择，可基于两种系统的终身成本进行评估，包括对每个系统所用频段的评估。预期成果有助于更好地选择武器系统，且能够更好地理解频谱价值。

要实现上述评估，或将需要财政部的许可，因为很多国家的财政部都制定了管理公共部门采购过程的各项规定。

第三梯级：审计。 频谱审计与其说是一种频谱管理的经济或市场工具，不如说是利用这类工具的第一步，甚至是一个必要条件——因为审计增加了政府与监管机构及频谱用户自身关于不同频段使用规模的认识。

英国政府委托开展了一项关于频谱使用的审计，并在 2006 年公布审计结果，该审计确定了某些公共部门未充分利用的频段 [5]。该审计也确立了公共部门频谱管理的几项总体原则，本章将会讨论部分原则。它也审计了民航局及国防部管理的 20 个专用频段。通过审视目前及潜在的使用前景，审计认为短期内有可能将 8 个频段用作其他用途。有 3 个频段在未来 5 年内，几乎不可能用作其他用途。有 13 个频段需要在进一步调查或更长时间之后，才能进行某种形式的重新部署。

英国政府接受了相关建议，并注意到最后两种类型的频谱占了公共部门频谱的 65%。此后，一致同意采取一系列行动审计能换作他用的频谱 [6]。随后的进展将在 12.4 节加以讨论。

2013 年，在欧盟范围内，欧盟委员会公布了其在欧盟使用频谱存量清单的决定 [7]，这是无线频谱政策方案的一部分。这些审计不可能是全面的，因为出于国家安全的考虑，某些频段的使用必须保密；然而，这两个例子表明，可以安全地披露关于公共部门频谱使用的有用信息。

第四梯级：共享公共部门频谱。近期，商业部门与公共部门共享频谱备受关注，尤其是用于提供移动宽带服务。2012 年，美国总统科学技术咨询委员会发布了一份报告，提出释放 1000MHz 联邦频谱用于共享。报告指出，当今表现出的频谱短缺实际上是因为资源管理方式造成的假象。若美国在管理联邦频谱方面有更多的选择，频谱将由稀缺变得充裕。频谱使用的常态应该是共享，而不是独占式使用。

正如第 3.4 节、第 8 章与第 9 章所述，有多种共享方式。最简单的方式是地域共享和时域共享。固定链路与卫星上行传输共享频谱就是这样的例子。更复杂的共享形式是给予公共部门某种形式的优先权，商业用户具有次要优先权。第 9 章描述了此类动态频谱接入。

2013 年 11 月，美国国防部宣布同意腾退 1755 ～ 1780MHz 频段，使其同 2155 ～ 2180MHz 频段配对拍卖。此前预计，这一配对组合能筹集近 120 亿美元的收入，而 2155 ～ 2180MHz 频段本身预计只能筹集 30 亿美元。军方目前将 1755 ～ 1780MHz 频段用作飞行员训练及无人机操作，这些业务将转移到 2025 ～ 2110MHz 频段，根据与全美广播业者协会（NAB）达成的协议，将与广播公司共享该频段。

然而，其他人质疑公共 / 商业频谱共享的可行性，因为共享不仅需要解决技术问题，还需要对双方进行恰当的激励并控制交易成本。与其他的共享建议一样，其他国家明智地跟踪先行国家这一做法，如果结果能够证明这是一种成功且经济的做法，则做好准备采取相同做法。

第五梯级：收取频谱费用。从确定频谱的影子价格（见第二梯级）到收取实际的行政费用是其重要步骤，商业与公共部门频谱用户都极力反对收费。

如上文所述，若财政部确定了政府部门必须支付的频谱费用，并为该部门自动增加相同数额的财政拨款，这种方式将不会奏效，因为没有厉行节约的动力。

因此，只有在下述公共开支管理体系中，频谱定价才能发挥作用：财政部根据给定的产出目标确定相关部门的总资金拨款，频率使用部门决定如何实现这些目标。在这种情况下，该部门将选择交出不想要的频谱，并将节约下来的钱更有效地用在其他地方。如下文英国的案例研究所示，在这些条件下，频谱定价能够促进交出未用频谱。

第六梯级：商业和公共部门一体化频谱市场。如上文所述，在市场经济中，公共部门通过与商业机构大致相同的方式购买——在一体化市场中购买大多数投入（劳动力、土地与建筑、公用服务、资本设备）。频谱是历史上的例外，大都通过行政程序指配。但当建立起商业频谱市场时，自然有人会问，是否应将公共部门频谱囊括其中。正如目前竞争劳动力及原料，这两种机构彼此竞争所需的频谱。

在这样一个世界里，若需要增加公共部门频谱，相关机构将必须向财政部寻求资金用于购买频谱——例如参与拍卖。同样地，若公共部门有多余的频谱，可以将其归还或在市场上拍卖。如果卖方能保留部分收入，可能会鼓励它们出售多余频谱。

由于以上原因——公共部门在频谱指配方面曾受到优待，移动通信作为一项主要的商业应用是目前额外频谱需求的主要提出者——未来频谱的流通方向可能是从公共使用流向商业使用。一个关键问题是财政部是否愿意允许公共部门机构保留出售或租赁频谱的部分收入，而这部分收入足以使其愿意放弃保留空闲频谱作为"缓冲"。这种财政激励当然可使租赁频谱成为非常重要的政策目标，如下一节阐述的英国的例子，英国正在规划跨越公共部门－商业界线的频谱交易。

对公共部门来说，在拍卖竞价或频谱采购方面实现一体化存在着较大的问题。如上文所示，需要财政部划拨资金实现采购。这很可能在通过"性价比"测试之后才能被批准，并且公共部门在频谱采购方面几乎没有经验。在英国，和其他地区一样，设备制造商一直在煽动使用传统的"命令与控制"程序获得额外的频谱用于应急业务。公共部门可能在建立商业案例方面缺少经验，可考虑求助商业供应商。因此，公共部门接受使用拍卖竞价或频谱采购进行频谱指配时，一体化市场才能起作用。

12.4　公共部门频谱改革的案例：英国

英国是推行公共部门频谱管理改革的国家之一，其经验对上述讨论有着重要影响。

改革年表见方框 12-1。

方框 12-1　英国公共部门频谱管理改革年表

1998 年：开始引入行政稀缺价格 [8]。1998 年《无线电信法案》在一定数量的商业频段上引入了频谱的行政定价，将稀缺性纳入考虑。并适当地扩展到公共频谱。

2003 年：通过《通信法案 2003》。

2005 年：Ofcom 发布了《频谱框架综述》[9]，确立了到 2010 年使用市场化方法管理 71.5% 的英国频谱的目标。

2005 年：独立的频谱审计 [6] 开启了频段审查程序。政府通过了外部价格和商业与公共部门频谱市场一体化的政策。

2010 年：Ofcom 审议了行政定价 [10]，确认了频谱定价的好处和它适用于公共部门频谱。

2010 年：行政定价扩展到更多频段。国防部每年可获得近 4 亿英镑收入。

2010 年：政府宣布计划到 2020 年释放 500MHz 的 5GHz 以下频谱 [11]。该计划由 8 名部长联合签署，到 2014 年年初已经释放了 60MHz 的频谱。交通部即将释放 100MHz 的频谱。

2015 年：制定关于 Ofcom 代表国防部拍卖其持有的 190MHz 频谱的计划 [12]。

12.5　结论

　　与商业部门相比，提高公共部门的频谱使用效率更加复杂，因为并不清楚何种激励对公共部门有效，其运营很大程度上取决于资金划拨方式。原则上，商业与公共部门的频谱市场能够实现融合，发挥各自的长处。但实际上，确实难以在短时间内实现融合；如果公共部门的态度不发生大改变，在更长的时间内也难以实现融合。

　　也可以利用一些更为复杂的工具，这些工具包括得到政府开支预算支持的频谱定价、审计、利用政府施压或给予某种形式补贴的行政重耕。综合利用这些方法似乎可以取得很好的效果。

参考文献

[1]　Ofcom, "Spectrum Attribution Metrics" (2013.12).

[2]　T. Christensen and P. Laegreid, eds., *The Ashgate Research Companion to New Public Manaagement*, Farnham:Ashgate, 2011.

[3]　"Mission 'Défense' et Compte d' affectation spéciale 'Gestion et valorisation des ressources tirées de l' utilisation du spectre hertzien' ", Sénat, République de France, www.senat.fr/commission/fin/pjlf2014/np/np08/np081.html.

[4]　www. gao.gov/assets/660/654794.pdf.

[5]　M. Cave, "Independent Audit of Spectrum Holdings" (2005), www.spectrumsudit. org.uk.

[6]　Independent Audit of Spectrum Holdings: Government Response and Action Plan (2006.4), www.spectrumaudit.org.uk/pdf/governmentresponse.pdf.

[7]　http://eurlex.europa.eu/LexUriServ/LexUriServ.do?uri=OJ:L:2013:113:0018 :0021:EN:PDF.

[8]　Radio Communications Agency, "spectrum Pricing: Third Stage Update and Consultation" (2000.12).

[9]　Ofcom, "Spectrum Framework Review" (2005.6), http://stakeholders. ofcom.org.uk/binaries/consultations/sfr/statement/sfr_statement.

[10]　Ofcom, "SRSP: The Revised Framework for Spectrum Pricing: Our Policy and Practice of Setting AIP Spectrum Fees" , statement (2012.12).

[11]　DCMS/Shareholder Excecutive, "Enabling UK Growth: Releasing Public Spectrum: Making 500MHz of Spectrum Avaible by 2020", Public Sector Spectrum Release Programme update (2014.3).

[12]　http:// stakeholdersofcom.org.uk/binaries/consultations/2.3-2.4-ghz/summary/2.3-2.4-ghz.pdf.

13 频谱与整体经济

13.1 引言

频谱管理曾经是一个深奥的专业，主要由工程师实施，政策制定者、商业界及消费者大多缺乏相关知识与理解。20 世纪 90 年代，随着移动通信的快速发展及频谱价值的飞速增长（2000 年前后的 3G 频谱拍卖就是鲜活的例子），一切都改变了。从此，频谱管理越来越重要，作为该变化的一部分，人们的关注点已转向无线电业务在经济与社会中日益重要的作用。

对于很多自然资源，可通过供应枯竭的可能性来计算其带来的经济活力。对于频谱，这种计算近期内难以实现，甚至只是遥远的前景。然而，无线电业务重要性将不断增强这一预测，确实强调了高效划分频谱的重要性。因此，若频谱划分不当或储备频谱使有效的频谱供应减少一半，快速又经济地增加经济产出及社会福利的方式是改进频谱管理机制。

本章将汇总对频谱使用与整体经济之间联系的若干预测。本章并不关注频谱本身（因为这是一种投入），而是关注产生最终产出的无线电业务。首先，我们考虑关键无线电业务如何促进经济和社会福利，调查这些业务在国民生产总值（GDP）中的比重，考虑对于信息通信技术的投资如何推动整个经济中的生产力发展。

然而，某些无线电技术，特别是移动语音和数据通信技术，可能影响整个经济，不仅影响直接购买无线电业务的公司与家庭，而且将改变商业模式与竞争结构，并推动创新。已尝试通过将 GDP 的变化与固定和移动通信业务的发展联系起来评估这些外部影响。我们将讨论这些评估结果的意义。

13.2 频谱、无线电业务及其对社会福利的影响

确定无线电业务及频谱对经济的贡献的标准做法是使用图 13-1 所示的经济分析手段。

可以使用经济分析方法评估无线电业务对经济的贡献，进而评估频谱的贡献，图 13-1 展示了其在移动语音通信业务方面的应用。DD 曲线是该国的通话

需求曲线。其下降趋势表明，通话需求随着价格的下降而上升。非常重要的是，需求曲线与纵轴的交点为"最高价格"。这一价格对应通话需求为零或被阻断的情况——也可称为"窒息价格"。

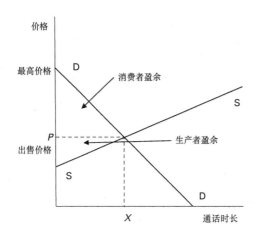

图13-1　　无线电相关活动产生的消费者和生产者盈余

供应曲线（SS）反映了各移动运营商应该共同提供的不同价格的通话时长的总和。这一上升趋势表明，在每分钟通话的价格上升时，运营商应该增加供应，即在人口更稀疏及成本更高的地区建设网络。

市场在"出售价格"P与通话时长X处达到平衡。

下面讨论被标记为"消费者盈余"的三角形。这一区域的出现是因为通话者用最高价格给第一分钟的通话定价，这一价格将远高于销售价格。该消费者获得了超出销售价格的部分收益或盈余。随着购买数量接近X，这一盈余随需求曲线的下降逐渐消失，在X点降到零。如图所示，由于需求曲线是一条直线，总消费者盈余是一个三角形[1]。这一过程要求确定一个最高价格——如果需求曲线不与纵轴相交，则无法定义消费者盈余区域。

与消费者盈余相对的是生产者的收益，即生产者盈余，如图 13-1 所示。供应曲线的形状反映了移动运营商提供的总通话时长产生的边际成本。其上升斜率反映了生产额外时长造成的额外成本上升。

某些语音服务供应商可以通过这一形状发现自己能够以某一价格（出售价格）出售其产品，该价格超出了其生产所需的边际成本。这并非纯利润，因为其中部分可能用于支付不随产出变化的成本，如移动执照的成本。这就是公认的"生产者盈余。"

关于经济福利应该只包括消费者盈余还是应该等于消费者与生产者盈余之和尚存在争议，这一问题的潜在问题为商业利润是否应算作对社会福利的贡献[2]。下文所述的很多经济福利计算只包括消费者盈余，也有一些包括生产者

1　直角三角形面积的表达式为：1/2× 高 × 底边。如果需求曲线不是直线，该区域将使用不同的公式计算。

2　这是一个充满争论的问题，但我们在此不再展开讨论。

盈余。

对于严重依赖频谱投入的业务，将盈余（不管如何界定）归功于频谱是有道理的。这适用于离开频谱这项投入就无法运营的移动通信。对于频谱发挥次要作用或可有可无的业务，这就不太讲得通。因此，频谱相关社会福利的计算通常集中于有限的特定情况。

一个进行此类计算的例子为，2012 年，英国政府委托 Analysys Mason 咨询公司开展了一项研究，估算了 2006 年和 2011 年 7 个重要频谱使用部门的福利效益，结果详见表 13-1。2011 年福利价值占 GDP 的 3.4%[3]，约 80% 的收益来自消费者盈余，其余部分来自生产者盈余。

表 13-1　　7 类无线电业务对社会福利的影响（消费者盈余与生产者盈余）

	2011 年价值（亿英镑）	2006—2011 实际增幅
公众移动通信	302	16%
Wi-Fi	18	不适用
电视广播	77	79%
语音广播	31	35%
微波链路	33	−29%
卫星链路	36	7%
专用移动无线电	23	25%
总计	520	25%

来源：[1]

13.3　无线电业务对GDP与就业的影响

另外一个度量是无线电业务对国民收入、产出或产品的贡献。GDP 是经济体中所有部门附加值（收入减去原料投入）的总和。它也可以衡量各种生产要素（劳动力、资本与自然资源，包括频谱）收入的分布。因此，可通过收集所选频谱使用部门的附加值数据，并进行加和，计算出频谱对 GDP 的直接贡献。

如前文所述，这一过程在用于很大程度上或不可避免地依赖频谱的业务时，比用于只将频谱作为一种投入、频谱发挥了很小或偶然作用的业务时更有意义。

直接计算法只考虑对所选频谱使用部门 GDP 产生的直接影响。但是，受频谱影响的生产者不仅是移动通信运营商本身，还有智能手机的生产及发射塔的建设等。因此，可以扩展计算范围，将这些间接影响囊括在内。频谱对创造就业机会的直接影响和总影响（包括直接影响与间接影响）也可通过各部门的就业数据进行估算。

2013 年，Deloitte and Access Economics 公司完成了关于 2009—2010 年度至 2011—2012 年度移动业务对 GDP 及就业影响的研究，可以作为这些计算的一个例证。该研究计算了直接贡献和总贡献（直接贡献与间接贡献之和），最

---

[3]　这一数字只表明了规模，因为关于消费者和生产者盈余的数据使用的度量值与 GDP 所用的不同，下一节将予以阐述。

后一年的结果详见表 13-2。

表 13-2　　　2011—2012 年度移动业务对澳大利亚经济的直接贡献与总贡献

	经济贡献（亿澳元）	就业岗位（万）	占 GDP 比重	占就业比重
价值				
直接贡献	76		0.5%	
总贡献	141		0.9%	
就业				
直接影响		2.23		0.2%
总影响		5.69		0.5%

来源：[2]。

13.4　无线电业务对生产力的影响

进一步扩展上述关于间接影响的分析，我们将分析无线电业务（如移动通信）作为另外一个生产部门的投入而不是为消费者提供服务时应如何提高生产力。长期以来，这是信息通信技术对生产力影响的辩论的一部分，这一计算非常有趣。

这始于著名的"索洛悖论"，即 1987 年罗伯特·索洛（Robert Solow）提出的"你可以从所有的一切感受到计算机时代，生产力数据除外"[3]。对此悖论有不同的解释。不管作何解释，之后对生产力增长核算的研究（将生产力分成劳动力投入、资本投入及技术进步等若干部分）表明信息通信技术（ICT）对生产力产生了更大的影响。因此 Jorgendon et. al. [4] 的一项研究结论认为，ICT 对美国在 1995—2000 年间的劳动生产率增长的贡献为 50%，2000—2005 年为 33%。Timmer 与 Van Ark [5] 认为，1995—2001 年美国在劳动生产率方面的增长较欧洲更具优势，原因大半在于更高的信息通信技术投资。近期，对实证文献的一项评论认为，ICT 对生产力的影响是巨大的、积极的，且在不断增长。总体来说，美国与欧洲存在差异，这可能是由于欧洲的 ICT 投资水平较低 [6, p.117]。

将 ICT 的影响分解为其组成部分（如移动通信）的贡献存在很大问题，尤其是不同的 ICT（特别是信息处理与通信）投入相互补充时。然而，还有一种更直接的方式能够确定通信（尤其是移动通信）对经济的影响，详见下文。

13.4.1　评估通信业务（包括移动通信）的发展对宏观经济的影响

对于 ICT 是一项"通用技术"还是"支撑技术"存在着争议，ICT 的特点是影响多种经济活动，这也是其更高产的原因 [4]。这使其可能对整体经济产生巨大的"溢出效应"，并未包括到上述分析之中。由于我们仅关注于频谱使用这

4　作为通用技术来说，信息通信技术的标志性先驱是电力。见 [7、8]。

个较小范围没必要研究这一与 ICT 整体相关的、更广泛的问题。

对宽带网络普遍且日常的认知是，宽带网络用户的消费及生产行为几乎不可能完全免受宽带网络对其生活的影响。2013 年，3/4 的宽带网络接入者使用移动接入，随着宽带网络连接在固定网络受限的欠发达地区的普及，这一比例还将上升 [9]。

因此，我们列举了宽带网络的泛在影响，一般包括以下几点。

- 提高信息传输的速度与质量：有时似乎将更多的信息处理与更快的通信相结合才能带来收益，任何一方单独作用的结果都将逊色。
- 更好的市场准入：由于具有较低的准入门槛，可以扩展市场的地理范围（"距离之死"）、更好地进行职位匹配、更好地通过网络招揽客户等[5]。
- 新型商业流程与组织结构：更好的库存控制、更快的签约、及时的生产等。（例如，据报道，一个在美国和几个拉丁美洲国家开展业务的大型零售公司，在其中一个拉美国家因缺乏可靠的宽带网络，整个物流方式与美国的完全不同。）
- 更多普遍创新：开展新型通信业务使更多创新成为可能，有很多例子——社交网络是一个非常重要的例子。

从上述方面计算泛在影响似乎可行，已经有人开始验证。一个可能的方式是确定移动语音及宽带网络对每个部门的影响，然后将其加和。这将非常复杂，结果也必将充满争议。另外一种方式是采用抽样方式：收集一些样本国家的语音与宽带业务发展的数据，验证更高的普及率将带来更高 GDP 的假设。

在样本国家中，部分国家实际上只依赖无线网络，其他国家既有固定语音与数据业务又有无线语音与数据业务，情况将会更加复杂。在后一种情况下，为实现我们的目的，需要区分无线电业务与非无线电业务的影响。

这类研究中得出的简要工作方法已在 2009 年世界银行关于发展中国家的一项非常有影响的研究 [11] 中有所描述。它包括评估以下回归方程。

以 1980—2006 年人均 GDP 平均增速作为因变量，回归到下述从增长率相关文献中选出的有代表性的条件变量：

- 1980年的人均GDP；
- 1980—2006年投资占GDP比重的均值；
- 1980年小学入学率（代表人力资本储备）；
- 1980—2006年发达国家和发展中国家宽带及其他电信业务平均普及率（代表技术进步且是分析的焦点）；
- 撒哈拉以南的非洲、拉丁美洲及加勒比地区国家的虚拟变量。

使用这种方法的问题在于并未考虑某一部门与宏观经济之间复杂的双向供应与需求交互作用。其他研究使用了更复杂的模型架构，但是仍然没有一致性

5　Jensen 的研究 [10] 诠释了语音通信如何发挥作用。该研究描述了印度南部的渔船如何在卸货前与岸上通话以确定价格最优的港口。

结果，如下文所示。

Waverman et al. [12] 主导了对移动部门的分析，结果表明移动语音的发展程度是导致很多国家 GDP 差异的重要原因。Gruber 与 Koutroumpis 之后做出的关于这项技术的研究却发现 GDP 受这一因素影响非常小。

也有类似研究分析了宽带普及率提高 10% 对 GDP 的影响。对近期研究成果的总结详见表 13-3。上文提到的世界银行的研究结果见表 13-4。

表 13-3　　　对宽带普及率提高的影响评估

作者	研究对象	宽带普及率提高 10% 对 GDP 的影响
Czernich et al. [14]	经济合作与发展组织（OECD），1996—2007	0.9% ~ 1.5%
Katz 和 Avila [15]	24 个拉丁美洲和加勒比地区国家	0.2%
Gruber 和 Koutroumpis [13]	欧盟 15 国，2003—2006	0.26% ~ 0.38%
OECD [16]	欧盟国家，1980—2009	1.1%

表 13-4　　　电信业务普及率提高带来的影响

电信业务普及率每增长 10% 带来的经济增长百分比	固定	移动	互联网	宽带
高收入国家	0.4%	0.6%	0.8%	1.2%
低收入国家	0.7%	0.8%	1.1%	1.4%

来源：[11]

若这些结果得到确认，将其准确地应用于一个宽带普及率为零的国家，该国的宽带普及率以每年 10% 的速度增长 10 年，这 10 年中该国 GDP 每年的增长速率比原来快 1.2%。然而，对与这些结果的解释还存在若干问题。

- 从人均收入与固定网络的能力方面考虑，很多研究中的样本国家的情况不尽相同。在很多国家，实际上所有的宽带都是无线宽带。在其他国家，移动宽带叠加在广泛部署的固定宽带业务上。这很可能影响应用的特征，如消费或生产应用的方式。
- 迄今大多数研究关注固定宽带，而我们感兴趣的是无线宽带。两种传输方式是否将产生类似的外部经济效应尚不清楚，尤其是在用户能够接入两种宽带的国家。在这些国家中，移动宽带可能主要与以消费为目的的应用有关，这可能会产生非经济上的外部效益（见11.6节）。
- 大多数的工作是由电信部门的相关机构完成的，得出强有力的结果能为它们带来既得利益。这可能会导致有选择地偏袒，只发布了积极的结果。
- 出版前的评审可能并不全面。只有在少数情况下（Czernich et al. [4]），评审结果会出现在实施推荐人制度的学术期刊上[6]。
- 评估公式中几乎肯定有缺失的变量，从其他投资行为（见下文）——与家

---

6   这并不排除存在其他形式的各类推荐人。

庭更密切相关——到是否对数字文化进行充足投资。

- 值得注意的是，经济增长引擎并非只有通信部门。同样被确定为经济增长引擎的还有运输[17]、总体基础设施[18]及教育与卫生[19]。更广泛地讲，关于内在增长理论的著述（例如Barro [19]、Aghion与Howitt [20]的著述）认为，公共资本投资能够促进长期的经济增长。Angelopoulos、Economides与Kammas[21]发现，在较长的一段时间内，公共投资对OECD国家的经济增长速度有着积极影响。若宽带发展与其他发展同步，则难以区分其影响。此外，若一次性评估所有的影响，GDP水平的变化可能需要分多次"解释"。

13.5　结论

如表 13-1 和表 13-2 所示，移动通信对福利与 GDP 的直接贡献非常小，只相当于 GDP 的 1%～3%。同时，我们发现有一些评估认为移动语音与固定宽带的综合发展对 GDP 的总影响（包括外部影响）较高。因此，Czernich et al. 预测固定宽带扩展 50%（很多国家目前已经超过这个水平）将带来 4.5%～7.5% 的 GDP 增长，这一结论也适用于移动宽带，宽带通信的发展将对 GDP 产生重要影响。需要开展更多的研究调查这一影响。

13.6　附录

表 13-5　　频谱使用对经济影响的各类评估结果

年份	地区	经济价值的衡量指标	行业或应用	GDP 占比
2012[7]	澳大利亚	直接与间接经济贡献	移动通信	0.48%
2014[8]	澳大利亚	家庭消费	移动宽带	0.93%
2011[9]	英国	经济福利（消费者与生产者盈余）	移动通信	1.99%
			Wi-Fi	0.12%
			电视广播	0.51%
			无线电广播	0.2%
			微波链路	0.22%
			卫星链路	0.24%
			私人移动无线电	0.08%
2008[10]	美国	生产力增长	移动通信	1.47%
2007[11]	日本	直接与间接经济贡献	移动行业	1.68%

7　见 [22]。
8　见 [23]。
9　见 [24]。
10　见 [25]。
11　见 [26]。

续表

年份	地区	经济价值的衡量指标	行业或应用	GDP 占比
2010[12]	OECD 地区	生产力增长	移动电信	0.39%
2009[13]	澳大利亚	经济福利（消费者与生产者盈余）	UHF 移动宽带	0.089%
2011[14]	拉丁美洲	消费者盈余	700MHz 移动宽带	0.068%
2013[15]	欧盟	消费者盈余	移动业务 地面广播 卫星通信 专用移动无线电 民航服务	2.04% 0.37% 0.13% 0.14% 1.30%
2014[16]	美国	消费者盈余	100MHz ～ 3.5GHz 的 LSA[17]	0.08%
2014	美国	消费者盈余	50MHz ～ 2.3GHz 的 LSA	0.04%

来源：修改和增补自 2014 年第 235 期《OECD 数字经济论文》47 ～ 49 页《频谱管理的新方法》。进一步的分析见原文，www.oecd-ilibrary.org/science-and-technology/new-approaches-to-spectrum-management_5jz44fnq066c-en

参考文献

[1]   Department for Business, Innovation and Skills (BIS), Department for Culture, Media and Sport (DCMS), and Analysys Mason (2012), "Impact of Radio Spectrum on the UK Economy and Factors Influencing Future Spectrum Demand".

[2]   Australian Mobile Telecommunications Association (AMTA) and Deloitte Access Economics, "Mobile Nation: The Economic and Social Impacts of Mobile Technology" (2013), http://www.amta.org.au/pages/State.of.the.Industry.Reports.

[3]   R. Solow, "We'd Better Watch Out," *New York Times Book Review*, July 12, 1987, 36.

[4]   D. Jorgenson et al., *A Retrospective Look at the US Productivity Growth Resurgence*, Federal Reserve Bank of New York, 2007.

[5]   M. Timmer and B. van Ark, "Does Information and Communication Technology Drive US/EU Productivity Growth Differentials?" (2005) 57(4) *Oxford Economic Papers* 693.

[6]   M. Cardona, T. Kretschmer, and T. Strobel, "ICT and Productivity: Conclusions

12 见 [27]。
13 见 [28]。
14 见 [29]。
15 见 [30]。
16 见 [31]。
17 授权共享接入（Licensed shared access）。

from the Empirical Literature" (2013) 25 *Information Economics and Policy* 109.

[7]　T. Bresnahan, "General Purpose Technologies", in B. Hall and N. Rosenberg, eds., *Handbook of the Economics of Innovation*, Vol. 2, Amsterdam: Elsevier North Holland, 2010, 761.

[8]　J. Jovanovich and P. Rousseau, "General Purpose Technologies", in P. Aghion and S. Durlauf, eds., *Handbook of Economic Growth*, Vol. 1B, Amsterdam: Elsevier North Holland, 2005, 1181.

[9]　Broadband Commission, "The State of Broadband 2014: Broadband for All", ITU/UNESCO, 2014, 96.

[10]　R. Jensen, "The Digital Divide: Information (Technology), Market Performance and Welfare in the South Indian Fisheries Sector" (2007) 122(3) *Quarterly Journal of Economics* 879.

[11]　C. Qiang et al., "The Economic Impact of Broadband", in World Bank, *Information and Communication for Development*, Washington, DC, 2009, 35, http:// siteresources.worldbank.org/ EXTIC4D/Resources/IC4D_Broadband_35_50.pdf.

[12]　L. Waverman et al., "The Impact of Telecoms on Economic Growth in Developing Countries", *The Vodafone Policy Paper Series, Number 2*, London, 2005, 10.

[13]　H. Gruber and P. Koutroumpis (2010), "Mobile Telecommunications and the Impact on Economic Development", draft for Fifty-Second Economic CEPR Policy Panel.

[14]　R. Czernich et al., "Broadband Infrastructure and Economic Growth" (2011) 121(552) *Economic Journal* 505.

[15]　R. Katz and J. Avila, "Estimating Broadband Demand and Its Economic Impact in Latin America" (2010), *Proceedings of the 4th ACORN-REDECOM Conference*, Brasilia, May 14–15.

[16]　OECD, *Economic Impact of Internet/Broadband Technologies*, DSTI/ICCP/ IE(2011) i/Rev1, Paris, 2011.

[17]　D. Banister and Y. Berechman, "Transport Investment and the Promotion of Economic Growth" (2001) 9(3) *Journal of Transport Geography* 209.

[18]　A. Munnell, "Infrastructure Investment and Economic Growth" (1992) 6(4) *Journal of Economic Perspectives* 189.

[19]　R. Barro, "Government Spending in a Simple Model of Endogenous Growth" (1990) 95(8) *Journal of Political Economy* S103.

[20]　P. Aghion and P. Howitt, *Economics of Growth*, Cambridge, MA: MIT Press, 2009.

[21]　K. Angelopoulos, G. Economides, and P. Kammas, "Tax-Spending Policies and Economic Growth: Theoretical Predictions and Evidence for the OECD"

(2007) 23 *European Journal of Political Economy* 885.

[22] Australian Mobile Telecommunications Association (AMTA) and Deloitte Access Economics (2013), "Mobile Nation: The Economic and Social Impacts of Mobile Technology", www.amta.org.au/pages/State.of.the.Industry.Reports.

[23] Centre for International Economics, "The Economic Impacts of Mobile Broadband on the Australian Economy, 2006–2013" (2014).

[24] Department for Business, Innovation and Skills (BIS), Department for Culture, Media and Sport (DCMS) and Analysys Mason (2012), "Impact of Radio Spectrum on the UK Economy and Factors Influencing Future Spectrum Demand", www.analysysmason.com/About-Us/News/Insight/Economic-value-ofspectrum-Jan2013/#.UbhPiNLVBYR.

[25] CTIA-The Wireless Association and R. Entner (2008), "The Increasingly Important Impact of Wireless Broadband Technology and Services on the U. S. Economy", http://files.ctia.org/pdf/Final_OvumEconomicImpact_Report_5_21_08.pdf.

[26] InfoCom Research (2007), "An Analysis on Ripple Effect of Mobile Phone Services on the Japanese Economy", www.icr.co.jp/press/press20070824_bunseki.pdf (in Japanese).

[27] H. Gruber and P. Koutroumpis (2010), "Mobile Telecommunications and the Impact on Economic Development", draft for Fifty-Second Economic CEPR Policy Panel, www.cepr.org/meets/wkcn/9/979/papers/Gruber_Koutroumpis.pdf.

[28] Australian Mobile Telecommunication Association (AMTA), "Spectrum Value Partners and Venture Consulting (2009), "Optimal Split for the Digital Dividend Spectrum in Australia", www.amta.org.au/files/SVP.Report.Executive.Summary.pdf.

[29] GSM Association (GSMA), Asociación Iberoamericana de Centros de Investigación y Empresas de Telecomunicaciones (AHCIET) and Telecom Advisory Services (2011), "Economic Benefits of the Digital Dividend for Latin America", www.gsma.com/latinamerica/economic-benefits-of-thedigital-dividend-for-latin-america.

[30] GSM Association (GSMA) and Plum Consulting (2013), "Valuing the use of Spectrum in the EU", www.gsma.com/spectrum/valuing-the-use-of-spectrum-in-the-eu.

[31] GSM Association (GSMA), Deloitte and Real Wireless (2014), "The Impact of Licensed Shared Use of Spectrum", www.gsma.com/spectrum/the-impact-of-licensed-shared-use-of-spectrum.

14 下一步的发展方向

监管机构仍面临着与以往相同的挑战,即确保最高价值的用户接入频谱并将用户间干扰控制在理想水平,以实现无线电频谱使用价值的最大化。然而,随着频谱使用模式及新型用户管理工具的发展,应对挑战的方法一直在改变。本章将详述与频谱使用相关的主要趋势,并就未来几十年频谱管理的发展方向提出建议。

14.1 趋势

14.1.1 频谱使用趋势

无线电频谱有数百种应用,其中很多应用也有多种趋势与变化。然而,用户所需要的频谱量相对较少或几乎不存在竞争时(例如卫星使用的 20GHz 以上频率),对频谱管理方法的影响是有限的。在此讨论我们认为最重要的几种趋势,这些趋势与产生最高经济价值(一般指移动与广播业务)、竞争最拥挤的频谱、最有可能产生创新的应用相关。以下趋势并未按照特定顺序排序。

趋势 1:**免执照频段愈发重要**。我们越来越多地使用 Wi-Fi 和蓝牙。家用 Wi-Fi 网络可连接十几台设备,而 10 年前却只能连接一两台设备。监测类设备也逐渐出现在家庭中,如保障 Wi-Fi 连接安全的设备,贸易展销会上还出现了其他设备。其他系统(如家庭能源系统),可利用家里单独的网络连接燃气表与电表、显示器及智能电器。走出家门,我们越来越习惯于随处搜寻并接入 Wi-Fi 热点。蓝牙配件也不断扩展,已经开发出了很多以健康和保健为导向的可穿戴设备,谷歌眼镜等设备已在测试中。随着应用的增加,受到干扰的可能性也会随之增加,同时对于无法接入网络的容忍度将会降低。5GHz 频段将使情况有所缓和,但是,监管机构今后可能需要更大程度地倾向于以免执照的方式使用频段。

趋势 2:**无处不在的连接将更加重要**。一旦实现了普遍连接,用户行为将会发生变化。人们更多地利用云服务器随时检索所需信息,很少提前规划。本地存储的内容减少,设备甚至无需硬盘。这都使得无处不在的连接愈发重要,并带动了一系列变化。这或许指的并不是覆盖农村地区,而是不管身在何处,人们所携带的所有设备都能进行连接。

趋势 3：**更高的数据速率将没有那么重要**。每一代新型移动通信系统（如 2G、3G、4G）的数据速率都预计会比前一代提高约 10 倍。这需要更宽的带宽及更多的移动频谱。但是，目前为很多家庭和用户提供的数据速率已经超过了其需求。因此，难以想象为什么我们还想将数据速率再提高 10 倍。这使人们重新思考光纤到户是否必要，也不禁会问对于 5G 系统来说，以 1G bit/s 的数据速率为目标是否必要。这反过来又会影响未来移动数据通信系统的频谱需求。Wi-Fi 系统的方泛使用将会遏制移动通信频谱需求的无限增长。

趋势 4：**物联网将迅速发展**。预计物联网的规模将从 2015 年的约 10 亿台设备连接增长到 2025 年的超过 500 亿台设备连接。这一迅速发展将需要一些新频谱，监管机构尚未确定其频段，但这些新频段必将成为无线电频谱价值的新兴增长点。

趋势 5：**将应用分为固定、移动与广播将不那么重要**。目前，监管机构将应用分为固定、移动或广播，但是这些应用将会逐渐融合。广播与移动系统将倾向于共享平台和频谱，不再使用只提供广播的方案。

14.1.2　频谱管理工具的发展趋势

频谱管理机构能够可利用一系列新工具进行频谱管理，这些工具将呈现以下趋势。

趋势 6：**动态频谱共享将普及**。随着白频谱部署方式越来越广泛地使用，已将频谱共享拓展应用到其他频段，机会式共享接入的概念将被更广泛地接受，对每个频段以某种方式进行共享将成为常态。

趋势 7：**监管机构将不再预测干扰而是开始监测干扰**。干扰预测将会越来越复杂，但可以利用新工具迅速解决出现的干扰。因此，监管机构将不断允许新系统的部署，直至监测到干扰，并将这一干扰水平设置为执照干扰门限。这将需要新的监测方式，实时汇报一系列用户和应用的情况。

趋势 8：**监管机构将通过更多方式鼓励创新**。监管机构通常希望鼓励创新，但是很少能实现。在政府议程中，创新越来越重要，监管机构将开始探索为新技术和新应用提供有利的频谱分配的机制，用以鼓励创新。

趋势 9：**接收机性能问题将越来越突出，监管机构终将转向同时控制发射机和接收机性能**。接收机的性能通常阻碍或限制了相邻频段新技术的出现或使用。监管机构将会愈发认识到，需要明确理想的接收机性能以有效地管理频谱。

14.2　改善频谱使用的提议

我们已在本书中讨论了目前的频谱管理及使用方式的缺点。在这些情况下，我们已提出改善的建议，其中 5 项最重要的提议如下。

（1）**在（几乎）所有频段实现授权共享**。频谱需求不断增加，但同时很多有价值的频段尚未得到充分利用，这是过去 5 年间推广频谱共享的动力之一。新型实时动态频谱共享技术可允许多用户共存，其实现也推动了频谱共享进程。这些方法对以往时域和地域上的频谱共享及免执照形式的频谱共享进行了拓展。

如 9.9 节所述，目前可将这些可能性更全面地纳入频谱授权体系，使用多用户接入取代独占式接入，例如可通过建立优先级体系给予部分用户优先使用权。其目标是更灵活地使用频谱，更经济地获得频谱。可以通过渐进的过程实现该目标，逐渐用较宽松的授权方式取代独占式的授权方式，同时也能控制相关风险。这样一来，可能将会出现向多个客户提供灵活接入的中间机构。我们建议未来通过这种方式增加频谱执照重分配的次数，尽管重分配后仍存在大量独占式使用。

越来越多的证据表明，与商业频谱相比，公共部门频谱的使用效率愈发低下。第 12 章提出了应对这一问题的策略，在很多国家中，该策略成败未定。对很多国家来说，公共部门 / 商业机构共享频谱（见 9.7 ～ 9.8 节）或许是实现频谱有效利用的更好方法。

（2）**将执照与产生的干扰，而非传输功率相关联**。目前的执照已不适合可改变频段上部署的生产和应用的时代。从 20 世纪 90 年代 Nextel 对美国公共安全系统产生的干扰，到最近美国 LightSquared 产生的干扰，再到白频谱对电视的干扰，已有很多这方面的例子。根本问题是，在执照上规定发射机的发射功率不能完全控制干扰的产生，因为干扰也由发射机的密度和高度等其他因素决定。一种更好的办法是在执照中明确允许产生的干扰水平，执照持有者将调整发射机使其不超过这一干扰水平。Ofcom《频谱使用权限》（见 10.2 节）等研究已率先提出了更合适的执照形式，既能实现这些目标，又切实可行。然而，当前各方普遍反对使用此类执照，因为会使情况变得复杂，且最先受益的是新用户而非目前用户。监管机构应该着眼于无线电频谱使用带来的更广泛利益，而非当前各方的需要，在所有频段上采用设有干扰要求条款的执照。

（3）**管理接收机性能**。一台无线电接收机的性能包括两方面：解码有用信号的能力、抵制无用或干扰信号的能力。前者是无线电设计的核心部分，后者则问题重重。不管是现在还是未来，制造商可能都不知道将会受到何种干扰。因此它们极有可能因低估干扰，而仅设计成本最低的接收机。若此类性能较差的接收机被广泛应用，例如应用到数百万台电视机中，虽然这些接收机不符合标准，但是仍会阻碍监管机构在相邻频段上引入可能会影响这些接收机使用的应用。结果可能是，接收机制造商设计出标准更低的产品，产生"大而不倒"问题。在某种程度上，该问题与制造条件相关（见上文），在执照中更明确地规定允许对相邻频段上用户产生的干扰将有助于明确接收机要求。很多问题与全国性执照同全球化制造的对立相关，和标准化机构及 10.3 节中讨论的更多方面相关。这个问题已经严重阻碍了最优频谱使用，需要得到解决。监管机构需要在全球范围内开展合作，可能是通过国际电信联盟或类似机构，确保合理设置并执行接收机规范。

（4）**打破国际电信联盟设定的标签，重新分类。**目前，在国际上，频段被分为"固定""移动"和"广播"等几类，且这种分类已存在了近一个世纪。然而，这些业务之间的界线越来越模糊。例如，现在很多人在移动设备上收看通过蜂窝网络或 Wi-Fi 下载的广播内容。移动网络内存在"广播模式"等机制（见11.3 节），允许移动网络进行广播。设置这些标签的初衷是，将功率最高的网络（广播）放到某些频段，将功率稍低的网络（移动）放到另外一些频段，以便于干扰管理。从管理角度来看，按产生的干扰水平而非部署的业务分类是最有意义的。原有分类使用户相信它们不能在广播频段开展移动业务，而实际上，这一特例是可能实现的。因此，分类也限制了创新。一种更好的划分方式是按"低""中"和"高"干扰水平分类，很好地与特定的限值和新执照类型联系起来。频谱管理者及其他人应在国际范围内讨论重新分类的想法，考虑各种可选项，在国际电信联盟层面上通过新方法，写进区域或国家规划。

（5）**重新考虑区域及全球频谱管理。**若能建立不限制创新的恰当框架，即可实现更大范围的区域协作。如 1.6 节所讨论的，区域机构应该研究它们的角色并寻找增加额外价值的领域。这是一个根本问题，需要在很高的层面上开展认真、公正的研究。

14.3   结论

频谱管理已经走过了 110 年的历史。技术发展导致频谱需求迅速增长，也为基于共享与动态频谱指配的频谱使用提供了创新性选择。

这些发展也暴露了原有"命令与控制"式频谱管理方法的弱点。这引发了过去 25 年中市场化频谱管理手段的发展，最初专注于拍卖，后来拓展到频谱二级市场及频谱定价。

除了拍卖这个明显的例外，市场化手段尚未广泛应用，也未实现其所有的预期效果。监管机构抽身出来，让市场发挥作用，仍遥遥无期。充分利用频谱似乎需要联合使用新技术与新管理手段。目前最典型的例子为基于动态频谱接入等技术的频谱共享。其他颇具潜力的发展有：在执照中应用新方法控制干扰、将管理扩展到接收机性能等领域。

随着频谱在我们生活中越来越重要，实现这些变化也将愈发困难。监管机构永远保守地晚于技术与需求采取措施。本书已阐明我们认为监管机构和其他相关部门应如何采取最佳行动使无线电促进经济增长与社会福利增多，读者在阅读后收获一定颇丰。